博碩文化

博碩文化

好好玩！

Python 程式設計入門與實例應用

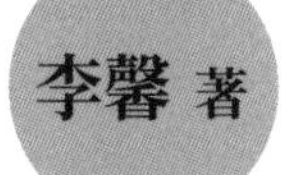
李馨 著

鍛鍊邏輯思維 × 徹底掌握核心

內容架構完整

範例程式說明
主控台之應用
程式視窗元件
學習輕鬆上手

強化核心理論

Python程式設計
基礎函式模組
GUI介面元件
重點詳加解說

章末重點整理

加深學習印象
利用自我評量
強化學習效果
最完整的支援

適合讀者初學Python程式設計，以實作導引觀念，相關課程必備上課教材。

本書範例檔案請上博碩官網下載

好好玩！Python 程式設計入門與實例應用

鍛鍊邏輯思維 × 徹底掌握核心

作　　者：李馨
責任編輯：賴彥穎 Kelly

董 事 長：陳來勝
總 編 輯：陳錦輝

出　　版：博碩文化股份有限公司
地　　址：221 新北市汐止區新台五路一段 112 號 10 樓 A 棟
電話 (02) 2696-2869 傳真 (02) 2696-2867

郵撥帳號：17484299　戶名：博碩文化股份有限公司
博碩網站：http://www.drmaster.com.tw
讀者服務信箱：dr26962869@gmail.com
訂購服務專線：(02) 2696-2869 分機 238、519
（週一至週五 09:30 ～ 12:00；13:30 ～ 17:00）

版　　次：2022 年 3 月初版

建議零售價：新台幣 580 元
I S B N：978-626-333-065-8（平裝）
律師顧問：鳴權法律事務所 陳曉鳴 律師

國家圖書館出版品預行編目資料

好好玩 !Python 程式設計入門與實例應用：鍛鍊邏輯思維 x 徹底掌握核心 / 李馨著 . -- 初版 . -- 新北市：博碩文化股份有限公司 , 2022.03
面；　公分
ISBN 978-626-333-065-8(平裝)

1.CST: Python(電腦程式語言)

312.32P97　　111003866

Printed in Taiwan

博 碩 粉 絲 團

序 言

程式小白不著急，麻瓜也能推有魔法！隨著 Python 的簡潔、優雅，悠遊在 Python 程式語言世界！

本書有三篇：入門、資料處理、GUI 元件。

海龜繪圖很適合用來引導孩子學習程式設計。它來自於 Wally Feurzeig、Seymour Papert 和 Cynthia Solomon 於 1967 年所創造的 Logo 程式設計語言。

語法基礎篇（第 1~5 章）

學習 Python 語言的首要，就從安裝軟體開始。準備魔法箱，把資料裝箱後，引動變數的魔術棒，配合運算咒語，一起向 Python 光明之路前行。轉個彎，以 if/else 條件敘述，for、while 迴圈來鋪排、編寫程式。

資料佐理篇（第 6~8 章）

隨著學習之旅，我們穿梭在 Python 的標準函式庫。從基礎的序列型別來認識 String、List 和 Tuple。如何存放連續性的資料！嘗試可變資料 List 和不可變的 Tuple 之後，魔法箱有更多的空間。以模組化自訂函式，精進於引數和參數之間。滙入 Python 模組，亂數飛揚、日期與時間共舞。

GUI 元件篇（第 9、10 章）

GUI 元件以 tkinter 套件為主，與文字為伍的 Label、Entry、Text；有選項功能的 Radiobutton、Checkbutton 和執行命令的 Button 元件。加入 PyGame 套件來產生畫布繪製幾何圖案，以簡單拼圖遊戲的來體認它無處不在魔法。

目 錄

CHAPTER

01

充滿魔法的 Python

學習目標

- 思想起：從 Python 源起到它的版本
- 入陣去：安裝、測試 Python
- 交談趣：以 IDLE 撰寫程式
- 練習曲：認識 Python 編碼風格
- 去找碴：新手上路要避免

python

1.1 Python 小故事

Python 程式語言究竟是如何誕生？話說 1989 年，創始人 Guido van Rossum(吉多・范羅蘇姆)為了打發耶誕假期，打算針對非專業的程式設計師提出新的腳本語言(Script Language)，再加上他是蒙提·派森飛行馬戲團(Monty Python's Flying Circus)的愛好者；所以我們有了以Python為名稱的程式語言，它發展迄今已有二十多年。Python 可視為高階語言，支援物件導向；本身能跨越平台，無論是Linux、Mac 或者是 Windows 皆能暢行無阻。

1.1.1 Python 版本

Python 發行的版本概分 2x 和 3x 系列，利用下表【1-1】列舉其較重要版本做了解。

版本	簡介
2.0	2000 年 10 月 16 日發布，支援 Unicode 和垃圾回收機制
2.7.13	2016 年 12 月 17 日釋出，2.x 最終版本
3.0	2008 年 12 月 3 日發布，此版不完全相容之前的 Python 原始碼
3.9.7	2021 年 8 月 31 日，本書採用版本

表【1-1】Python 軟體的版本

一般來說，程式語言會不斷以新的版本來取代舊有之版本。Python 語言有趣之處卻是 Python 2x 和 Python 3x 同時存在，而彼此之間並非完全相容。Python 官方聲稱 Python 2.7 是 2x 系列所發表的最後版本，它的資源較豐富，第三方函式庫以它為基底依然不少！雖然官方網站宣稱支援到 2015 年，但直到現在，依舊可尋蹤跡。

Python 3x(也稱 Python 3000，或 Py3k)為了瘦身，並未向下相容，提供支援的套件也較有限。直到 Python 3.9 及後續版本才完全支援 Python 2x 軟體！本書會以視窗作業系統 (Windows) 為環境，使用 Python 3.9.7 來學習有趣的語法和結構。

Tips 何謂第三方 (Thrid-party) 函式庫？

- 學習程式語言時，為了更貼近學習者，會把撰寫好的程式打包之後，以所謂「標準函式庫」(Standard Library) 或稱類別庫、模組 (Module) 供我們使用；Python 必須以「import」敘述來匯入這些模組。
- 第三方函式庫、或稱第三方套件、第三方模組則是相關的協力者所開發好的應用程式，它們同樣要在 Python 環境下執行，這些套件五花八門，應用廣泛。

1.1.2 編寫 Python 有哪些軟體？

解譯 Python 程式碼必須藉由 Python 執行環境所提供。究竟有那些直譯器 (Interpreter，或稱解譯器）？由表【1-2】做說明。

直譯器	簡介
CPython	由社群驅動的自由軟體，目前由 Python 軟體基金會管理，官方以 C 語言編寫的直譯器，本書使用的軟體
ZhPy	中文稱為周蟒，可使用繁 / 簡中文語句編寫程式
PyPy	使用 Python 語言編寫，執行速度會比 CPython 快
IronPython	可呼叫 .NET 平台的函式庫，將 Python 程式編譯成 .NET 程式
Jython	Java 語言編寫，可以直接呼叫 Java 函式庫

1.2 Python 向前行

研習 Python 之前，先做這三個動作：下載、安裝和測試。

1.2.1 下載、安裝 Python 軟體

踏出青春舞曲的第一步是到 Python 官方網站下載軟體。

■ 官方網站：https://www.python.org/

■ 下載版本：python-3.9.7-amd64。

要安裝 Python 哪一個版本？得依據你自己的作業系統來決定。CPython 提供多種版本，概分兩項：

■ x86：適用於 32 位元視窗作業系統，可能是 Win XP、Win 7 或 Win 8。

■ x86-64：適用於 64 位元視窗作業系統，可能是 Win 10。

進入 Python 官方網站；找到❶ Downloads，展開選單後，點選右側❷ Python 3.9.7 按鈕來下載其軟體。

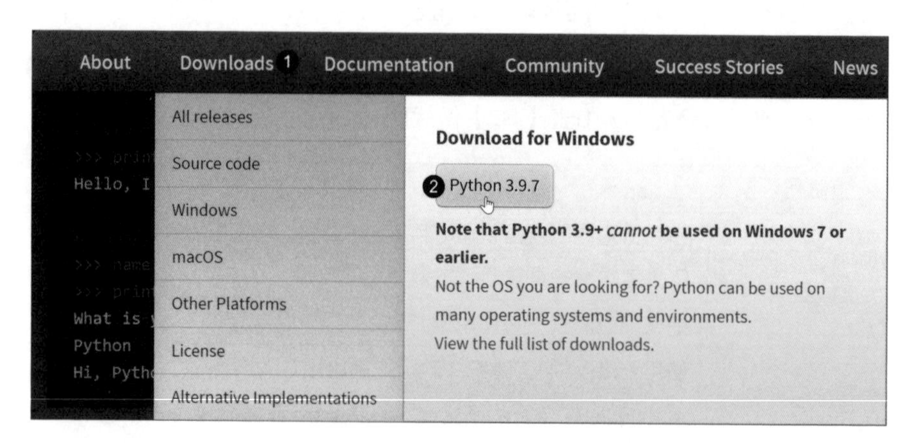

本書使用 Python 官方的 CPython 軟體為載體，它涵蓋 Python 3.9.7 和 pip 兩個部份，簡介如下：

■ Python 3.9.7：CPython 提供的直譯器，Python 官方團隊製作。其原始程式碼完全開放，具有標準架構，讓他人能依循此標準製定 Python 的執行環境，後面內文介紹時會直接以 Python 來稱呼它。

■ pip：管理 Python 第三方函式庫的工具；內建於 CPython 軟體裡，安裝時能透過選項來加入(可參考 Python 軟體安裝的步驟 3)。

操作 1.《安裝 Python 軟體》

Step 1 滑鼠左鍵雙擊已下載好的 Python 軟體「python-3.9.7-amd64.exe」進入執行畫面；按「執行」鈕準備安裝。

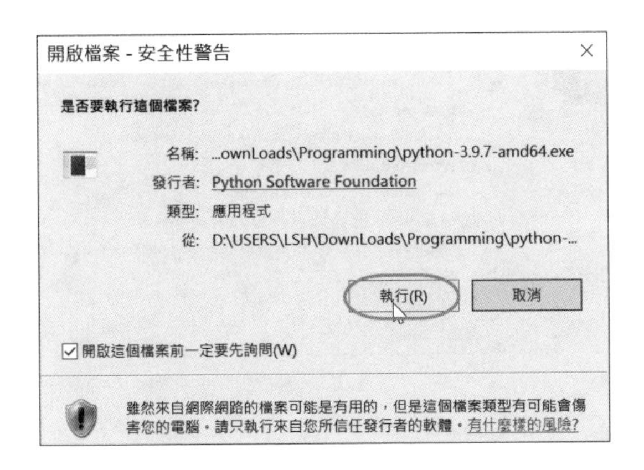

Step 2 進入軟體安裝畫面。❶勾選 (Add Python 3.9 to PATH；❷滑鼠左鍵單擊「Customize installation」。

步驟說明 Add Python 3.9 to PATH

- 表示要將 Python 軟體的執行路徑加到 Windows 的環境變數裡，如此一來，在「命令提示字元」視窗下就可以執行 Python 指令。

Step 3 Optional Features 使用預設選項，按「Next」鈕。

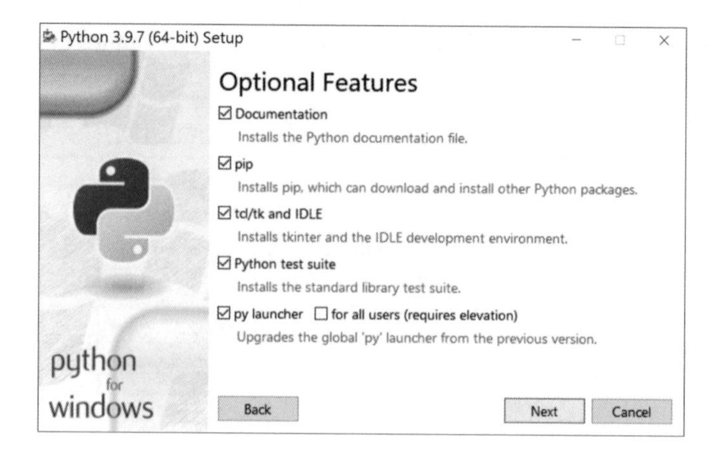

- Documentation 是 Python 的說明文件。
- pip 是安裝、管理 Python 第三方套件的工具。
- tcl/tk and IDLE：tcl/tk 為第三方套件用來撰寫 GUI；IDLE 為 Python 內建的 IDE 軟體。

Step 4 Advanced Options；❶以滑鼠勾選選項，❷安裝路徑採用預設值，❸按「Install」鈕準備安裝

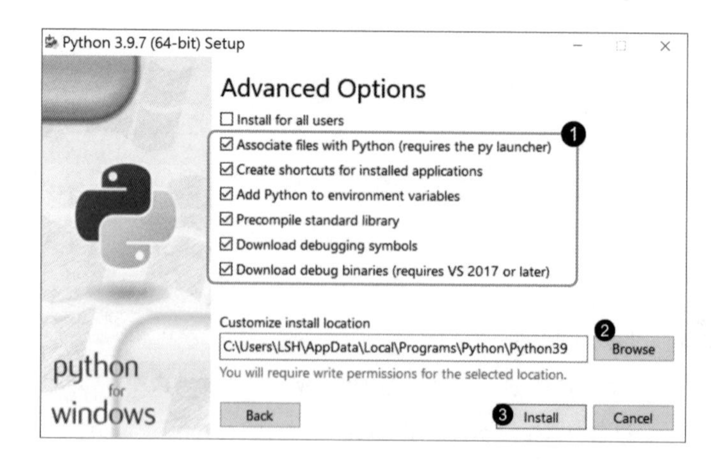

■ 若要變更安裝路徑，可以按「Browse」鈕來變更安裝軟體的位置。

■ 預設安裝路徑「C:\Users\使用者名稱\AppData\...」，表示步驟 2「Add Python 3.9 to PATH」是把 Python 的相關路徑加到《使用者變數》中。

Step 5 表示 Python 正在安裝。

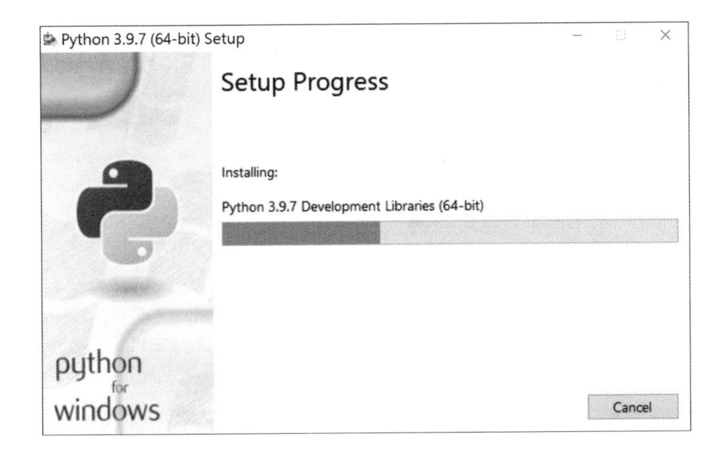

Step 6 安裝成功的提示訊息，按「Close」鈕來結束安裝。

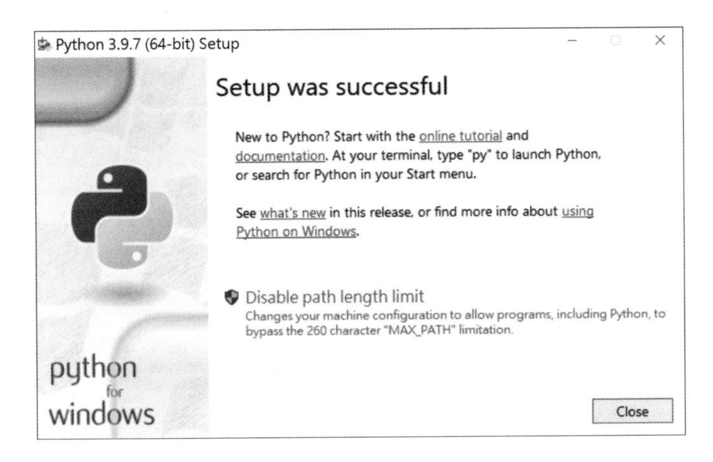

1.2.2 測試 Python 環境

安裝 Python 軟體時，要先確認系統是否已把環境變數自動加入，啟動「主控台視窗」 然後以一個小程式來測試 Python 能否順利執行！下述操作先檢查環境變數。

操作 2.《確認環境變數》

Step 1 利用組合鍵【Win + R】開啟視窗作業系統的「執行」交談窗，❶輸入「sysdm.cpl」指令，❷按「確定」鈕後會開啟「系統內容」交談窗。

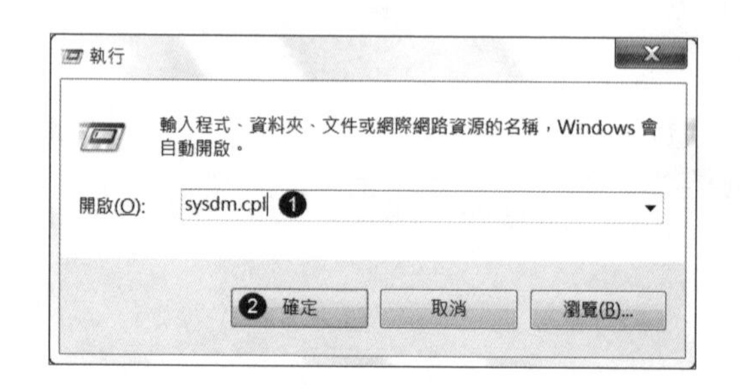

Step 2 進入環境變數交談窗；❶切換「進階」標籤，再以滑鼠按❷「環境變數」鈕。

Step 3 可以查看使用者變數的「Path」是否已加入 Python 軟體的執行路徑。

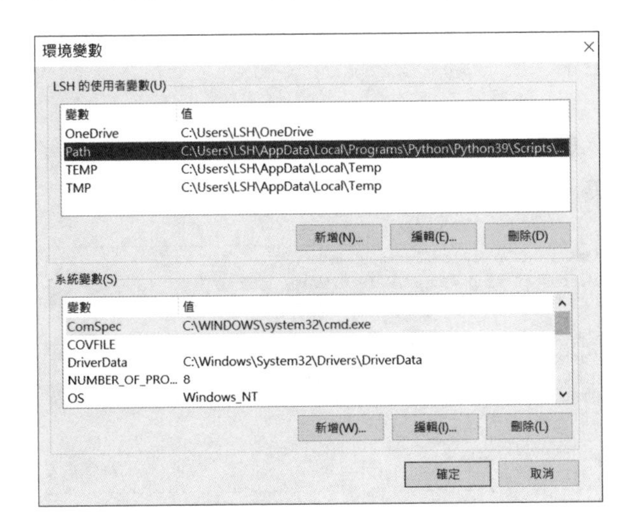

步驟說明

- 如果 Python 的執行路徑未加入，可按交談窗下方的「編輯」鈕；輸入『C:\Users\使用者名稱\AppData\Local\Programs\Python\Python39\Scripts\』，路徑前後記得以「;」(半形)分號來隔開。

安裝 Python 軟體之後，也確認了環境變數的相關參數，先以「主控台」視窗(或稱命令提示字元視窗，續文以 cmd 稱呼)測試 Python 是否能順利運行。

操作 3.《主控台視窗測試 Python》

Step 1 同樣以組合鍵【Win + R】開啟執行交談窗，❶輸入「cmd」指令並按❷「確定」鈕來啟動主控台視窗。

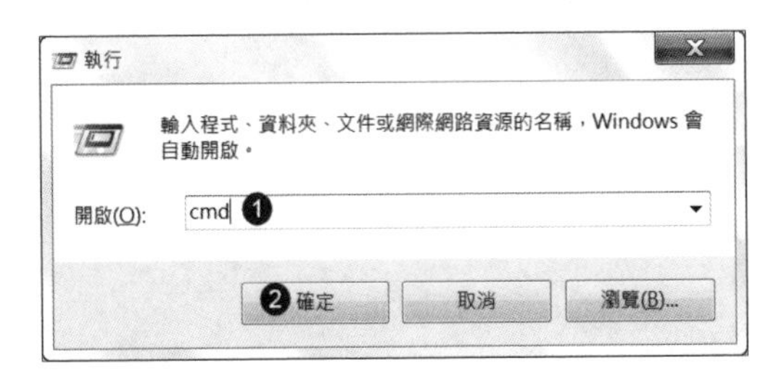

Step 2 進入「命令提示字元」視窗；❶直接輸入 Python 並按下 Enter 鍵，它會帶出 Python 版本，並進入 Python Shell 互動交談模式，它會顯示 Python 特有的提示字元「>>>」。

Step 3 進一步輸入❷數學算式「5.7/3.6*2.14」並按下【Enter】鍵，會發現它會顯示計算結果「3.3883」，游標會停留「>>>」字元之下。

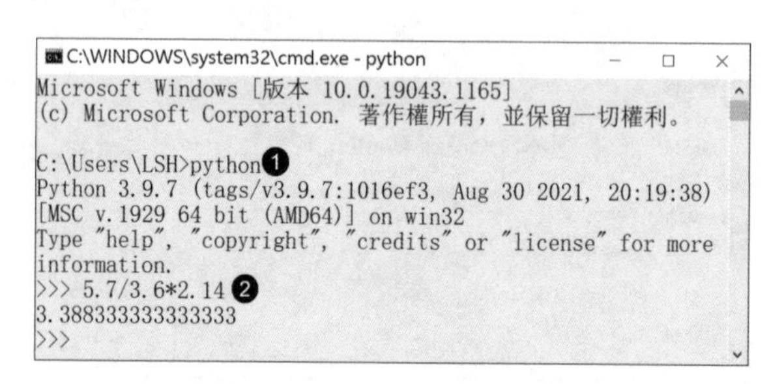

主控台視窗下，以一個 Python 小程式測試。使用記事本撰寫程式，以副檔名「*.py」儲存；配合「quit()」指令離開 Python 環境。

操作 4.《小程式測試 Python 軟體》

Step 1 開啟記事本，輸入「print('Python is great fun!')」。print() 函式中的字串前後要加單或雙引號。

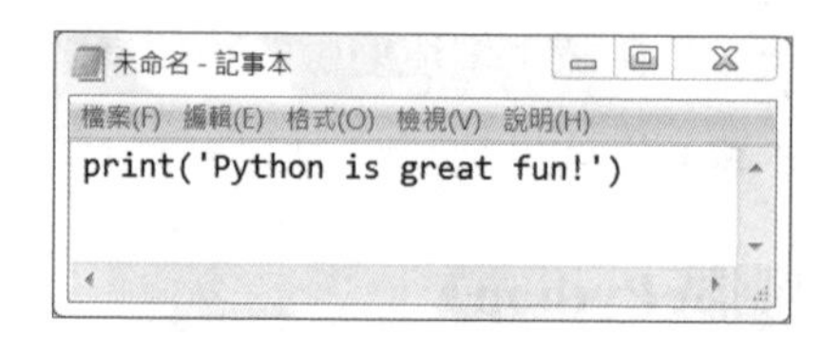

Step 2 檔案儲存到❶指定目錄 (D:\PyCode\CH01\)，❷檔名「CH0101.py」(副檔名 py 記得要輸入)，按❸「存檔」鈕完成。

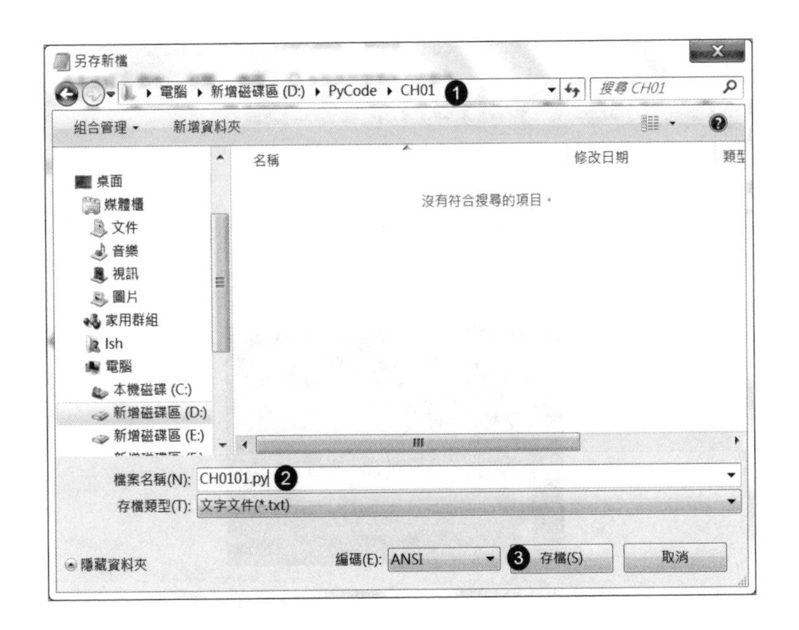

Step 3 離開 Python Shell 並變更儲存程式的目錄。❶如何在 cmd 視窗下結束 Python Shell ？輸入 quit() 指令即可。❷切換目錄為 D 碟；❸指令「cd PyCode\Ch01」並按【Enter】鍵確認；❹執行 Python 程式，指令「Python CH0101.py」再按【Enter】鍵就會輸出『Python is great fun!』

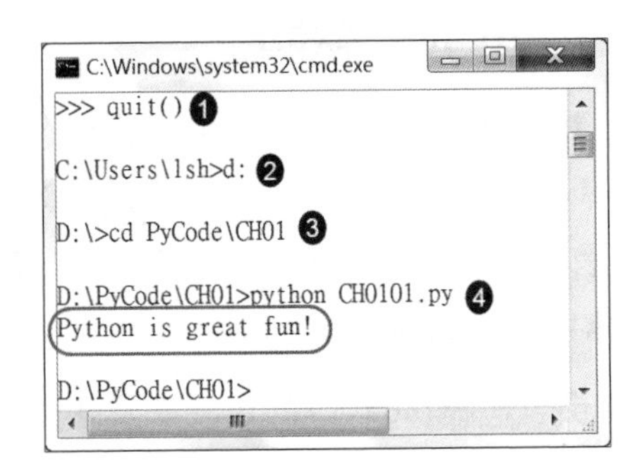

步驟說明

- 執行指令「cd」會切換目錄到 Python 存放原始程式碼的位置，且「cd」和檔案路徑之間要有一個空白字元。
- 同樣 Python 指令和檔名 CH0101.py 也要有一個空白字元。

1.3 逛一逛 Python 大觀園

Python 軟體測試無誤，趕快來瞧瞧 Python 3.9.7 所建立的選單有那些有趣的內容！

圖【1-1】Python3.9 相關的應用程式

這些軟體選單只要是在 Windows 作業系統之下，並無太大差異。圖【1-1】的應用軟體中，要先展開「Python 3.9」資料夾，其中的 IDLE 是 Python 的 IDE 軟體，以滑鼠左鍵單擊就能啟動它。

1.3.1 Python 常見的 IDE 軟體

編寫 Python 程式，除了最簡便的「記事本」之外，尚有所謂的整合式開發環境軟體 (Integrated Development Environment，簡稱 IDE)。它包括撰寫程式語言的編輯器、除錯器；有時還會有編譯器 / 直譯器，如眾所周知 Microsoft Visual Studio。Python 有那些常用 IDE 軟體？簡介如下：

- IDLE：由 CPython 提供，是 Python 3.9 的預設安裝選項。完成 CPython 安裝就可以看到它；是一個非常陽春的 IDE 軟體，編輯和偵錯功能較弱。
- PyCharm：由 JetBrains 打造，它具備一般 IDE 的功能，也能讓檔案以專案 (Project) 方式進行管理，同時它能配合 Django 套件在 Web 上開發。
- PyScripter：由 Delphi 開發，使用於 Windows 環境，它是免費的開放程式碼。

這些以 Python 為本的 IDE 軟體，除了 IDLE 軟體之外，皆要有 CPython 的支援。以 PyCharm 來說，安裝的 CPython 軟體必須是 PyCharm 所支援。換句話來說；

CPython 軟體的版本是 3.9，則配合的 IDE 軟體得支援 Python 3.9 才能通行無阻。如果 CPython 軟體的版本高於 IDE 軟體，則安裝的 IDE 軟體可能無法執行。

1.3.2 認識 Python IDLE

由於 IDLE 已內建於 CPython 中，先來熟悉它的操作介面。參考圖【1-2】，啟動 IDLE 之後，除了看到 Python 軟體版本的宣告，還會看到它獨特的提示字元「>>>」，表示我們已進入 Python Shell 互動模式。

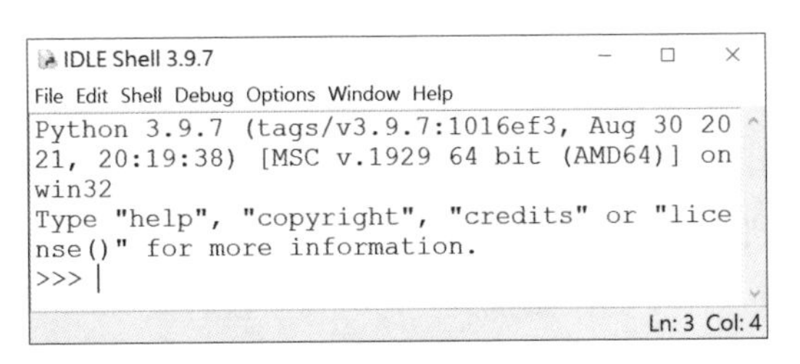

圖【1-2】進入 Python Shell

IDLE 應用程式有二個操作介面可供互換：

- Python Shell：提供直譯器，顯示 Python 程式碼的執行結果；它也可以接受 Python 的程式敘述。
- Edit(編輯器)：用來撰寫 Python 程式。

基本上，IDLE 軟體的 Python Shell 和 Edit 是彼此能切換的兩個視窗。如果沒有變更 IDLE 的啟動設定，就直接進入 Python Shell，等待使用者輸入 Python 敘述。

倘若變更了 IDLE 的啟動設定，則是進入 Python 編輯器而不是 Python Shell。

1.3.3 跟 Python Shell 聊聊天

由於 IDLE 完全支援 Python 程式語言的語法，Python Shell 互動交談模式能與我們互動並進行對話！直接輸入 Python 程式語言的敘述並按【Enter】鍵就能看到輸出訊息，如圖【1-3】所示。

```
IDLE Shell 3.9.7
File Edit Shell Debug Options Window Help
>>> print('Hello! Python!')
Hello! Python!
>>> 25 + (4 * 9)
61
>>> |
Ln: 7 Col: 4
```

圖【1-3】Python Shell 可直接輸入指令

敘述一：輸入「print('Hello! Python!')」，按下 Enter 鍵後會輸出《Hello! Python!》。

敘述二：輸入「25 + (4 * 9)」，按下 Enter 鍵後輸出計算結果《61》。

Python 提供豐富的內建函式 (Built in function，簡稱 BIF) 可輸入部份字元，利用 Tab 鍵來展開列示清單，或做補齊功能。例如：先輸入「fo」並按【Tab】鍵展開清單，移動上↑、下↓方向鍵找到「format」後再按 Enter 鍵完成。

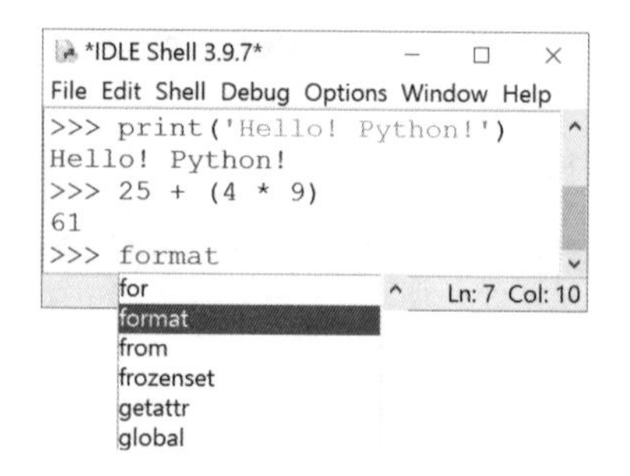

在 Python Shell 互動介面中，已下達的指令可利用組合按鍵【Alt + P】或【Alt + N】來載入上一個或下一個指令。欲開啟編輯器 (Edit)，就得展開 File 功能表，執行「New File」指令。

1.3.4 Edit 編寫程式碼

使用 Edit 編寫程式碼；它類似「記事本」；看到插入點就可以輸入文字，按【Enter】鍵就能換行。介紹它的基本操作：

- 叫出新文件，編寫程式碼；展開 File 功能表，執行「New File」指令。
- 儲存所編寫的程式文件：展開 File 功能表，執行「Save」指令；若是第一次存檔，會進入「另存新檔」交談窗。

■ 要開啟 Python 程式檔案，執行「File / Open」指令來進入「開啟舊檔」交談窗。

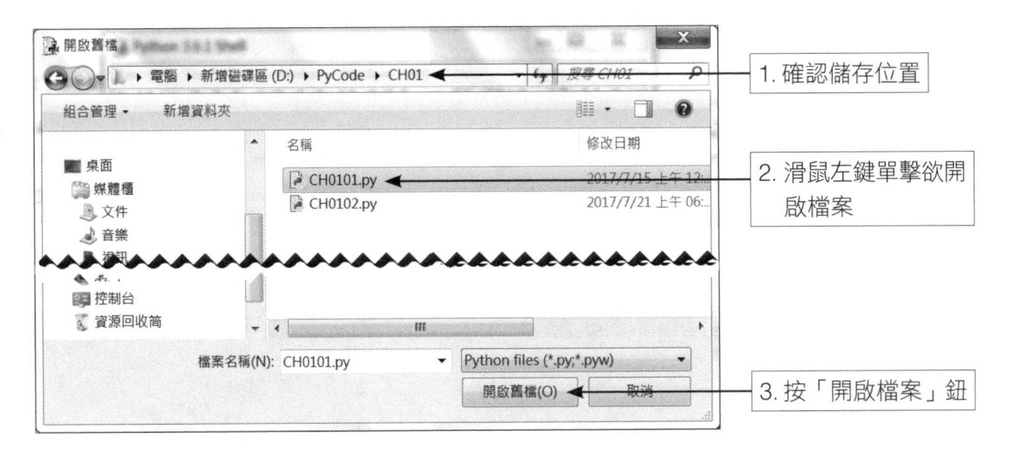

■ 切換 Python Shell 視窗：❶展開 Run 功能表，❷執行 Python Shell 指令就可以看到 Python Shell 的「>>>」提示字元向你招手。

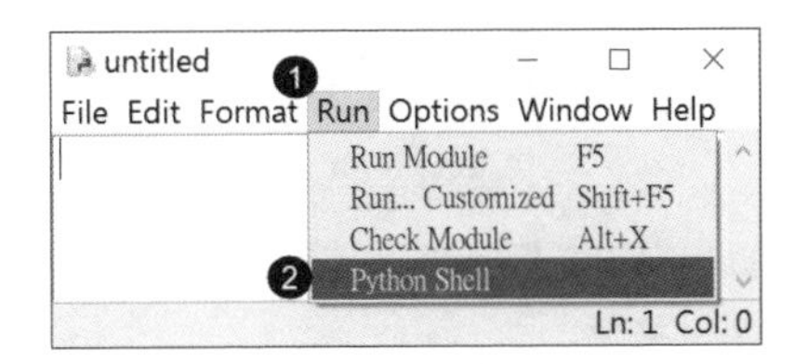

■ 執行程式：參考圖【1-4】，編寫好的程式要做直譯動作時，執行「❶ Run / ❷ Run Module」指令或按【F5】鍵；會切換 Python Shell 視窗並輸出執行結果。

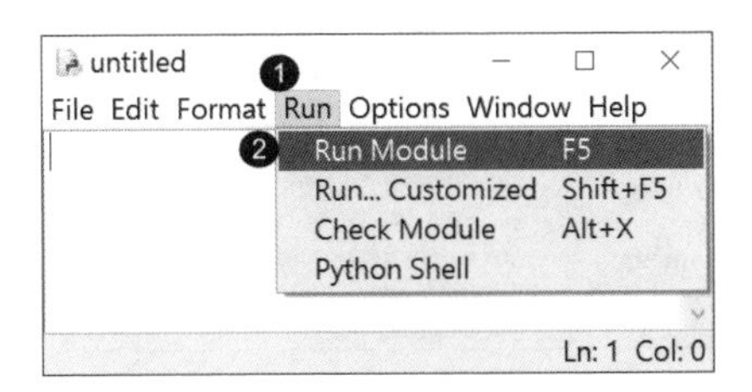

圖【1-4】IDLE 提供的 Edit 視窗

■ Edit 所編寫的程式若做了修改，按【F5】鍵執行時會自動儲存變更的內容，若想保留提示，執行「Options / Configure IDLE」指令；切換❶「Shell/Ed」頁籤，❷變更為「Prompt to Save」(預設值「No Prompt」)，❸按「Ok」鈕做變更。如此一來，每次修改了程式內容，在執行之前都會要求我們進行儲存。

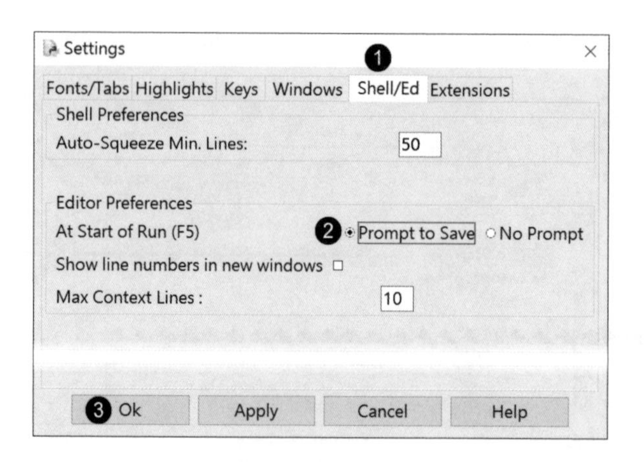

1.3.5 好幫手 help() 函式

使用取得 Python 的說明文件，無論是它的 Edit 或 Python Shell 視窗，只要按下永遠的【F1】鍵就能啟動文件說明。

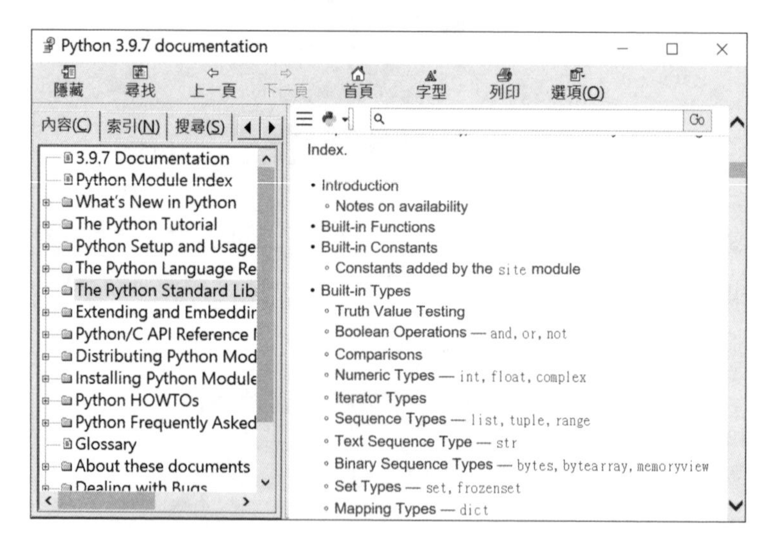

在 Python Shell 互動交談模式下，可使用內建函式 help() 來取得更多協助，要離開 Help 模式，輸入 quit() 指令即可。另外一種方法是利用 help() 函式放入欲查詢的 BIF(內建函式) 亦可。

操作 5.《help() 函式》

Step 1 Python Shell 互動模式下輸入 help() 函式來進入「help>」的交談模式。

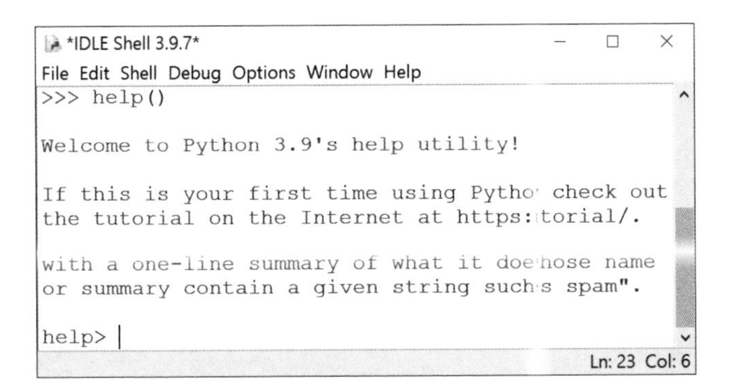

- 使用 help() 函式時，其左、右括號不能省略，否則無法進入「help>」交談模式。
- 要回到 Python 直譯器使用「quit」指令。

Step 2 進入「help>」交談模式，可以查詢很多內容；例如輸入「keywords」會列出 Python 程式語言保存的關鍵字。

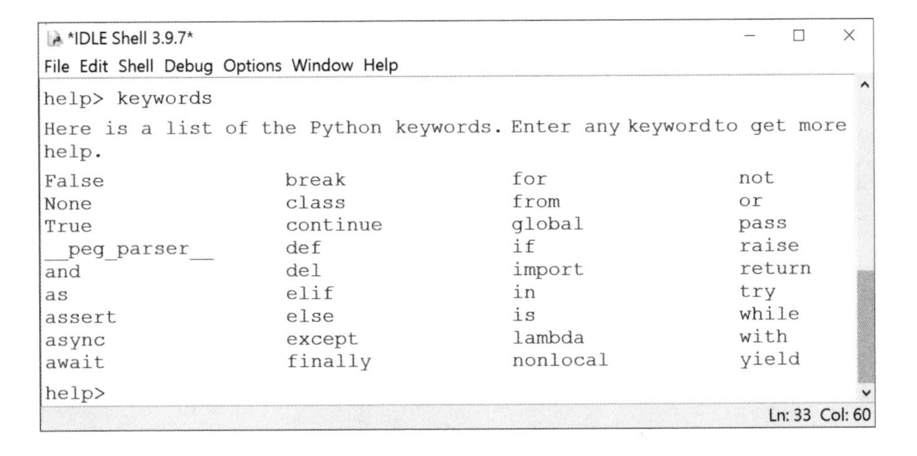

Step 3 想要進一步了解某個關鍵字所代表的意義，「help>」模式下直接輸入此關鍵字。例如：「while」表明它是一個敘述，使用於迴圈並帶出其語法，語法主體會以雙引號前後括住。

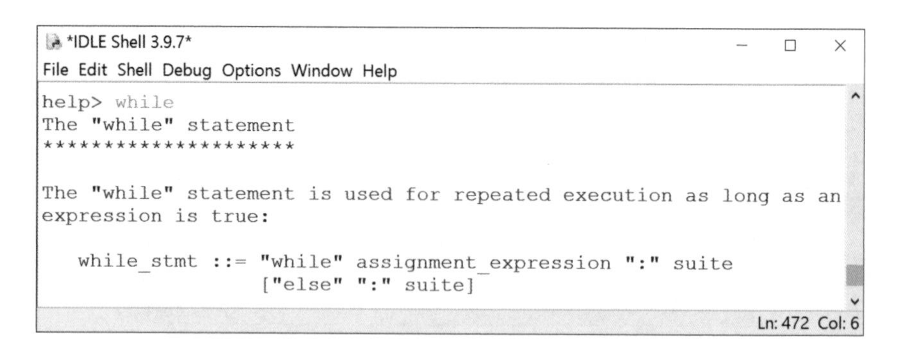

Step 4 想要知道某個內建函式(Built-In Function，簡寫BIF)的用法，同樣輸入其名稱。例如：輸入sum並按下Enter鍵後，它會告訴我們它是一個「built-in function」並出列相關參數，也會解說其意義。

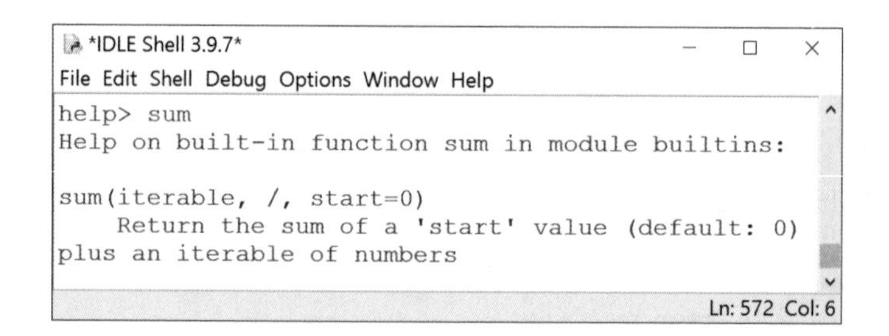

步驟說明

- 查詢sum()函式時，不能加入左、右括號，否則它會告訴使用者「No Python documentation found for 'sum()'.」。

Step 5 要離開 help 交談模式，輸入 quit 指令就回到「>>>」提示字元。

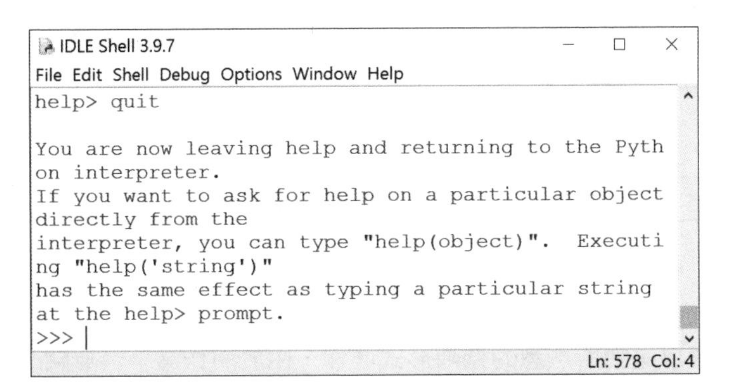

Step 6 位於「>>>」字元下另一種作法；把欲查詢的函式放入括號之內作為 help() 函式的參數；如：help(eval)。

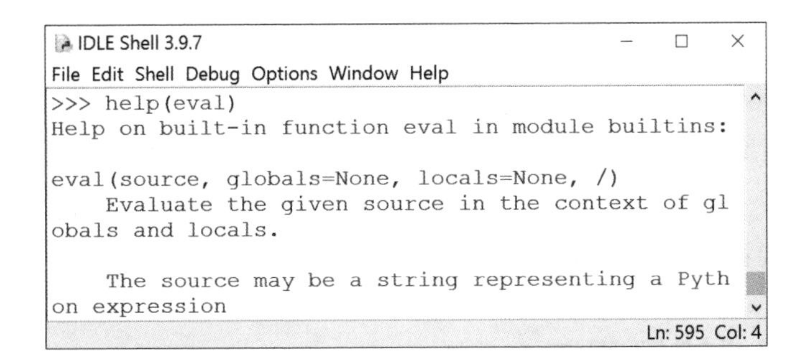

1.4 第一個 Python 程式

以 Python 程式語言撰寫的程式碼稱做「原始程式碼」(Source Code)，儲存時須以「*.py」為副檔名，通過直譯器將這些程式碼轉換成位元碼 (Byte Code)，如圖【1-5】所呈。

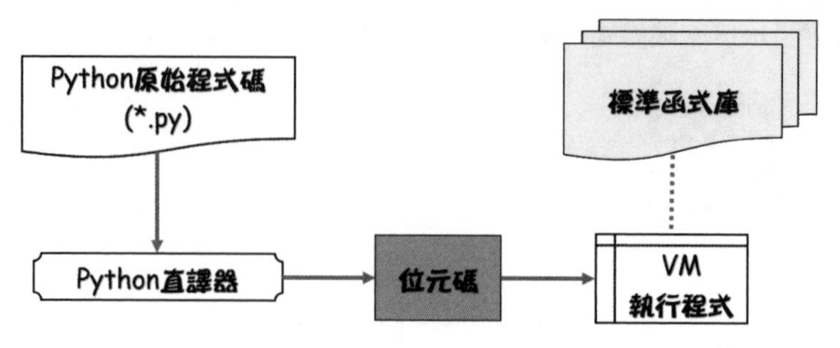

圖【1-5】Python 程式的解譯過程

位元碼會以電腦所熟悉的低階形式運作，由於與作業平台無關，它把啟動速度優化。只要原始程式碼未被修改過，下一次執行時就會呼叫儲存位元碼的檔案(*.pyc) 而無需將程式重新解譯；這些解譯過程使用者是看不到。所謂的「*.pyc」就是 Python 的直譯器用來保存位元碼的檔案；簡單來講，它是解譯過的「*.py」程式。

完成直譯的位元組碼無法單獨運作，它須透過 Python 的運作引擎 VM 來執行。VM 指的是能提供 Python 運作的虛擬機器 (Virtual Machine)，它會把位元碼指令反覆運算。如果匯入了模組，PVM 也會去取得它們，一個接著一個去執行；使用者可以觀看成果是否正確無誤。

1.4.1　程式如何運作？

Python 程式碼大部份由模組 (Module) 組成。模組會有一行行的敘述 (Statement，或稱述句，或稱陳述式)；每行敘述中可能有運算式、關鍵字 (Keyword) 和識別字 (Identifier) 等。以一個小範例來闡述 Python 程式的寫作風格。

範例《CH0102.py》

Step 1 啟動 IDLE 軟體，進入 Python Shell 之後，展開❶ File 功能表，執行功「New File」指令，開啟編輯器產生新的文件，可參考圖【1-4】。

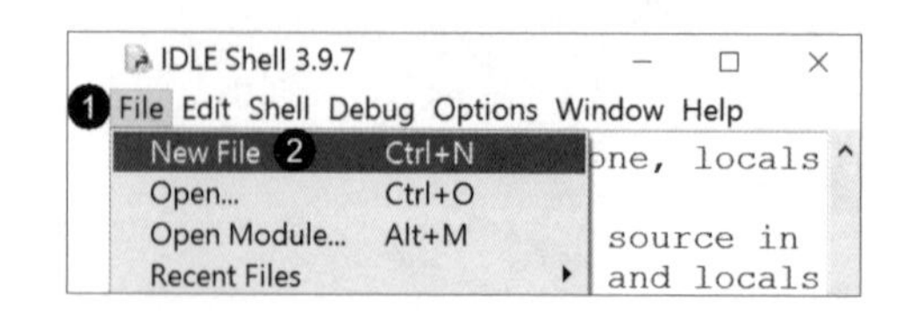

Step 2 插入點移向編輯器，輸入下列程式碼。

```
01 # 第一個 Python 程式
02 """ 內建函式 (BIF)
03 input() 取得輸入值
04 print() 函式在螢幕上輸出字串 """
05 name = input('請輸入你的名字：')
06 print('Hello! ' + name)
```

Step 3 儲存檔案。執行「File / Save」指令，進入「另存新檔」交談窗；❶確認儲存位置；❷輸入檔名「CH0102」；❸存檔類型使用預設值；❹按「存檔」鈕。

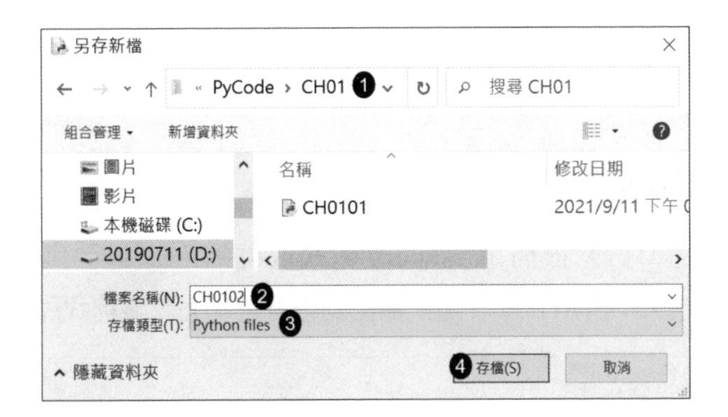

步驟說明

■ 如果未儲存程式，直接解譯程式，它會發出訊息，要求我們做儲存檔案的動作；按下「確定」鈕也會進入「另存新檔」交談窗。

Step 4 執行程式，直接按【F5】鍵或執行「Run / Run Module」（參考圖【1-4】）指令也能解譯程式。

Step 5 若無任何錯誤，會以 Python Shell 視窗來顯示執行結果；輸入「Tomas」並按下 Enter 鍵，會顯示《Hello! Tomas》。

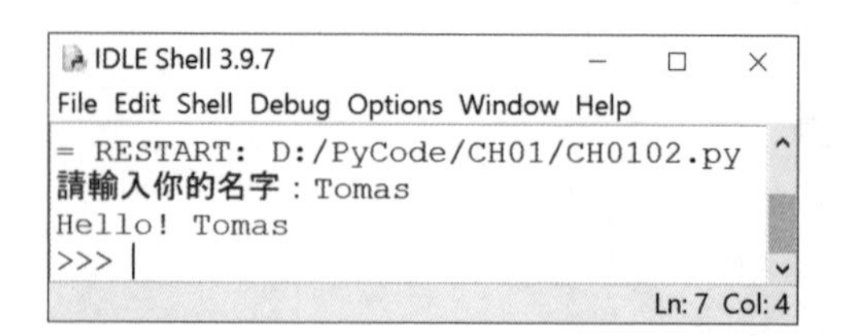

步驟說明

- 程式碼若無錯誤，會以虛線分隔，並以字串「RESTART: D:/PyCode/CH01/CH0102.py」顯示檔案位置。

1.4.2 程式的註解

範例《CH0102.py》很簡單，input() 函式取得輸入的名字（字串）交給變數 name 暫時儲存起來，再由 print() 函式輸出到螢幕上。先認識程式註解。

```
01 # 第一個Python程式
02 """ 內建函式(BIF)
03 input() 取得輸入值
04 print() 函式在螢幕上輸出字串 """
```

程式碼第 1~4 行為註解。程式中的註解，直譯器會忽略它；這意味著註解是給撰寫程式的人員使用。依據需求，Python 的註解分成兩種。

- 單行註解：以「#」開頭，後續內容即是註解文字，如範例《CH0102.py》程式碼開頭的第 1 行。
- 多行註解：以 3 個雙引號（或單引號）開始，填入註解內容，再以 3 個雙引號（或單引號）來結束註解，如範例第 2~4 行就是一個多行註解。

1.4.3 敘述的分行和合併

Python 的程式碼是一行行的敘述，有時候句子很長，得想辦法把它分成好幾行；有時候句子很短，可以把它們合併成一行。

當敘述的句子中有括號 ()、中括號 [] 或大括號 {} 時可以利用括號的特性做折行。使用括號折行，無論是 Python Shell 或編輯器皆會自動縮行。

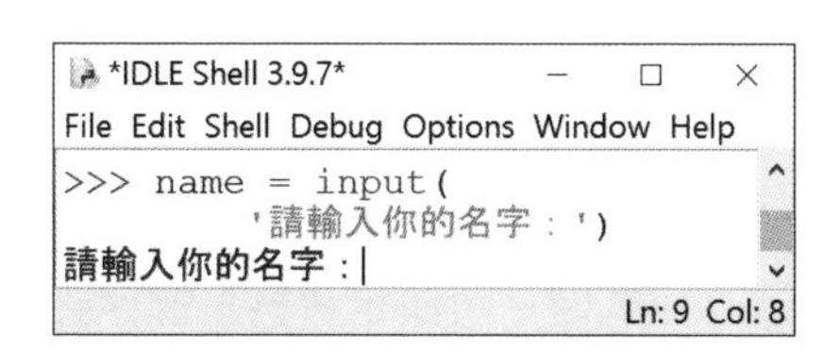

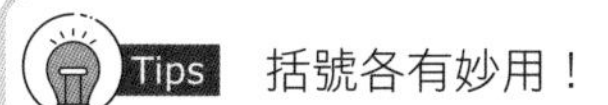

括號各有妙用！

- 括號 ()：括號內用以存放數值，若是元素則是 Tuple 物件。
- 方括號 []：為運算子，用來存取序列型別的元素。
- 大括號 {}：表示字典或集合。

加入強迫換行的字元「\」。

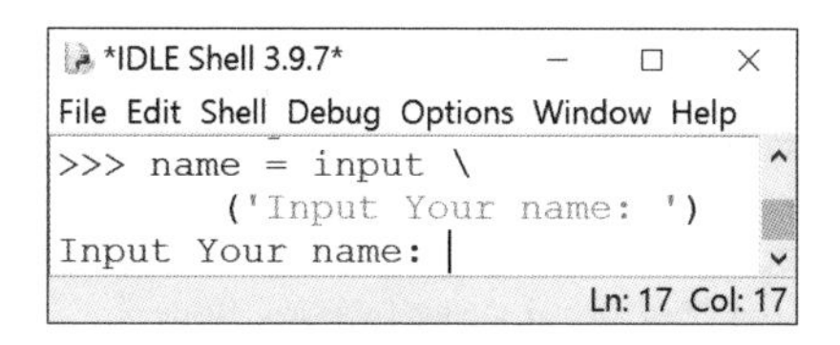

當兩行的敘述很短時，可使用「;」(半形分號)把兩行的敘述合併成一行。不過多行的敘述合併成一行時，有可能造成閱讀上的不方便，使用時得多方考量！

```
a = 10; b = 20
```

1.4.4 程式有進有出

範例《CH0102.py》使用兩個內建函式。print() 函式將內容輸出於螢幕上，而 input() 函式取得輸入內容。先介紹 print() 函式，語法如下：

```
print(value, ..., sep = '', end='\n',
    file = sys.stdout,    flush = False)
```

◈value：欲輸出的資料；若是字串，必須前後加上單引號或雙引號。

◈sep：以半形空白字元來隔開輸出的值。

◈end = '\n'：為預設值。「'\n'」是換行符號，表示輸出之後，插入點會移向下一行。輸出不換行，可以空白字元「end = ''」來取代換行符號。

◈file = sys.stdout 表示它是一個標準輸出裝置，通常是指螢幕。

◈flush = False：執行 print() 函式時，可決定資料先暫存於緩衝區或全部輸出。

使用 print() 函式可以加入變數名稱，利用「+」(半形加號) 或「,」(半形逗點) 做運算或前後串接。

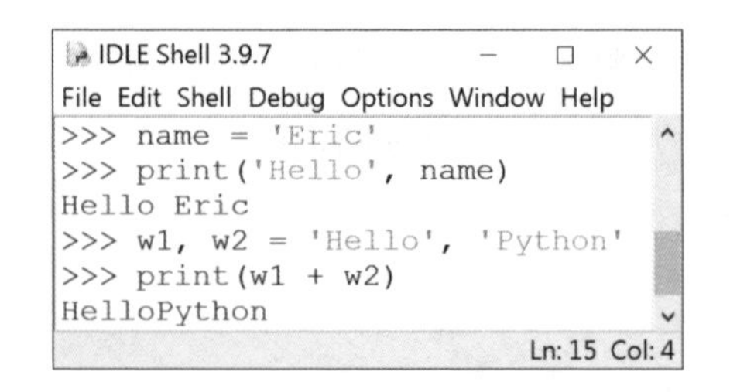

Python 採用動態型別，雖然只宣告一個變數，但它可以原先儲存了 Mark，最後只儲存了 Eva 字串而在畫面上顯示。

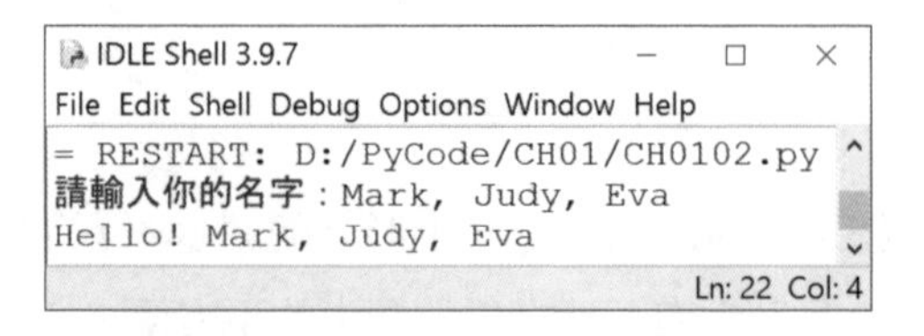

print() 函式也可以將兩個變數值相加。設定兩個變數 x、y 的值為 20、46，再以 print() 輸出兩個變數相加的結果的。

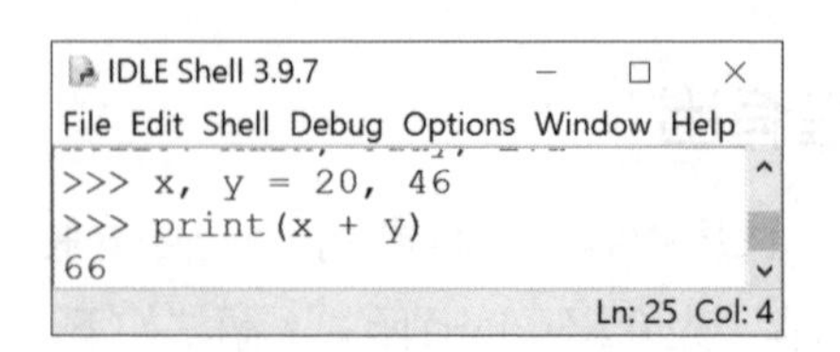

範例《CH0103.py》

匯入 time 模組來取得系統目前的時間。

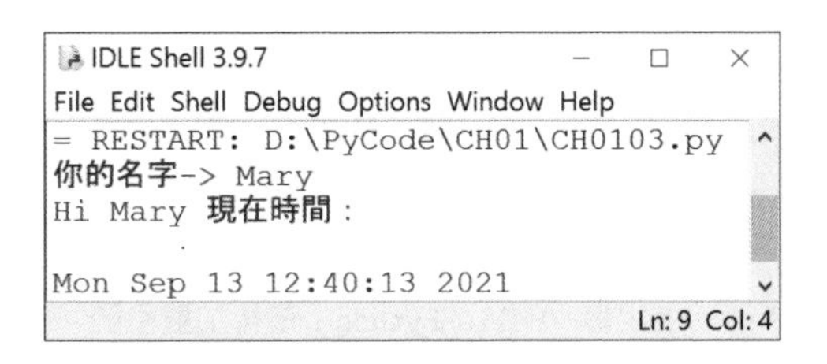

Step 1 Python Shell 互動模式下，執行「File / New File」指令，開啟編輯器產生新的文件。

Step 2 輸入下列程式碼。

Step 3 儲存檔案，按鍵盤【F5】按鍵，解譯、執行程式並以 Python Shell 輸出結果。

```
01 import time #匯入時間模組
02 name = input('你的名字 -> ')
03 print('Hi', name, '現在時間：')
04 print() #輸出空白行
05 print(time.ctime())
```

◈第 4 行：呼叫 time 類別的 ctime() 方法來取得目前的日期和時間。

input() 函式我們已悄悄用了多次，它的用法就是取得使用者從螢 上輸入的內容，語法如下：

```
input([prompt])
```

◈prompt 提示字串，同樣要以單引號或雙引號來裹住字串。

如果進一步要把函式 input() 取得的資料加以利用，可指派變數來儲存它：

```
name = input('你的名字 -> ')
```

◈把輸入的名字交由變數 name 儲存，由於它並未使用換行符號，所以插入點會停留在此處。

1.5 新手上路

對於初學者來說，使用 print() 函式輸出訊息，比較容易忽略的地方就是字串得在前後加上單或雙引號。

```
print("Hello Python!")      #字串「Hello Python」前後加雙引號
print('Hello Python!')      #字串「Hello Python」前後加單引號
```

字串沒有加上引號，Python 的直譯器無從判別「Hello」究竟是什麼？所以錯誤訊息是「NameError」，提醒我們可能是名稱「Hello」未定義。

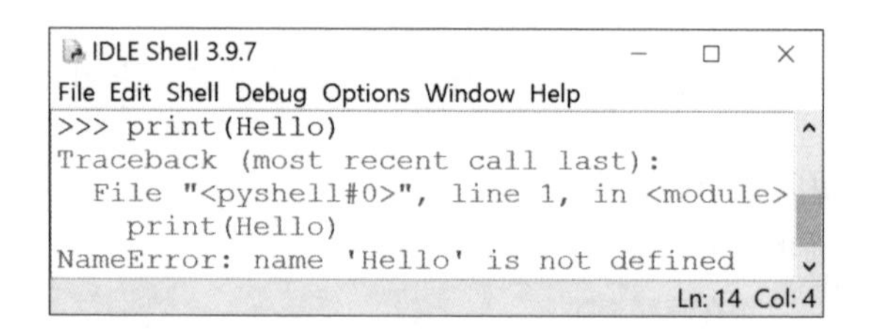

print() 函式中的字串，忘記在結尾加上引號。它會以 SyntaxError(語法錯誤)顯示，發生錯誤的位置會在後方出現紅色長條來標明錯誤之所在。

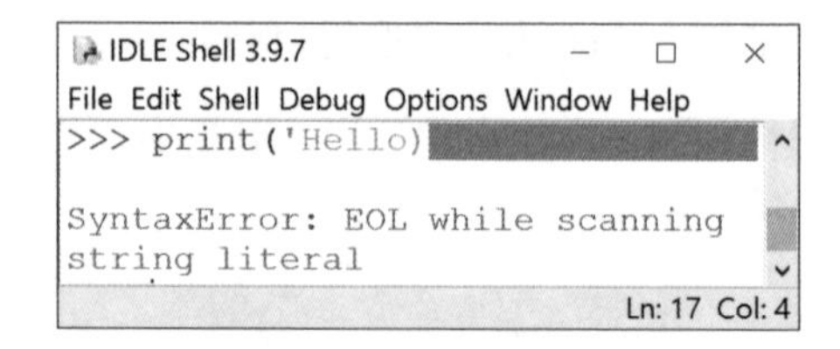

前一行敘述忘了右括號，卻直指本行是錯誤所在(顯示紅色長條)。

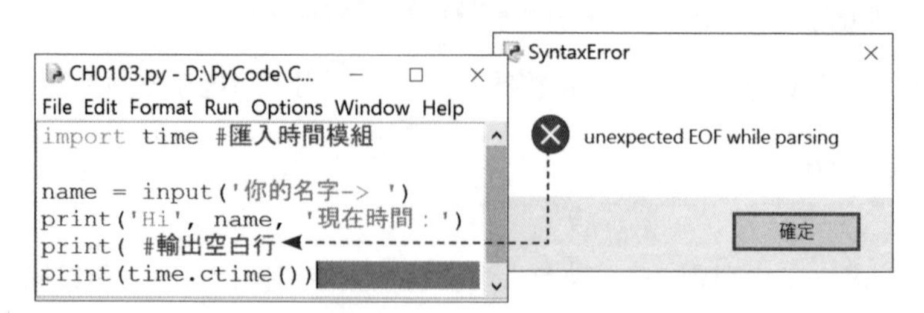

章節回顧

- 西元 1989 年，創始人 Guido van Rossum(吉多 · 范羅蘇姆) 為了打發耶誕假期，針對非專業的程式設計師提出新的腳本語言 (Script Language)，他又是蒙提·派森飛行馬戲團 (Monty Python's Flying Circus) 的愛好者；所以我們有了以 Python 為名稱的程式語言。
- Python 2x 和 Python 3x 同時存在，而彼此之間並非完全相容。Python 官方聲稱 Python 2.7 是 2x 系列所發表的最後版本，由於資源較豐富，第三方函式庫以它為基底依然不少！ Python 3x(也稱 Python 3000，或 Py3k) 有未向下相容的不便，提供支援的套件也較有限。
- 解譯 Python 程式碼必須藉由 Python 執行環境所提供的；像 CPython 是官方的直譯器，以 C 語言編寫。
- 所謂整合式開發環境軟體 (Integrated Development Environment，簡稱 IDE) 通常會包括撰寫程式語言編輯器、除錯器；有時還會有編譯器 / 直譯器，CPython 也提供 IDLE 軟體來作為 Python 程式語言的 IDE 軟體。
- Python 程式語言撰寫的程式碼稱做「原始程式碼」(Source Code)，儲存時須以「*.py」為副檔名，經過解譯轉換成位元碼，配合 VM 才能輸出結果。
- print() 函式將內容輸出於螢幕上，而 input() 函式取得輸入內容。

自我評量

一、實作題

1. 利用 print() 函式輸出下列結果。

   (1) 78 + 56 * 42 / 31

   (2) 125 － 41 － 18 /25

2. 參考範例《CH0103.py》輸出「Hello! 自己的名字」。

3. 同樣使用 print() 函式配合相關符號輸出下列小圖案，並回答可能碰到的錯誤。

CHAPTER

02

Python 的百變海龜

學習目標

- 識繪圖：認識 Python Turtle 繪圖，一花一世界的座標系
- 采繪曲：展開 Python Turtle 畫布，畫筆上色並前進、轉彎
- 畫幾何：三角形、矩形或多邊形，都能信手拈來完成

Python

2.1 認識 Python Turtle

想像若要畫一些簡單的圖形，要如何做？一張紙（或稱畫布）加上一支筆就能隨意揮灑。Python 提供了一個能畫圖的內建函式庫 Turtle，俗稱海龜的 Turtle 能讓我們繪製生動、有趣的圖形。

Turtle 模組是簡易的繪圖程式，它以 Tkinter 函式庫為基礎，打造了繪圖工具，它源自於 60 年代的 Logo 程式語言，而由 Python 程式設計師構建了 Turtle 函式庫，只需要「import turtle」就可以在 Python 程式中使用海龜來繪圖囉！

2.1.1 Turtle 畫布

以 Turtle 模組所進行的任何動作都必須在畫布（繪圖區域）上揮灑，再依情況加入畫筆並配置顏色。藉由下列兩行敘述來認識 Turtle 的畫布：

```
import turtle       # 滙入 turtle 模組
turtle.Turtle()     # Turtle() 的第一個字母 T 必須大寫
```

圖【2-1】Turtle 畫布

若要進一步設定畫布的大小，可使用 setup() 方法，語法如下：

```
turtle.setup(width, height, startx, starty)
```

◈ width、height：設定畫布的寬度和高度，以像素 (pixel) 為單位，必要參數。

◈ startx、starty：設定畫布的 X、Y 座標起始位置，可使用預設值，非必要參數。

例一：Turtle 以直角座標為主。

```
import turtle      # 滙入 turtle 模組
#畫布大小為 200*200，X、Y 座標為 0、0
turtle.setup(200, 200, 0, 0)
```

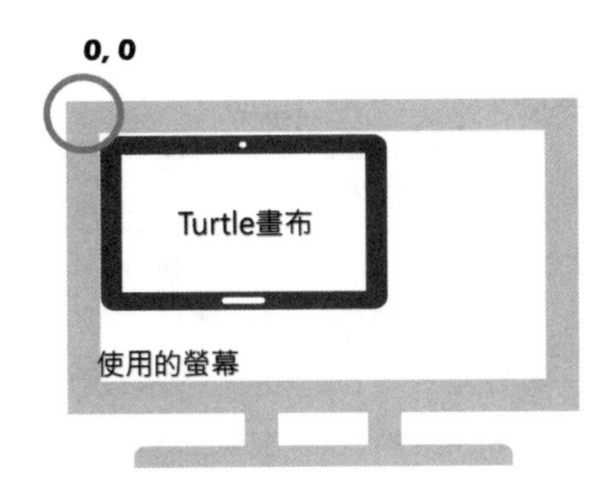

由於設定畫布的 X、Y 座標，所以會以目前螢幕中心位置產生一塊畫布。如果不設定加入 X、Y 座標會如何？例二：

```
import turtle      # 滙入 turtle 模組
turtle.setup(200, 200)   # 畫布大小 200 X 200
```

執行之後，可以看到畫布會以螢幕為中心來展開其位置。

2.1.2 使用座標系統

一般來說，有了畫布，當然要有畫筆來配合 X、Y 座標值做移動。如何移動畫筆呢？首先得螢幕的座標系統有一些基本的認識。參考圖【2-2】，我們所使用的螢幕對 Python 來說，座標由左上角為起始點 (0, 0)。畫布展開後，會有高度 (height) 和寬度 (width)。

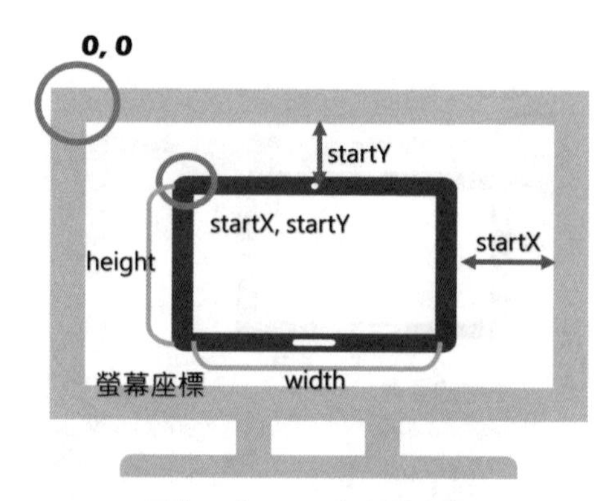

圖【2-2】Turtle 與螢幕的座標

Turtle 提供的畫布採用直角座標系，左上角的 (startX, startY) 能設定其起始位置。以圖【2-3】來說，Turtle 畫布空間採用絕對座標，同樣有 X、Y 軸，但是它以畫布的中心位置為起始點。

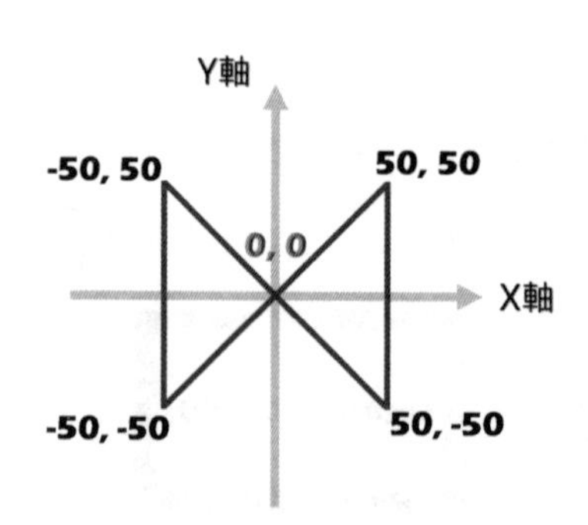

圖【2-3】Turtle 畫布的空間座標

第一個 0 代表 X 軸（橫向座標），第二個 0 代表 Y 軸（縱向座標），要讓 Turtle 畫布上的畫筆移動，可指定座標位置，相關語法如下：

```
turtle.goto(x, y = None)    # 以像素表示座標值
turtle.setpos(x, y = None)
turtle.setposition(x, y = None)
turtle.hoem()    # 畫筆回到原點 (0, 0)
```

要產生圖【2-3】的幾何圖形，使用 goto() 方法即可做到。例一：

```
# 參考範例《CH0201.py》
import turtle                 # 匯入海龜模組
turtle.setup(200, 200)        # 產生 200 X 200 畫布
turtle.goto(50, 50)           # 設定 x、y 座標為 (50, 50)
turtle.goto(50, -50)
turtle.goto(-50, -50)
turtle.goto(-50, 50)
turtle.home()    # 回到原點 (0, 0) 同 turtle.goto(0, 0)
```

執行程式後，就能看到停留在原點(畫布中心)的畫筆移向第一個座標(50, 50)，再移向第二個座標，最後回到原點(0, 0)，形成一個幾何圖案。其中的方法 home() 會讓畫筆回到原點，與方法 goto(0, 0) 的結果是相同的。

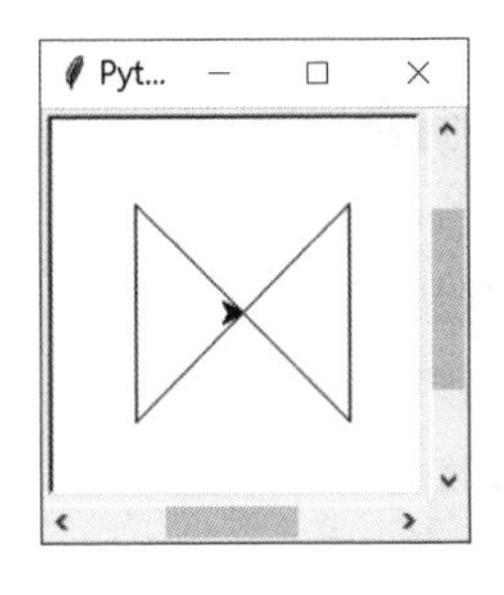

Tips 直角座標系，稱笛卡兒座標系或稱稱右手座標系

- 笛卡兒座標系也稱為直角座標系，是最常用到的座標系。法國數學家勒內・笛卡兒在 1637 年發表的《方法論》提出。
- 以二維平面為基礎，選一條指向右方水平線為 X 軸，再選一條指向上方的垂直線稱為 Y 軸。

2.1.3 從海龜看世界

要讓 Turtle 畫布上的畫筆遊走，除了使用絕對座標，Turtle 本身也提供了相對座標，讓我們使用相關的方法移動 Turtle 畫筆。由圖【2-4】的中心點來觀看畫布空間有前進、後退方向，也能把畫筆轉向左方或右方來改變畫筆方向。

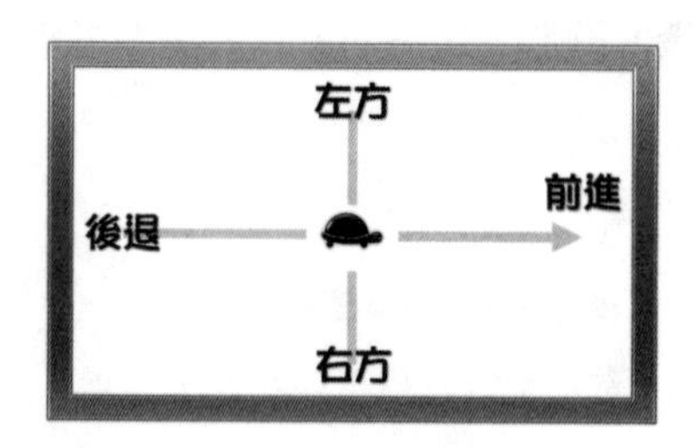

圖【2-4】Turtle 畫布的相對座標

如何改變畫筆移動方向；相關方法的語法如下：

```
turtle.forward(distance)     # 前進，以像素為移動單位來指定距離
turtle.backward(distance)    # 後退
```

如何讓畫筆移動，範例如下：

```
# 參考範例《CH0202.py》
import turtle              # 匯入海龜模組
turtle.setup(200, 200)     # 產生 200 X 200 畫布
turtle.forward(50)         # 畫筆從原點前進 50
turtle.goto(50, 50)        # 畫筆移到座標 (50, 50)
turtle.backward(50)        # 畫筆後退 50
turtle.home()              # 畫筆回到原點
```

很簡單的繪圖，讓畫筆做前進、後退的動作再回到原點，它形成一個簡單的矩形。

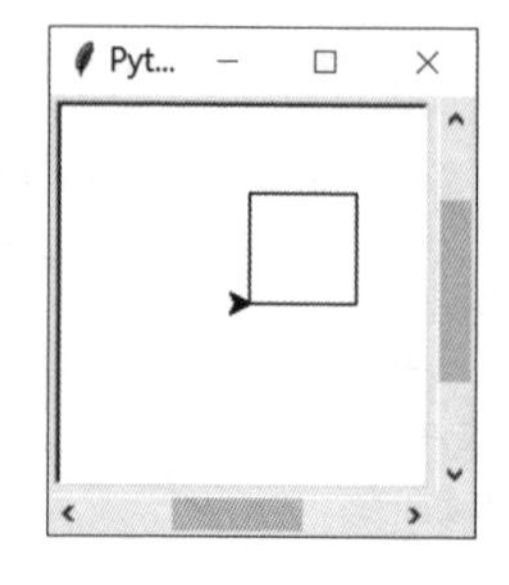

2.2 以 Turtle 繪圖

簡單介紹了 Turtle 的畫布和座標，接著登場就是畫筆。想一想，如果手中有一支筆可繪簡單圖形，要如何做？線條是粗或細？畫筆要不要改變顏色？

2.2.1 移動畫筆

可不要忘了，即使是畫筆也是有角度，預設為標準模式。觀察圖【2-5】，當角度為 0 時，它是朝向西方前進（逆時針方向），轉向北時，它轉了 90 度，再朝向東方表示它轉了 180 度，繼續轉向就轉成了 270 度。

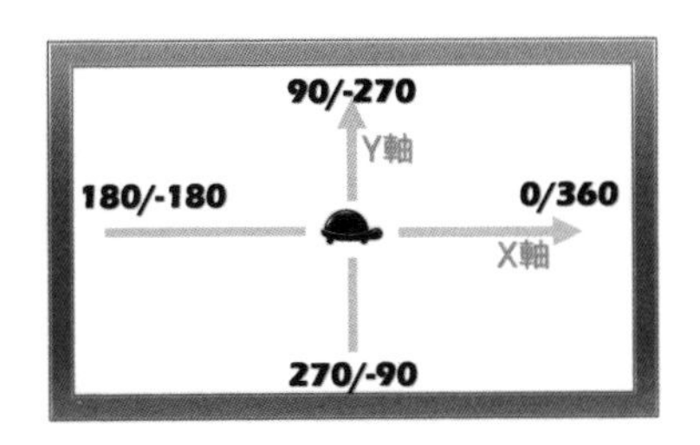

圖【2-5】Turtle 絕對角度

要更改 Turtle 畫筆的角度 (angle)，先參考下述語法：

```
turtle.left(angle)     #左轉，angle 表示角度
turtle.right(angle)    #右轉
```

值得注意的是，方法 left()、right() 只是改變畫筆的角度，不會有繪圖動作。我們還能把畫筆懸浮於半空中，到落腳的地方才放下畫筆繼續繪圖；語法如下：

```
turtle.penup()      #舉起畫筆，移動時不會畫圖
turtle.pendown()    #放下畫筆，移動時進行畫圖
```

範例《CH0203.py》

說明畫筆舉起、放下的妙用！首先，抬起畫筆到指定位置再放下它，❶前進 100 像素之後，❷向右轉彎 90 度，再前進 100 像素，❸向右轉彎 135 度，再前進 140 像素，完成一個簡易三角形的繪製。

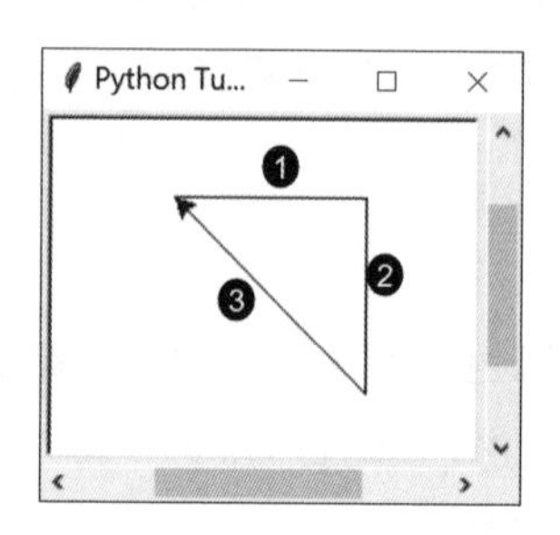

程式碼

```
01 import turtle    # 匯入海龜模組
02 turtle.setup(250, 200)   # 產生 250 X 200 畫布
03 pen = turtle.Turtle()     # 建立畫布物件
04 pen.penup()              # 畫筆懸空
05 pen.goto(-50, 50)        # 移向指定座標
06 pen.pendown()            # 落下畫筆
07 pen.forward(100)         # 前進 100 像素
08 pen.right(90)            # 畫筆右轉 90 度
09 pen.fd(100)              # forward() 方法簡寫
10 pen.right(135)           # 畫筆右轉 135 度
11 pen.forward(140)
```

是不是覺得畫筆所畫的線條太細了！或覺得畫筆速度太快了！沒有把它的移動方向看得更清楚些？不用擔心，上述問題皆有方法可以調整，先認識設定畫筆大小的語法：

```
turtle.pensize(width = None)    # 設畫筆大小
turtle.width(width = None)      # 同方法 pensize()
```

◈ width：設畫筆大小，為正整數。

畫筆移動的速度如何變更？語法如下：

```
turtle.speed(speed = None)
```

◈ speed：整數值，範圍為「0~10」之間。

方法 speed() 用來設置海龜畫筆的移動速度，參數 speed 也能使用文字表示，對應關係如下表所示。

文字敘述	數值	結果
fastest	0	最快
fast	10	快
normal	6	正常
slow	3	慢
slowest	1	最慢

2.2.2 畫筆上色

目前 Turtle 所產生的簡易圖形都是以黑色為預設值。是否可以改變顏色？最簡單的方式就是直接給予色彩名稱，例如：'blue'(英文名稱，字串要前後加單或雙引號)。Turtle 色彩組成依然以 RGB 為主，所以色彩值可以是數值，無論整數或是實數皆可。首先，認識與色彩設置有關的語法：

```
turtle.color(*args)
turtle.color(colorstring)    # 英文名稱表示顏色
turtle.color((r, g, b))      # R、G、B 的浮點數表示
turtle.color(r, g, b)        # R、G、B 的 16 進制表示
```

◈ args：參數有 0~3 個，設定顏色可以使用數值或以顏色的英文名稱來指定。

◈ color 可以表示 (pencolor(colorstring1) + fillcolor(colorstring2))

進一步來認識 RGB 色彩，RGB 代表「紅 (R)、綠 (B)、藍 (G)」三原色，而其色值為「0~255」，所以 RGB 表達的色彩等同「255 X 255 X 255」。除了指定顏色

名稱之外，還可以使用 16 進制 (0~F) 來表示「'#RRGGBB'」，由於以字串表達，色值前後要加單或雙引號，最前方要使用「#」為導引。例一：

```
turtle.color('#FF0000')  #紅色
turtle.color('#00FF00')  #綠色
turtle.color('#0000FF')  #藍色
turtle.color('#FFFFFF')  #白色
turtle.color('#000000')  #黑色
```


若要以數值表示 RGB 顏色，必須以方法 colormode() 來指定，語法如下：

```
turtle.colormode(cmode = None)
```

◈ cmode：數值「1」為預設值，表示能以字串或 16 進制設定顏色；也可以使用含有小數的浮點數來表示色彩值。

◈ cmode：數值「255」時，能以整數值表示色彩。

下表列舉一些常用的 RGB 色彩。

色彩名稱	中文名	RGB 整數值	RGB 小數值	16 進制
Black	黑色	0, 0, 0	0.0, 0.0, 0.0	#000000
White	白色	255, 255, 255	1.0, 1.0, 1.0	#FFFFFF
Red	紅色	255, 0, 0	1.0, 0.0, 0.0	#FF0000
Green	綠色	0, 255, 0	0.0, 1.0, 0.0	#00FF00
Blue	藍色	0, 0, 255	0.0, 0.0, 1.0	#0000FF
Yellow	黃色	255, 255, 0	1.0, 1.0, 0.0	#FFFF00
Magenta	洋紅色	255, 0, 255	1.0, 0, 1.0	#FF00FF
Cyan	青綠色	0, 255, 255	0.0, 1.0, 1.0	#00FFFF
Gold	金黃色	255, 215, 0	1.0, 0.84, 0.0	#FFD700

例二：使用方法 colormode() 來變更色彩模式，以數值表示。

```
# turtle.colormode(1) 是預設值
turtle.color((1.0, 1.0, 0.5)) #黃色，數值必須小於或等於 1.0
```

```
# turtle.colormode(255) 則以數值表示色彩
turtle.color(255, 255, 0)      #黃色
```

要把畫布底（背景）色或畫筆顏色由原有的預設值，改成其它顏色，其語法如下：

```
turtle.bgcolor(*args)
turtle.pencolor(*args)
```

◈ args：表示可以使用數值或以顏色的英文名稱來指定，參考方法 color()。

把範例《CH0203.py》做修改，加入畫筆的相關設定。程式執行時就會發現畫筆的速度變慢了。

```
# 範例《CH0204.py》
turtle.setup(250, 200)          # 產生 250X200 畫布
turtle.bgcolor('SkyBlue')       # 背景為天空藍
show = turtle.Turtle()          # 建立畫布物件
turtle.colormode(255)           # 變更色彩以數值表示
show.pencolor(255, 255, 255)    # 畫筆為白色
show.pensize(10)                # 畫筆大小
show.speed(1)                   # 畫筆速度為慢
# 省略部份程式碼
```

範例《CH0205.py》

配合座標系的概念，從畫布中心的原點出發，繪製兩個連續三角形。

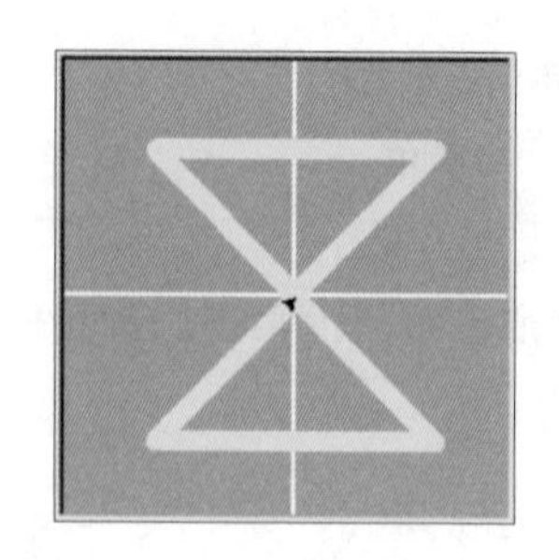

程式碼

```
01 import turtle             # 匯入海龜模組
02 # 省略部份程式碼
03 # X軸
04 pen.up()                  # 抬起畫筆
05 pen.goto(-300, 0)         # 前進指定座標
06 pen.down()                # 放下畫筆
07 pen.forward(600)          # 畫筆前進
08 pen.left(90)              # 畫筆左轉
09 # Y軸
10 pen.up()                  # 抬起畫筆
11 pen.goto(0, -300)         # 前進指定座標
12 pen.down()                # 放下畫筆
13 pen.forward(600)          # 畫筆前進
14 pen.left(90)              # 畫筆左轉
15 pen.home()                # 畫筆回到原點
16 # 繪製三角形
17 pen.pencolor('Yellow')
18 pen.pensize(10)
19 pen.left(45)
20 pen.forward(100)
21 pen.left(135)
22 pen.forward(140)
23 pen.home()
```

◈第 4~15 行：利用畫筆前進、左轉的特色，畫出 X、Y 軸。兩者之間的程式碼類似，只有方法 goto() 的 y 座標為 0，所以畫出直線；而 x 座標為畫出縱線。

◈第 18~23 行：利用外角度，左轉 45 度，再左轉 135 來完成一個三角形。

2.3 繪製幾何圖形

對於 Turtle 的畫筆有了初步接觸之後，就可以使用畫筆來繪製幾何圖形並把它塗滿色彩。

2.3.1 畫筆轉個彎

對於座標系統有了認識之後，要繪製的圖形都是從畫布中心向外移動。若非原點都呼叫方法 goto() 來設定 x、y 座標。不知大家發現了沒有？配合方法 right() 讓 Turtle 畫筆右轉，再佐以方法 forward()，能以順時針方向繪製一個簡易矩形。參考圖【2-6】，畫筆朝西方前進，轉彎角度以外角為主，要轉 3 個彎，角度以「360 / 4 = 90」計算所得。

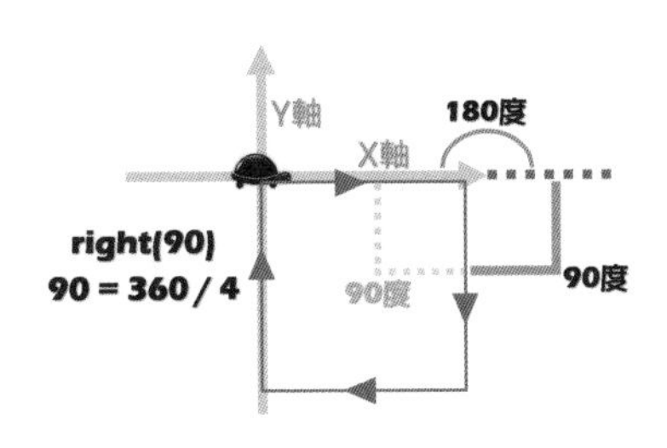

圖【2-6】圖形以外角為主

範例《CH0206.py》

欲畫一個簡單的矩形，重覆兩個方法，從畫布中心點出發，方法 forward() 前進，再以方法 right() 變更方向，最後以 home() 方法回到畫布原點 (0, 0)。

程式碼

```
01 import turtle    # 匯入海龜模組
02 turtle.setup(250, 200)      # 產生 250X200 畫布
03 turtle.bgcolor('SkyBlue')   # 背景為天空藍
04 show = turtle.Turtle()      # 建立畫布物件
05 show.pencolor('Yellow')     # 畫筆為黃色
06 show.pensize(10)            # 畫筆大小
07 show.speed(1)               # 畫筆速度為慢
08 # 畫一個簡單矩形
09 show.forward(70)            # 前進 70 像素
10 show.right(90)              # 畫筆右轉 90 度
11 show.fd(70)                 # forward() 方法簡寫
12 show.right(90)
13 show.fd(70)
14 show.right(90)
15 show.home()    #回到原點
```

2.3.2 把圖案塗上顏色

繪製的圖形是否也可以讓它塗滿色彩！此處要藉助 begin_fill() 與 end_fill() 兩個方法，要塗滿顏色則使用 fillcolor() 方法，相關語法如下：

```
turtle.begin_fill()         # 開始塗色
turtle.end_fill()           # 結束塗色
turtle.fillcolor(*args)     # 指定塗滿的色彩
```

此外，還可以利用方法 color() 來指定畫筆和塗滿的顏色，敘述如下：

```
turtle.color('Blue', 'Gold') # 設畫筆為藍色，塗滿金黃色
```

範例《CH0207.py》

畫一個簡單矩形並上色，其中畫筆是藍色(外框)，矩形本身是黃色。指定座標位置，讓畫筆畫出外框並向右轉 90 度，重覆這些動作，並啟動 begin_fill() 方法上色，再以 end_fill() 方法結束上色的動作，完成矩形的繪製。

程式碼

```
01 import turtle    # 匯入海龜模組
02 #省略部份程式碼
03 show.color('Blue', 'Gold')     # 設畫筆為藍色，塗滿金黃色
04 show.pensize(10)               # 畫筆大小
05 show.speed(1)                  # 畫筆速度為慢
06 show.pu()                      # 抬起畫筆
07 show.goto(-50, 50)             # 前往指定位置
08 # 畫一個簡單矩形
09 show.begin_fill()      # 開始進行塗色
10 show.pd()              # pendown() 方法簡寫，放下畫筆
11 show.forward(100)      # 前進 100 像素
12 show.right(90)         # 畫筆右轉 90 度
13 show.fd(100)           # forward() 方法簡寫
14 show.right(90)
15 show.fd(100)
16 show.right(90)
```

```
17 show.fd(100)
18 show.end_fill()        # 結束塗色動作
```

2.3.3 繪製三角形

若以順時針方向繪製一個簡單的三角形。參考圖【2-7】，畫筆朝西方前進，轉彎角度以外角為主，要轉 2 個彎，外角度以「360 / 3 = 120」計算所得。

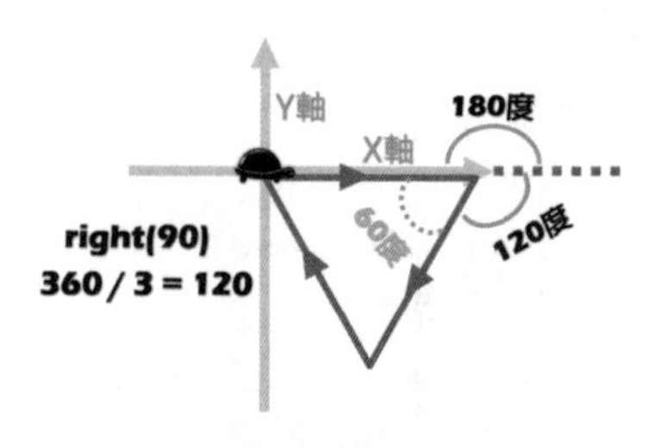

圖【2-7】簡易三角形

範例《CH0208.py》

畫一個簡單三角形並上色。顏色先以方法 colormode(255) 變更為 RGB 數值表示，再把畫筆設洋紅色 (外框)，三角形以金黃色塗滿。指定座標位置，讓畫筆畫出外框並向右轉 120 度，重覆這些動作，並啟動 begin_fill() 方法上色，再以 end_fill() 方法結束上色的動作，完成三角形繪製。

程式碼

```
01 import turtle    # 匯入海龜模組
02 #省略部份程式碼
```

```
03 turtle.colormode(255)      # 色彩以數值表示
04 # 設畫筆為洋紅色，塗滿金黃色
05 show.color((255, 0, 255), (255, 215, 0))
06 show.pu()                    # 抬起畫筆
07 show.goto(-50, 50)           # 前往指定位置
08 # 畫一個簡單三角形
09 show.begin_fill()    # 開始進行塗色
10 show.pd()            # pendown() 方法簡寫
11 show.forward(100)    # 前進 100 像素
12 show.right(120)      # 畫筆右轉 120 度
13 show.fd(100)         # forward() 方法簡寫
14 show.right(120)
15 show.forward(100)
16 show.end_fill()      # 結束塗色動作
```


2.3.4 畫多邊形

若以順時針方向繪製一個簡單的三角形。參考圖【2-8】，畫筆朝西方前進，轉彎角度以外角為主，要轉 5 個彎，外角度以「360 / 5 = 72」計算所得。

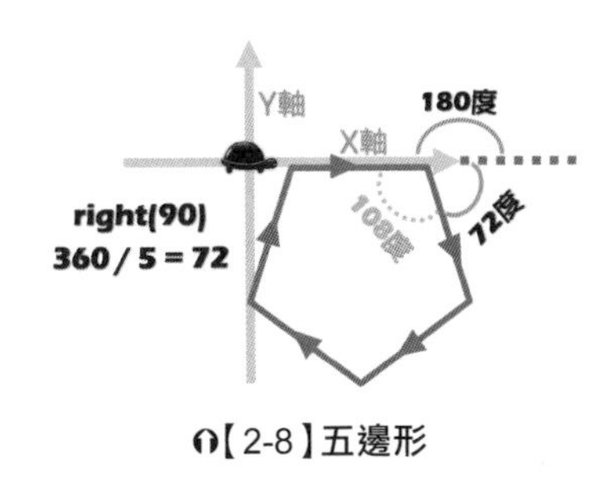

【2-8】五邊形

範例《CH0209.py》

畫一個簡單五邊形並上色，顏色以 RGB 小數位數表示。同樣是把畫筆設洋紅色（外框），五邊形以金黃色塗滿。指定座標位置，讓畫筆畫出外框並向右轉 72 度，重覆這些動作，並啟動 begin_fill() 方法上色，再以 end_fill() 方法結束上色的動作，完成五邊形的繪製。

程式碼

```
01 import turtle    # 匯入海龜模組
02 # 省略部份程式碼
03 show.color((1.0, 0, 1.0), (1.0, 0.84, 0.0))
04 show.pu()                    # 抬起畫筆
05 show.goto(-60, 80)           # 前往指定位置
06 # 畫一個簡單五邊形
07 show.begin_fill()    # 開始進行塗色
08 show.pd()            # pendown() 方法簡寫
09 show.forward(100)    # 前進 100 像素
10 show.right(72)       # 畫筆右轉 72 度
11 show.fd(100)         # forward() 方法簡寫
12 show.right(72)
13 show.forward(100)
14 show.right(72)
15 show.fd(100)
16 show.right(72)
17 show.fd(100)
18 show.end_fill()      # 結束塗色動作
```

2.4 點、圓形、玩多邊

Turtle 也能繪製圓形和圓點 (Dot)，先認識圓點的用法：

```
turtle.dot(size = None, *color)
```

◈ size：提定圓點大小。

◈ color：設定顏色，參數用法請參考方法 color()。

只要指定圓點的大小和顏色，就能在畫布的中心位置畫出一個圓點，例一：

```
turtle.dot(50, 'Ivory')    # 設圓點為乳白色，大小是 50
```

對於圓形的繪製，Turtle 也提供相關語法，如下所示：

```
turtle.circle(radius, extent = None, steps = None)
```

◈ radius：設定畫圓半徑，必要參數。圓心在海龜左邊。

◈ extent：決定圓弧線的內角度，省略此參數則繪製完整的圓形。

◈ steps：用來決定多邊形的邊數，非必要參數。

想要繪製一個圓形，只要給予半徑就能產生。不過，半徑 (radius) 指定的值為正整數，會以逆時針方向，從畫布的中心點畫圓；半徑為負值就是順時針方向畫圓。例二：

```
turtle.circle(50)    # 設半徑為 50，以逆時針方向畫圓
turtle.cirlce(-50)   # 半徑負數，以順時針方向畫圓
```

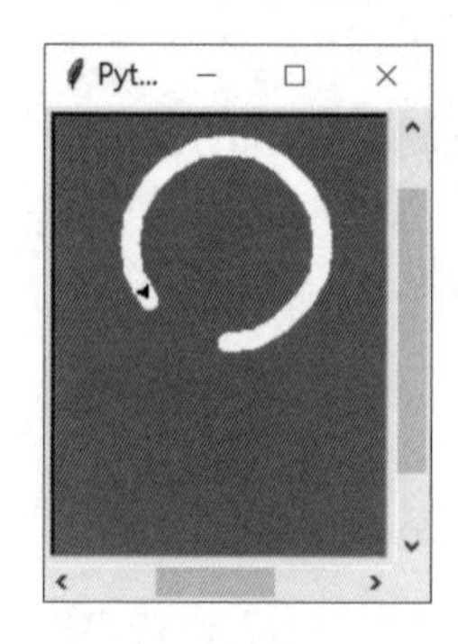

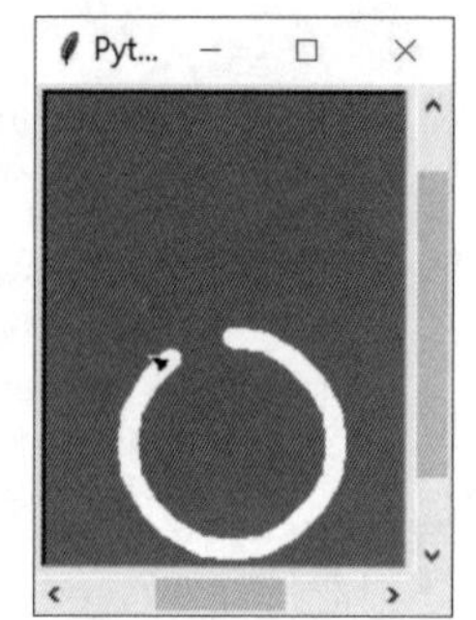

Circle() 方法若加入第二個參數「extent」，可用來決定圓弧的角度，依半徑的正或負值來決定畫弧內彎角度，例三：

```
turtle.circle(50, 180)    # 設半徑為 50，以逆時針方向畫半圓弧
turtle.cirlce(50, 235)    # 以逆時針方向畫出內角度為圓弧
```

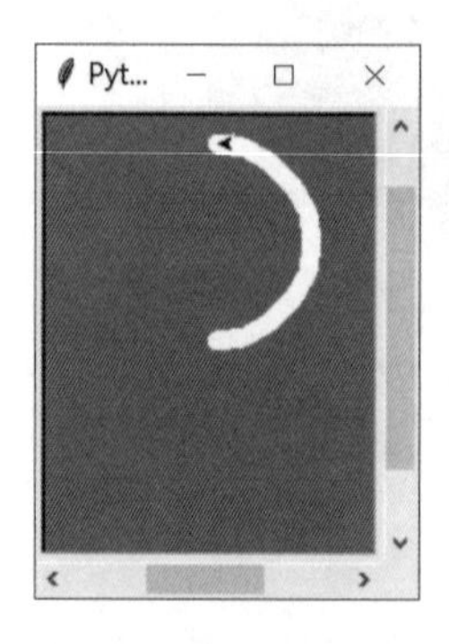

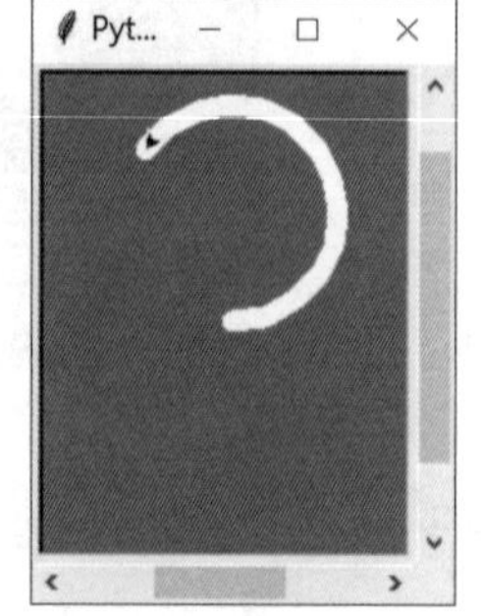

Circle() 方法的第三個參數「steps」在參數「extent = 360」情形下，能繪製多邊形，例四：

```
turtle.circle(50, 360, 3)    # 設半徑為 50，形成三角形
turtle.cirlce(50, 360, 5)    # 形成五邊形
```

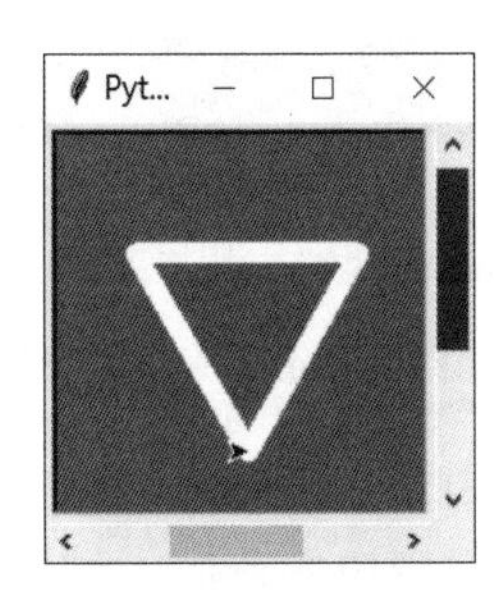

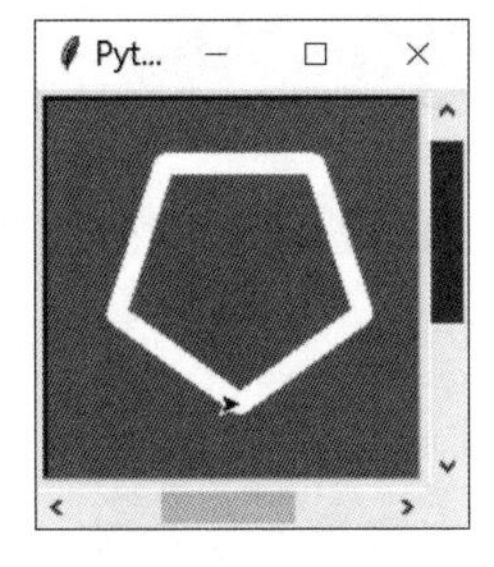

所以，當 circle() 方法中的參數「steps」愈大，是否就愈接近圓形呢！

Turtle 畫筆的預設圖形是以箭頭形狀呈現在畫布；可以透過方法 shape() 把海海龜叫出來溜達，其語法如下：

```
turtle.shape(name = None)
```

◈ name：有 6 個名稱，包括 arrow、turtle、circle、square、triangle、classic(預設) 等。

利用下述範例來改變畫筆形狀。

```
# 參考範例《CH0210.py》
import turtle    # 匯入海龜模組
#省略部份程式碼
pen.shape('turtle')         # 畫筆為海龜形狀
pen.pu()                    # 抬起畫筆
pen.goto(-10, 70)
pen.pd()                    # 放下畫筆
pen.circle(-60, 360, 6)    # 畫出一個六邊形
```

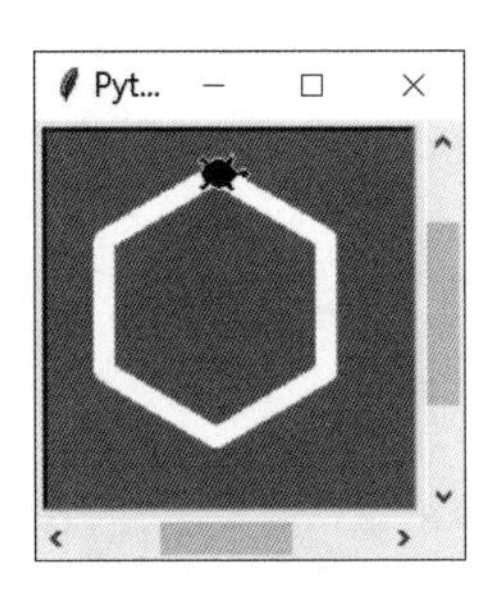

章節回顧

- Turtle 模組是簡易的繪圖程式，它以 Tkinter 函式庫為基礎，打造了繪圖工具，它源自於 60 年代的 Logo 程式語言，而由 Python 程式設計師構建了 Turtle 函式庫。
- Turtle 的畫布，要有畫筆並配合 X、Y 座標值做移動。如何移動畫筆呢？使用的螢幕對 Python 來說，座標由左上角為起始點 (0, 0)。畫布展開後，會有高度 (height) 和寬度 (width)。
- Turtle 的畫布採用直角座標系，左上角的 (startX, startY) 能設定其起始位置。而 Turtle 畫布空間採用絕對座標，同樣有 X、Y 軸，但是它以畫布的中心位置為起始點。
- Turtle 畫筆如可移動？方法 forward()、backward() 能讓畫筆前進或後退，而方法 left()、right() 能把畫筆加入角度值來變更其方向。方法 goto() 加入 X、Y 座標值，直接把畫筆移向某一個位置。
- Turtle 畫筆大小由方法 pensize() 或 width() 來決定，要改變畫筆移動的速度則由方法 speed() 配合之。
- 如何把畫筆改變顏色？最簡單的方式就是給予色彩名稱，Turtle 色彩組成依然以 RGB 為主，若以數值為色彩，必須以方法 colormode() 先行指定。
- Turtle 繪製的圖形可以藉助方法 begin_fill() 準備上色，而方法 end_fill() 則結束上色動作。
- 方法 circle() 能繪製圓形，它有三個參數：radius、extent、steps；當「extent = 360」再加入 steps 的值能畫出幾何形狀，例如「steps = 3」是三角形，「steps = 4」是矩形，依此類推。

自我評量

一、填充題

1. Turtle 模組提供的畫筆，呼叫方法 ____________ 前進，要讓畫筆左、右轉彎，使用方法 __________ 或方法 __________，移動畫筆到指定座標，呼叫方法 _______。
2. Turtle 模組要設定畫布要呼叫方法 _________，讓畫筆回到原點，使用方法 ________。
3. Turtle 模組要改變畫筆速度，使用方法 ________，參數 slowest 設「1」表示 __________。
4. Turtle 模組要改變原有的色彩模式，使用方法 ________________，參數為 ___________；RGB 色彩中，黃色以 16 進制表示為 ______________，以數字表示為 ______________。

二、實作題

1. 參考範例《CH0206.py》將矩形以三角形方式填充兩個色彩。

2. 使用 Turtle 提供的方法 circle() 和 dot() 來完成下圖的笑臉。

02 Python 的百變海龜

3. 使用 Turtle 提供的方法 circle() 來完成下圖的幾何圖案。

4. 使用 Turtle 提供的方法 forward()、配合方法 left()、right() 來完成下圖的兩個矩形。

CHAPTER

03

Python 魔法箱

學習目標

- 三要素：物件具有身分、型別和值
- 玩數學：整數無窮精確度，浮點數含不確定小數位數
- 實數趣：Decimal、複數、有理數
- 得布林：有 True 有 False
- 運算則：先乘除後加減，括號優先

Python

3.1 要把東西放那裡？

由於 Python 支援物件導件 (Object-Oriented)，會以物件 (Object) 來表達資料。每個物件都具有身份、型別和值。

- 身分 (Identity)：就如同每個人擁有的身分證，它是獨一無二。每個物件的身分可視為系統所配置的記憶體位址，產生之後就無法改變，BIF 的 id() 函式可取得其值。
- 型別 (Type)：型別決定了物件要以那種資料來存放；BIF 的 type() 函式可供查詢。
- 值 (Value)：物件存放的資料，某些情形下可以改變其值，是「可變」(mutable) 的；有些物件的值宣告之後就「不可變」(immutable)。

物件會因型別不同，分配的記憶體空間也會不一樣。為什麼需要記憶體？主要目的是作為資料的暫存空間，方便儲存、運算。如何取得此暫存空間？其他程式語言會做「變數」(Variable) 的宣告；隨著程式的執行來改變其值。Python 則以「物件參照」(Object reference) 來指向資料，後續的討論內容「變數」和「物件參照」這兩個名詞會交互使用。

3.1.1 保留字和關鍵字

Python 的關鍵字 (keyword) 或保留字通常具有特殊意義，所以它會預先保留而無法作為識別字。有那些關鍵字？下表【3-1】列舉之。

continue	assert	and	break	class	def	del
lambda	for	except	else	True	from	return
nonlocal	is	while	try	None	global	raise
import	if	as	elif	False	or	yield
finally	in	pass	not	with		

表【3-1】Python 關鍵字

3.1.2 識別字的命名規格

變數要賦予名稱，為「識別字」(Identifier) 之一種。識別字有了名稱後，系統才會配置記憶體空間，表示有了「身份」(Identity) 可做識別。識別字包含了變數、常數、物件、類別、方法等，命名規則 (Rule) 必須遵守下列規則：

- 第一個字元必須是英文字母或是底線。
- 其餘字元可以搭配其他的英文字母或數字。
- 不能使用 Python 的關鍵字或保留字來當作識別字名稱。

Python 識別名稱的命名慣例，對於英文字母的大小寫是有所區分，所以識別字「myName」、「MyName」、「myname」會被 Python 的直譯器視為三個不同的名稱。

例一：變數名稱的第一個字母以數字開頭；或者以關鍵字作為變數名稱，解譯器會顯示「SyntaxError」(語法錯誤)。

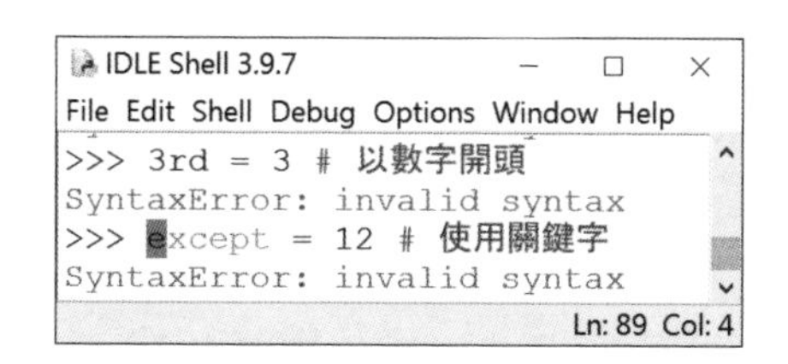

例二：大小寫不同的 name 和 Name 對 Python 來說是兩個不同的變數，無法混合使用。

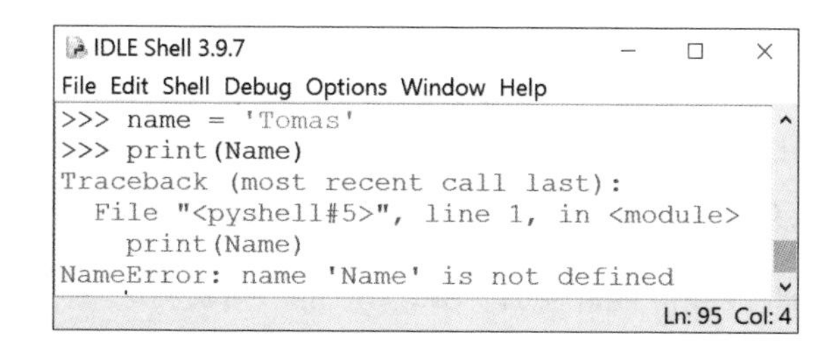

3.1.3 指派變數值

如何指派變數值？必須使用「=」運算子做指派 (Assignment)，先介紹它的語法：

```
變數名稱 = 變數值
```

◈ 等號「=」運算子非數學上「等於」，而是把右邊的值(value)指派給左邊的變數使用。

變數經過宣告之後，身分和值都有了！大家一定很好奇，宣告變數時為什麼沒有指定資料型別？因為 Python 採用動態型別，它會依據指派的值來配置適當的型別(Type)，這讓變數的宣告簡單、方便。

所謂的「動態型別」(Dynamic typing)是指執行程式時，直譯器才會配置記憶體空間。由於識別字的名稱和型別是各自獨立的，所以同一個名稱，但它們能依據指派的資料來指向不同型別。想要辨別它們的不同，可以使用內建函式 type() 來取得。

```
IDLE Shell 3.9.7
File Edit Shell Debug Options Window Help
>>> number = 45 # 宣告為整數型別
>>> type(number)
<class 'int'>
>>> number = 23.665 # 浮點數
>>> type(number)
<class 'float'>
Ln: 101 Col: 4
```

宣告變數「number = 45」，Python 會依數值 45 建立 int 型別，再產生一個識別名稱「number」的物件參照，將它指向 int 物件「45」。對於記憶體來說，是把物件參照(Object reference)number 繫結到記憶體並指向 int 物件 45。而使用內建函式 type() 會因為前後所指派的型別不同，分別回傳「class 'int'」(整數)或「class 'float'」(浮點數)。

倘若未變更 IDLE 的設定，與 Python Shell 交談時，內建函式以紫色表示文字，輸出結果為藍色，識別字就是一般的黑色，單行註解文字以紅色顯示。

內建函式 type() 能識得資料型別，函式 id() 能取得資料的身分識別，它們的語法如下：

```
type(object)
id(object)
```

◈ object：經過宣告的物件。

所以，想要取得變數 number 的身分識別，例一：

```
id(number)    # 回傳 2387257421588( 讀者不一定是相同配置 )
```

可以把函式 id() 回傳的身份識別碼視為記憶體位址。從物件的觀點來看，物件參照 number 的身份「2387257421588」，其型別是 int(Integer)，值為 11245。

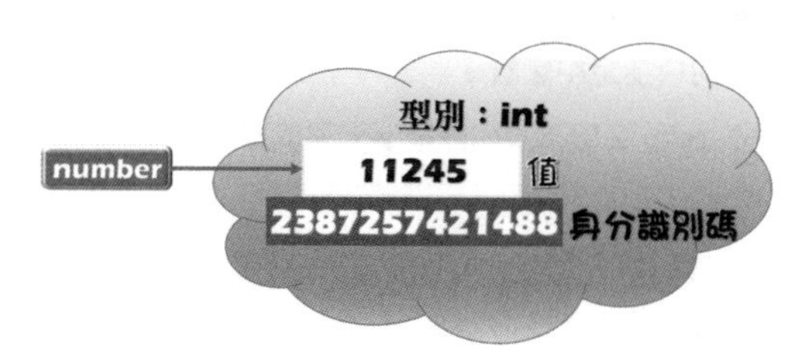

圖【3-1】物件具有身分、型別和值

Python 允許使用者同時指派一個變數，也可利用半形符號「,」(隔開變數) 或「;」(分隔運算式) 連續宣告變數，做不同的敘述。例二：

```
a1 = a2 =  55        # 變數 a1、a2 指派的值皆為 55，為 int 物件
a1, a2 = 10, 20      # 變數 a1 指向物件 10，變數 a2 指向物件 20
totalA = 10; totalB = 15.668    # 以分號串接兩行敘述
```

Tips Python 提供垃圾回收機制

- 從物件的觀點來看，當變數 a2 儲存的變數值由原來的 55 變成 20 時，表示值 55 已無任何物件參照，它會變成 Python 垃圾回收機制 (Garbage Collection) 的對象。

指派變數值的當下，不能加入任何的符號字元，就像是千位符號。原意是讓「123456」形成「123,456」方便閱讀；但是 Python 會把它誤解為 Tuple 而變成「(123, 456)」。由於它不會有錯誤訊息，這是指派變數值要特別留意的地方。

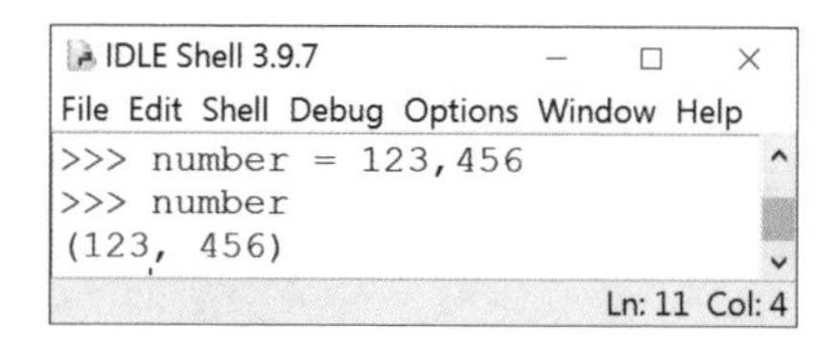

3.1.4 變臉遊戲

在其他的程式語言裡，要把兩個變數的值置換(swap)，須藉由第3個暫存變數，敘述如下：

```
x = 5; y = 10
temp = x      # 1. 將變數 x 指派給暫存變數 temp
x = y         # 2. 再把 y 的值指定給變數 x
y = temp      # 3. 把變數 temp 之值再設給變數 y 來完成置換
```

Python能在指派變數後，以簡單、便捷方式把兩個變數的值置換(swap)，輕鬆完成動作。簡例如下：

```
x, y = 10, 20
print(x, y)    # 輸出 10, 20
x, y = y, x    # 將 x, y 兩個變數互換
print(x, y)    # 輸出 20 10
```

已經學得內建函式input()能取得輸入的值，要取得變數連續輸入的值，配合內建函式eval()就能提高其效能，語法如下：

```
eval(expression, globals = None, locals = None)
```

◈ expression：必要參數，以字串為主的運算式。

◈ globals和locals為選擇參數，使用globals參數時必須採用字典物件(dict)，使用locals參數時則要使用映射型別。

簡例：同時宣告變數x和y的值為15和30，使用函式eval()以字串方法把兩個變數相加後，會回傳結果「45」。

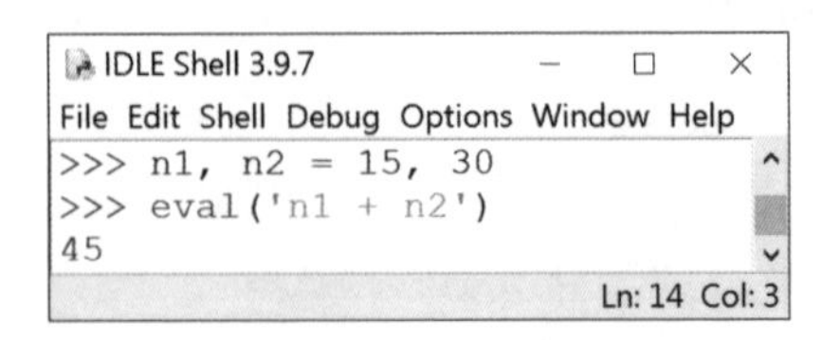

可以把函式 eval() 視為評估函式，它有趣的地方是去除參數中裏住字串的前、後引號，再依循 Python 規則把兩個變數相加。

```
IDLE Shell 3.9.7
File Edit Shell Debug Options Window Help
>>> eval('12')
12
>>> eval('15 + 17') # 兩數相加
32
>>> eval('print("Python!")') # 去除引號
Python!
Ln: 37 Col: 4
```


但是，函式 eval() 不能把兩個變數直接運算，否則會出現「TypeError」的錯誤！

```
IDLE Shell 3.9.7
File Edit Shell Debug Options Window Help
>>> eval(n1 + n2)
Traceback (most recent call last):
  File "<pyshell#6>", line 1, in <module>
    eval(n1 + n2)
TypeError: eval() arg 1 must be a string,
bytes or code object
Ln: 19 Col: 4
```

範例《CH0301.py》

配合 Python 變數能連續宣告的特性，函式 input() 再佐以 eval() 取得連續變數值。獲得 3 個數值，數值 16 交給變數 num1，數值 223 指派給變數 num2，91 指派給變數 num3。然後把變數 num1~num3 三個數值合計結果指派給 total 變數，再以 print() 函式輸出於螢幕上。

```
IDLE Shell 3.9.7
File Edit Shell Debug Options Window Help
= RESTART: D:\PyCode\CH03\CH0301.py
請輸入三個數值, 以逗點隔開 : 16, 223, 91
數值合計 :  330
```

使用 eval() 函式來取得輸入的值，必須以逗點隔開，要不然會產生差錯。

```
IDLE Shell 3.9.7
File Edit Shell Debug Options Window Help
請輸入三個數值，以逗點隔開：335 62 97
Traceback (most recent call last):
  File "D:\PyCode\CH03\CH0301.py", line 4, in
<module>
    num1, num2, num3 = eval(
  File "<string>", line 1
    335 62 97
        ^
SyntaxError: invalid syntax
Ln: 9 Col: 12
```

程式碼

```
01 num1, num2, num3 = eval(
02     input('請輸入三個數值，以逗點隔開：'))
03 total = num1 + num2 + num3
04 print('數值合計：', total)
```

3.2 Python 的整數型別

由於 Python 使用物件參照的概念來看待它所表達的資料，配合它的標準模組，讓初學者撰寫程式時更有彈性。所以 Python 由標準函式庫 (Standard Library) 來擴大內需，以內建型別 (Built-In Type) 來提供處理數值的型別，它們皆擁有「不可變」(immutable) 的特性。這些數值型別 (Numeric Types) 包含了 int(整數)、float(浮點數)、complex(複數)。

3.2.1 整數

所謂的整數 (Integer) 是不含小數位數的數值，Python 內建的整數型別 (Integral Type) 有兩種：整數 (Integer) 和布林 (Boolean)。其他的程式語言會有整數、長整數之別。對 Python 來說，整數的長度可以「無窮精確度」(Unlimited precision)，意味著數值無論是大或是小皆依據電腦記憶體容量來呈現。

對於 Python 來說，整數皆是 int(Integer) 類別的實例；其字面值 (literal) 以十進位 (decimal) 為主，配合內建函式 int() 做轉換。特定情形下也能以二進位 (Binary)、八進位 (Octal) 或十六進位 (Hexadecimal) 表示。這些轉換函式透過表【3-2】做更多說明。

內建函式	說明
bin(int)	將十進位數值轉換成二進位，轉換的數字以 0b 為前綴字元
oct(int)	將十進位數值轉換成八進位，轉換的數字以 0o 為前綴字元
hex(int)	將十進位數值轉換成十六進位，轉換的數字以 0x 為前綴字元
int(s, base)	將字串 s 依據 base 參數提供的進位數轉換成 10 進位數值

表【3-2】十進位轉成其他進位的相關函式

簡例：在 Python Shell 互動交談模式下，使用相關函式把 10 進位轉換其它進位。

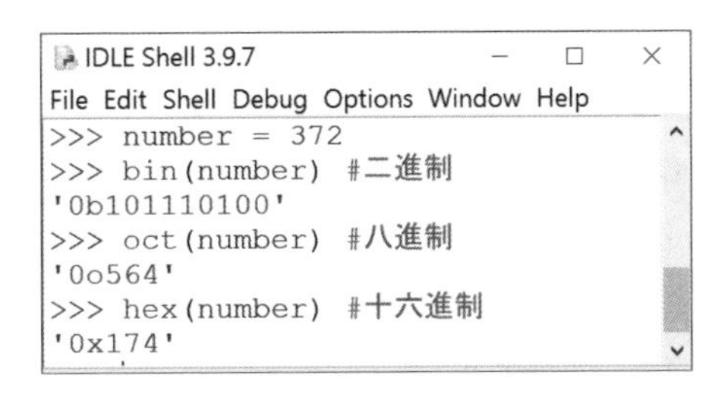

如果不想保留 0b、0o、0x 這些前綴字元，可加上內建函式 format()，其語法如下：

```
format(value[, format_spec])
```

◈ value：用來設定格式的值或變數。

◈ format_spce：指定的格式。

format() 函式如何以做轉換？以下述範例做簡單了解。

範例《CH0302.py》

利用不同的內建函式把取得的 10 進位數值做不同進制的轉換。

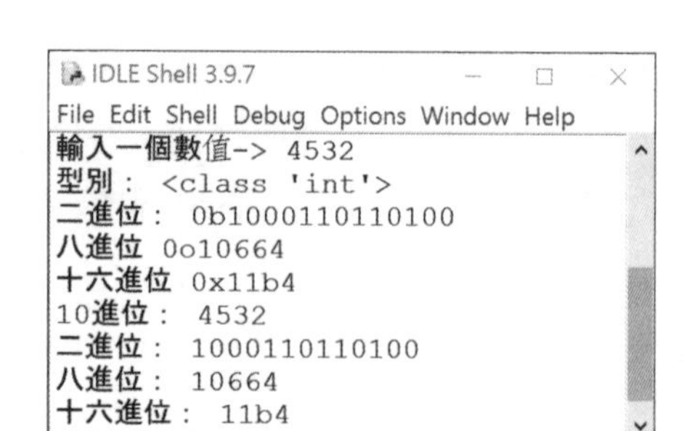

程式碼

```
01 number = int(input('輸入一個數值 -> '))
02 print('型別：', type(number))
03 print('二進位：', bin(number))
04 print('八進位', oct(number))
05 print('十六進位', hex(number))
06 print('10 進位：', number)
07 # 配合 format 函式去除前綴字元
08 print('二進位：', format(number, 'b'))
09 print('八進位：', format(number, 'o'))
10 print('十六進位：', format(number, 'x'))
```

◈第 1、2 行：利用內建函式 input() 將輸入字串轉為整數型別，再交給變數 number 儲存，所以函式 type() 會回傳它是 int 型別。

◈第 3~5 行：分別以內建函式 bin()、oct()、hex() 將變數 number 儲存的值，以二進位、八進位和十六進位輸出。

◈第 6 行：print() 函式只會輸出十進位，所以變數 number 依然以十進位顯示。

◈第 8~10 行：配合 format() 函式將原是十進位的變數 number，指定 b、o、x 格式將它轉為二進位、八進位和十六進位字串並去除前綴字元。

3.2.2 布林型別

bool(Boolean) 為 int 的子類別，使用 bool() 函式做轉換，它只有 True 和 False 兩個值可做回傳；一般使用於流程控制做邏輯判斷。比較有意思的地方，Python

允許它採用數值「1」或「0」來表達 True 或 False。下述這些內容，其布林值會以 False 回傳：

- 數值為 0。
- 特殊物件為 None。
- 序列和群集資料型別中的空字串、空的 List 或空的 Tuple。

布林值如何設定？當變數 x、y 分設值為 0 和 1，內建函式 bool() 會以 False 和 True 回傳，再把變數 isOn 設成布林值，type() 函式會說明它是一個布林 (bool) 型別。簡例如下：

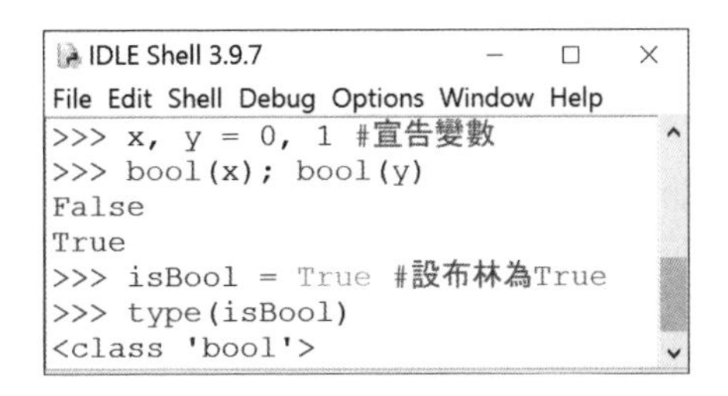

3.3 面對實數

簡單來說，實數指的是含有小數位數的數值；以 Python 來說，有三種資料型別可供處理的選擇：

- float：由 Python 內建，儲存倍精度浮點數，它會隨作業平台來確認精確度範圍，Python 提供 float() 函式做轉換。
- complex：也是 Python 內建，處理複數數值資料，由實數和虛數組成。
- decimal：若數值要有精確的小數位數，得匯入標準函式庫的 decimal.Decimal 類別，由其相屬屬性和方法做支援。

3.3.1 Float 型別

浮點數是含有小數位數的數值，它的有效範圍「 -10^{308}~10^{308} 」；要把數值轉換為浮點數，能以內建函式 float() 做處理，它的用法跟 int() 函式並無太大差異，它可以建立浮點數物件，只接受一個參數，例一：

```
float()        # 沒有參數，輸出 0.0
float(-3)      # 將數值 -3 變更為浮點數，輸出 -3.0
float(0xEF)    # 參數可以使用 16 進制的數值
```

浮點數可以使用以 10 為基底的「<A>e<B>」科學記號表示，例如「0.00089」就 表示『8.9e-4』，例二：

```
8.9e-4    # 科學記號的數值轉為 0.00089
```

不過，值得一提的是浮點數做運算時含有不確定的小數位數，「0.2 + 0.3」得到值 0.5，但是「0.1 + 0.2」所得之值卻是「0.30000000000000004」，例三：

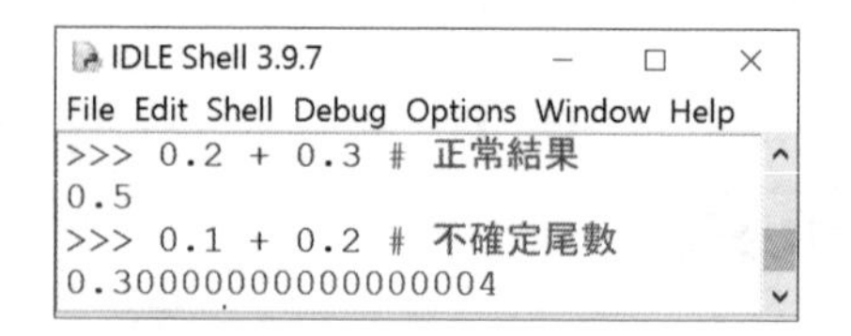

如果需要使用浮點數來處理正無窮大 (Infinity)、負無窮大 (Negative infinity) 或 NaN(Not a number) 時，可使用 float() 函式，例四：

```
float('nan')    # 輸出 nan(NaN, Not a number)，表明它非數字
float('Infinity')     # 正無窮大，輸出 inf
float('-inf')         # 負無窮大，輸出 -inf
```

◈ float('nan')、float('Infinity')、float('int') 是三個特殊的浮點數，其參數使用 'inf' 或 'Infinity' 皆可。

所謂「模組」(Module) 就是依據用途已經制定好的函式，存放於某個模組裡，我們習慣稱它為「標準函式庫」。使用時必須以 import 敘述匯入模組，再呼叫底下的函式來使用；import 的語法如下：

```
import 模組名稱
from 模組名稱 import 物件名稱
```

◈匯入模組時必須將此行敘述放在程式的開頭。

◈配合 from 敘述來匯入模組，必須在 import 敘述之後指定方法或物件名稱，呼叫時，可省略模組名稱。

匯入模組之後，要取用某個函式(或是某個類別的方法)，必須加上匯入的模組名稱，再以「.」(半形 DOT) 來呼叫相關方法，例五：

```
import math      #匯入計算用的 math 模組
math.isnan()     #呼叫 math 模組的 isnan() 方法
```

範例《CH0303.py》

使用 import 敘述滙入 math 模組，並以它提供的方法來認識正、負無窮數。

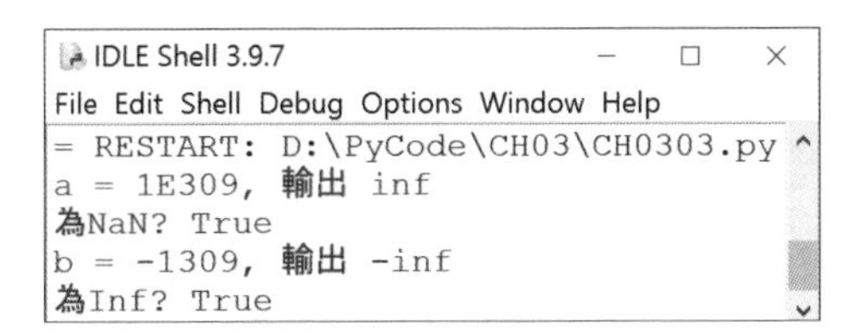

程式碼

```
01 import math #匯入 math 模組
02 a = 1E309
03 print('a = 1E309, 輸出', a)
04
05 # 輸出 True，表示它是 NaN
06 print('為 NaN?', math.isnan(float(a/a)))
07 b = -1E309
08 print('b = -1309, 輸出', b)
09
10 # 輸出 True，表示它是 Inf
11 print('為 Inf? ', math.isinf(float(-1E309)))
```

◈第 6 行：由於 math 本身是靜態類別必須以類別名稱來呼叫 isnan() 方法，判斷是否為 NaN(非數字) 資料，回傳為 True 即表示它是 NaN。

◈第 11 行：isinf() 方法可用來判斷是否正無限大或負無限大的資料，回傳 True 表示它是正無限大或無限大的資料。

由於 Float 本身也是類別，當數值為浮點數時，可配合 Float 類別提供的方法做處理，表【3-3】列示如下並做簡單說明。

方法	說明	備註
fromhex(s)	將 16 進位的浮點數轉為 10 進位	類別方法
hex()	以字串來回傳 16 位數浮點數	物件方法
is_integer()	判斷是否為整數，若小數位數是零，會回傳 True	物件方法

表【3-3】與浮點數有關的方法

hex() 是物件方法，直接以變數 x 配合「.」(Dot) 運算子來呼叫它。但 fromhex() 就不同，它是類別方法，必須加上類別 float 才能呼叫，所以敘述是「float.fromhex()」。例六：

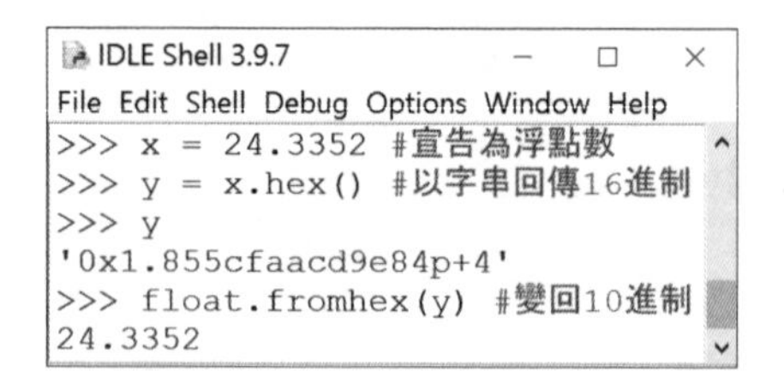

方法 is_integer() 用來判別資料是否為整數，所得結果以布林值回傳。當小數值是 0 時，回傳 True；小數值大於 0 時，以 False 回傳。

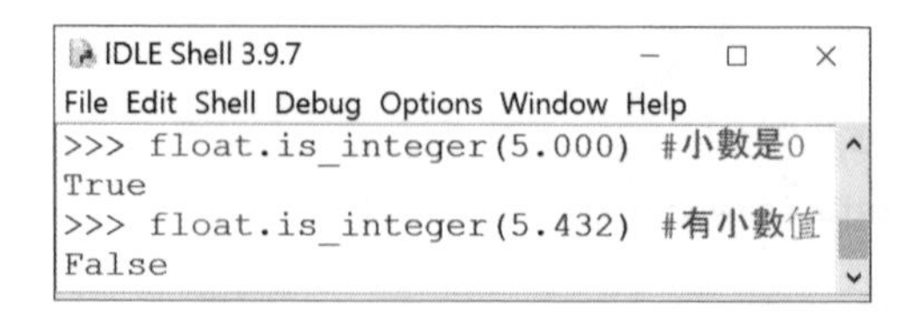

Tips 類別？函式 (Function)？方法 (Method)？由於 Python 以物件的觀點來處理資料。當我們匯入模組時，本身是類別 (Class)，所以配合「.」(半形 Dot) 做存取；「類別 . 屬性」「類別 . 方法」。

- 函式：由於 Python 也是程序性語言，所以它有內建函式。
- 方法：來自物件導向的作法，稱某個類別提供的是「方法」。

無論函式或方法，皆可以使用，可以在括號 () 放入參數或者直接使用。

3.3.2 複數型別

當「x^2= -1」時，如何求得 x 的值？數學家定義了「j =$\sqrt{(-1)}$」而產生了複數 (Complex)。複數是由實數 (real) 和虛數 (imaginary) 組成「A+Bj」形式，Python 能以內建函式 complex() 轉換，語法如下：

```
complex(re, im)
```

◈ re 為 real，表示實數。

◈ im 為 imag，表示虛數。

由於 complex 本身也是類別，屬性 real 和 imag 來取得複數的實數和虛數；使用「.」(dot) 運算子做存取，相關屬性的語法如下。

```
z.real    # 取得複數的實數部份
z.imag    # 取得複數的虛數部份
z.conjugate() # 取得共軛複數的方法
```

◈ z 為 complex 物件。

◈ 複數「3.25+ 7j」，使用 conjugate() 方法可取得共軛複數「3.25 – 7j」。

例一：變數 number 所儲存的複數是「23 + 9j」，實數和虛數的值分別以屬性 real 和 imag 就能取得，配合函式 type() 來查看它是否為 complex 類別。

```
IDLE Shell 3.9.7
File Edit Shell Debug Options Window Help
>>> number = 23 + 9j
>>> number.real, number.imag
(23.0, 9.0)
>>> type(number)
<class 'complex'>
```

範例：把複數進行加、減、乘、除的運算。

```
# 參考範例《CH0304.py》
num1 = 3 + 5j; num2 = 2-4j
result = num1 + num2     #回傳  5 + 1j
result = num1   num2     #回傳  1 + 9j
result = num1 * num2     #回傳 26 - 2j
result = num1 / num2     #回傳  -0.7 + 1.1j
```

3.3.3 Decimal 型別

要表達含有小數位數的數值更精確時，浮點數有困難度。例如：計算「20/3」所得結果，Python 會以浮點數來處理；若要取得更精確的數值，得匯入 decimal 模組，呼叫物件方法 Decimal() 可獲取更精確的數值。先來認識 decimal 類別中，使用 Decimal() 方法產生新的物件，認識其語法：

```
decimal.Decimal(value = '0', context = None)
```

◈ value：能以整數、字串、tuple、浮點數或另一個 Decimal；依據 value 的值來產生一個新的 Decimal 物件。

簡例：使用 Decimal() 方法產生更精確的值。

```
import decimal #滙入 decimal 模組
print(decimal.Decimal(20/3))
#輸出 6.66666666666666696272613990004174411296844482421875
```

這說明呼叫方法 Decimal() 時它具有「有效位數」。配合字串的作法，「numA = Decimal('0.235')」表示有效數字含有小數 3 位，兩個數值相加後，它會維持兩個數值的最大有效位數；相乘的話，是把兩個數值的有效位數相加。

```
# 參考範例《CH0305.py》
# 只匯入 decimal 模組的 Decimal() 方法
from decimal import Decimal
num1 = Decimal('0.5534')    # 呼叫時不加入 decimal 模組名稱
num2 = Decimal('0.427')
num3 = Decimal('0.37')
print('相加', num1 + num2 + num3)     # 1.3504
print('相減', num1 - num2 - num3)     # -0.2436
print('相乘', num1 * num2 * num3)     # 0.087431666
print('相除', num1 / num2)# 1.296018735362997658079625293
```

◈ 三個變數值相加或相減，Decimal() 方法所取得的最大有效位數為主，所以輸出 4 位小數。

◈ 將三個變數值相乘，會以 Decimal() 方法取得的有效位數相加 (4+3+2)，所以輸出 9 位小數。

◈ 變數相除時會以 Decimal() 方法所設的有效位數為主，所以輸出 27 位小數。

3.3.4 認識有理數

分數並不屬於數值型別。但在某些情形下，以分數 (Fraction) 或稱有理數 (Rational Number) 來表達「分子 / 分母」形式，這對 Python 程式語言來說並不是困難的事。要以分數做計算時，必須匯入 fractions 模組。Fraction() 方法的語法如下：

```
Fraction(numerator = 0, denominator = 1)
```

◈ numerator：分數中的分子，預設值為 0。

◈ denominator：分數中的分母，預設值為 1。

◈ 無論是分子或分母只能使用正值或負值整數，否則會發生錯誤。

運算時若只匯入 fractions 模組，必須以 fractions 類別來指定 Fraction() 方法。例一：

```
import fractions #匯入 fractions 模組
fractions.Fraction(12, 18)   #輸出 Fraction(2, 3)
```

使用 from 模組 import 方法來指定匯入 Fraction 方法，如此的話，則 fractions 類別可以省略其名稱。例二：

```
from fractions import Fraction
number = Fraction(12, 18)   # 回傳「Fraction(2, 3)」
```

方法 Fraction() 的參數可以是字串，也能使用 Fraction() 方法，自動約分後再回傳。例三：

```
Fraction('1.348')    #回傳 Fraction(337, 250)
Fraction(Fraction(3, 27), Fraction(4, 24))
```

使用有理數時，不能直接以分數「3 5/7」來表示，它會顯示「SyntaxError」的錯誤訊息。再則，使用 Fraction() 方法做約分，參數的資料型別必須相同，不能浮點數和整數混合使用，會產生「TypeError」錯誤。

```
IDLE Shell 3.9.7
File Edit Shell Debug Options Window Help
>>> 3 5/7
SyntaxError: invalid syntax
>>> fractions.Fraction(12.5, 18)
Traceback (most recent call last):
  File "<pyshell#4>", line 1, in <module>
    fractions.Fraction(12.5, 18)
  File "C:\Users\LSH\AppData\Local\Programs\Python\
Python39\lib\fractions.py", line 152, in __new__
    raise TypeError("both arguments should be "
TypeError: both arguments should be Rational instan
```

3.4 魔法箱的秘密

程式語言最大作用就是將資料經過處理、運算，轉成有用的訊息可供我們提取。Python 魔法箱提供不同種類的運算子，配合宣告的變數進行運算。運算式由運算元 (operand) 與運算子 (operator) 組成，簡介如下：

- 運算元：包含了變數、數值和字元。
- 運算子：算術運算子、指派運算子、邏輯運算子和比較運算子等。

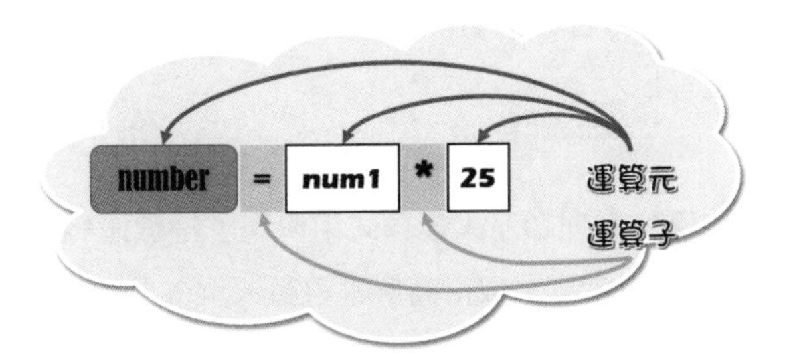

圖【3-2】運算式由運算子和運算元組成

運算子如果只有一個運算元，稱為單一運算子 (Unary operator)，例如：表達負值的「-8」(半形負號)。如果有兩個運算元，則是二元運算子，如後文所介紹的算術運算子。

3.4.1 算術運算子

算術運算子提供運算元的基本運算，包含加、減、乘、除等等，佐以表【3-4】列舉之。

運算子	說明	運算	結果
+	把運算元相加	total = 5 + 7	total = 12
-	把運算元相減	total = 15 - 7	total = 2
*	把運算元相乘	total = 5 * 7	total = 35
/	把運算元相除	total = 15 / 7	total = 2.14
**	指數運算子 (冪)	total = 15 ** 2	total = 225

運算子	說明	運算	結果
//	取得整除數	total = 15 // 4	total = 3
%	除法運算取餘數	total = 15 % 7	total = 1

表【3-4】算術運算子

Python提供的算術運算子，其運算法則跟數學相同：「先乘除後加減，有括號者優先」。例一：數值的加、減、乘、除運算。

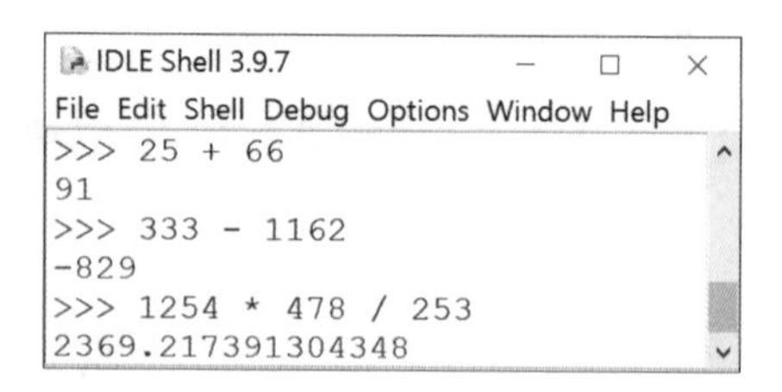

```
IDLE Shell 3.9.7
File Edit Shell Debug Options Window Help
>>> 25 + 66
91
>>> 333 - 1162
-829
>>> 1254 * 478 / 253
2369.217391304348
```

數學運算法則的優先處理順序，運算式中使用了指數運算子「**」，它也稱冪運算(Exponentiation)，而「//」取得商值是整數。例二：

```
>>> 2 * 235 + 55/38        # 先乘除，後加減，回傳471.44736842105266
>>> (57 + 68 ) / 92        # 有括號優先，回傳1.358695652173913
>>> 12**3                  # 表示 12*12*12，回傳1728
>>> 200 // 13              # 取得整除值，回傳15
```

3.4.2 兩數相除和指數運算子

進一步討論兩數相除所得的「商」值有三個話題可以討論：

- 兩數相除得到商數值，除得盡的話，Python直譯器會將所得商數自動轉換為浮點數型別。
- 除不盡時可以「//」運算子取整數商值。
- 「%」運算子取得餘數。

例三：透過數值「118/13」的運算來了解它們會引發什麼問題！

```
118 / 13      # 相除後，商數以浮點點9.076923076923077回傳
118 // 13     # 只會獲得整數的商數值9
```

```
118 % 13       # 相除後，由於除不盡，所以餘數得「1」
-118 // 13     # 回傳 -10，是一個接近於「-9.0769…」的整數值
```

處理運算後的小數位數，可以找內建函式 round() 來幫忙，它依據四捨五入的原則來指定輸出的小數位數，語法如下：

```
round(number[, ndigits])
```

◈ number：欲處理的數值。

◈ ndigits：選項參數，用來指定欲輸出的小數位數，省略時會以整數輸出。

例四：還記得「0.1 + 0.2」的結果，呼叫 round() 函式來處理其小數位數。

```
>>> round((0.1 + 0.2), 1)
0.3
```

如果要取得兩個數值相除之後的商數和餘數，更聰明的選擇是 BIF 的 divmod() 函式，語法如下：

```
divmod(x, y)
```

◈ 參數 x、y 為數值。

◈ 先執行「x // y」的運算，再執行「x % y」兩者運算結果以 tuple 回傳。

例五：王小明手上有 147 元，去便利商店買飲料，飲料一瓶 25 元，他可以買幾瓶？店員要找王小明多少錢？運算式「147//25」，得整數商值「5」；再以 147 % 25 得餘數「22」。表示王小明可以買 5 瓶飲料，店員要找他 22 元。

```
divmod(147, 25)    # 以 Tuple 回傳 (5, 22)
```

進一步檢視乘法運算，「*」運算子表示前後的運算元相乘，「**」則是指數運算子，依指定值將某個數值做冪或次方相乘。同樣地，應用指數運算子，可以將數值做開根號處理，例六：

```
5*6             # 回傳30
5**6            # 運算式 5*5*5*5*5*5 就是5^6，回傳15625
81 ** 0.5       # 回傳9.0
27 ** 1/3       # 回傳9.0
```

3.4.3 代數問題

想必大家對於代數應該不陌生吧！請放心不是要解代數，而是以 Python 的獨特眼光來看待。有一項代數是這樣：$z=\frac{(a+b+c)\times 2}{4}$ 或 $a(1+\frac{b}{100})^n$，Python 要如何處理？首先將這兩項代數轉換為 Python 的程式碼，表示如下：

```
z = ((a + b + c) * 2) / 4     #E1
a * (1 + b/100) ** n          #E2
```

◈ E1 是依據算術運算法則：先把括號內變數 a、b 和 c 給予變數值相加，再乘數值 2，最後除 4 來獲取結果。

◈ E2 先計算「b/100」再加數值「1」；計算冪 n 之後，最後乘上 a 的值。

範例《CH0306.py》

更複雜一些的運算式（假設「x = 23, y = 7」）：$z=9(\frac{12}{x}+\frac{x-5}{y+9})$，就是把 x、y 的值代入運算式由左而右做運算，得運算式為「z = 9 * (12 / x + (x - 5) / (y + 9))」。

```
IDLE Shell 3.9.7
File Edit Shell Debug Options Window Help
= RESTART: D:\PyCode\CH03\CH0306.py
z =  14.820652173913045
```

程式碼

```
01 x = 23; y = 7;      #指定變數x、y的值
02 z = 9 * (12 / x + (x - 5) / (y + 9))
03 print('z = ', z)
```

運算式如何做？以圖【3-3】來說，它會先進行①／②((x-5) / (y + 9))；再加上③的值(12/x)；最後乘上④(數值9)。

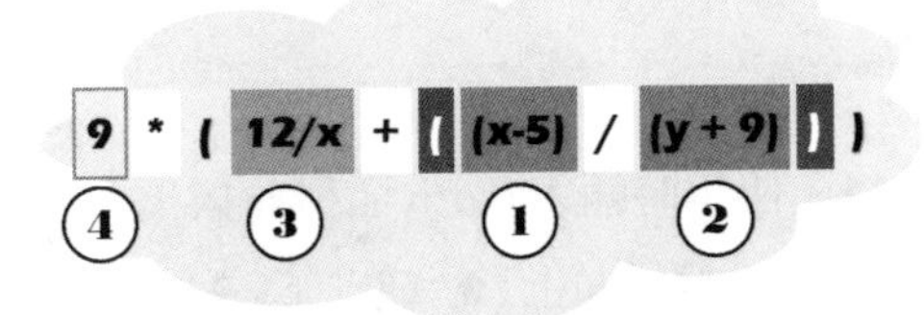

圖【3-3】運算式的運算順序

3.4.4 math 模組做數值運算

我們還可以匯入 math 模組，配合算術運算子做更多運算，math 類別提供的方法做相關應用，以表【3-5】說明之。

屬性、方法	說明
pi	屬性值，提供圓周率
e	屬性值，為數學常數，是自然對數函數的底數，又稱歐拉數
ceil(x)	將數值 x 無條件進位成正整數或負整數
floor(x)	將數值 x 無條件捨去成正整數或負整數
exp(x)	回傳 e 值 **x 的結果
sqrt(x)	算出 x 的平方根
pow(x, y)	算出 x 的 y 冪次方
fmod(x, y)	計算 x % y 的餘數
hypot(x, y)	就是√ (x^2+y^2) 的計算結果
gcd(a, b)	回傳 a、b 兩個數值的最大公因數
isnan(x)	回傳布林值 True，表示它是 NaN
isinf(x)	若回傳布林值 True，表示它是 Inf

表【2-5】math 模組提供的屬性和方法

> **Tips** 使用 import 敘述所匯入的是模組，它是 Python 的標準函式庫。就像 math 本身是類別，配合物件導向 (Object-Oriented) 的技術，它具有屬性 (Property) 和方法 (method)。

匯入 math 模組之後，使用時輸入 math 名稱並按下「.」(半形 Dot) 時會列出它的屬性和方法。同樣移動鍵盤的向上 (⬆) 或向下 (⬇)，再按【Tab】或【Enter】鍵做選取。

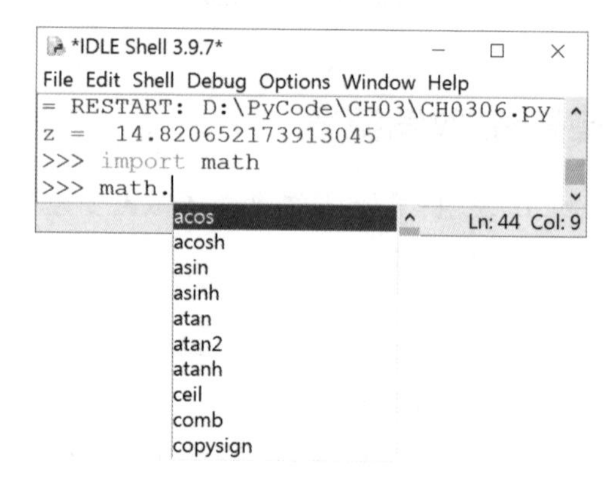

匯入 math 模組後，其 ceil() 方法將圓周率「math.pi」無條件進位，它會回傳數值「4」；方法 floor() 則會把小數位數無條件捨去，輸出數值「3」。例一：

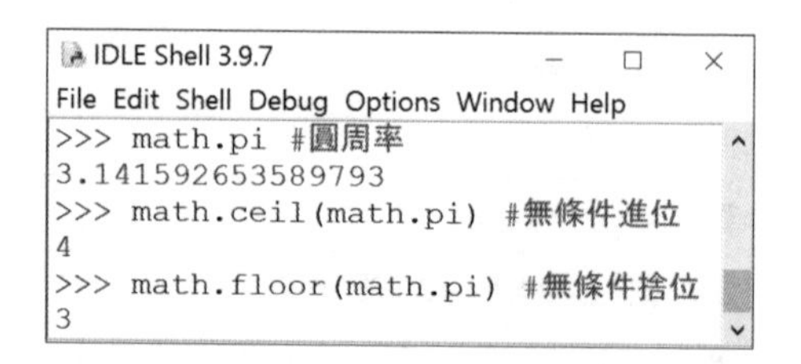

math 類別提供方法 pow()，它有二個參數：x、y；而內建函式 pow() 有三個參數：x、y、z；語法簡介如下：

```
pow(x, y[, z])     # 內建函式 pow()
math.pow(x, y)     #math 模組提供的方法 pow()
```

◈ 參數 z 用來求取餘數，省略的話，就跟 math 提供的 pow() 方法相同。

例二：使用 BIF 的 pow() 函式，傳入 3 個參數，執行「6 ** 4 % 17」之運算。而 math 模組的 pow() 方法只做冪運算。

```
IDLE Shell 3.9.7
File Edit Shell Debug Options Window Help
>>> import math
>>> math.pow(15, 4) #15**4
50625.0
>>> pow(15, 4, 21) #BIF
15
```


範例《CH0307.py》

輸入兩個數值並使用 math 模組的相關方法來求得計算結果。

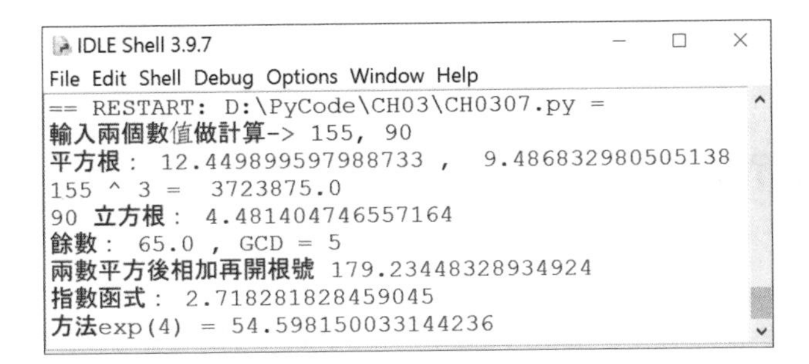

程式碼

```
01 num1, num2 = eval(
02      input('輸入兩個數值做計算 -> '))
03 # 求平方、立方根
04 print('平方根：', math.sqrt(num1), ', ', num2 ** 0.5)
05 print(num1, '^ 3 = ', math.pow(num1, 3))
06 print(num2, '立方根：', math.pow(num2, 1.0/3))
07 print('餘數：', math.fmod(num1, num2),
08       ', GCD =', math.gcd(num1, num2))
09 print('兩數平方後相加再開根號', math.hypot(num1, num2))
10
11 print('指數函式：', math.e)    # 自然對數
12 print('方法 exp(4) =', math.exp(4))
```

◈第 4、5 行：利用 math 類別提供的方法 sqrt() 或者配合指數運算子，皆能求得數值的平方根。

◈第 5、6 行：以 math 類別提供的方法 pow() 求取數值的冪或立方根。

◈第 7 行：藉由 math 類別提供的方法 fmod() 來取得變數 num1 除 num2 的餘數；這和使用餘數運算子「%」是相同的。

◈第 8 行：方法 gcd() 是 math 類別提供的方法，能求取最大公因數。

◈第 9 行：利用 math 類別提供的方法 hypot() 方法，取得 $\sqrt{num1^2+num2^2}$ 之結果。

◈第 11~12 行：透過 math 類別的屬性「e」取得指數函式，方法 exp() 以參數值「4」來計算其指數函式的冪次方。

3.5 運算子

Python 有多種運算子，以指派運算子和比較、邏輯運算子做概略性認識。而比較、邏輯常用於流程控制做條件判斷，所得結果來改變流程方向。

- 指派運算子：以數學運算為主，把計算的結果再以變數本身做指派。
- 比較運算子：兩個運算元比較大小，再以布林值 True 或 False 回傳結果。
- 邏輯運算子：判斷運算式的運算結果，以布林值 True 或 False 回傳。

3.5.1 指派運算子

配合算術運算子，以變數為運算元，把運算後的結果再指派給變數本身。例一：

```
number = 13 #指派 number 的變數值為 13
number = number + 30
```

◈將變數 number 的值「13」再加 30 得到 43，再指給變數 number 儲存。

例二：

```
number += 20 #以指派運算子簡化前一行敘述
```

有那些指派運算子？只要是表【3-4】列示的算術運算子皆能配合使用；利用下表【3-6】說明這些指派運算子，假設變數「number = 15」。

運算子	運算	指派運算	結果
+=	number = number + 10	number += 10	number = 25
-=	number = number - 10	number -= 10	number = 5
*=	number = number * 10	number *= 10	number = 150
/=	number = number / 10	number /= 10	number = 1.5
**=	number = number ** 3	number **= 3	number = 3375
//=	number = number // 4	number //= 4	number = 3
%=	number = number % 7	number %= 7	number = 1

表【3-6】指派運算子

使用指派運算子，變數的值必須先設初值，否則會出現如下所示的錯誤！

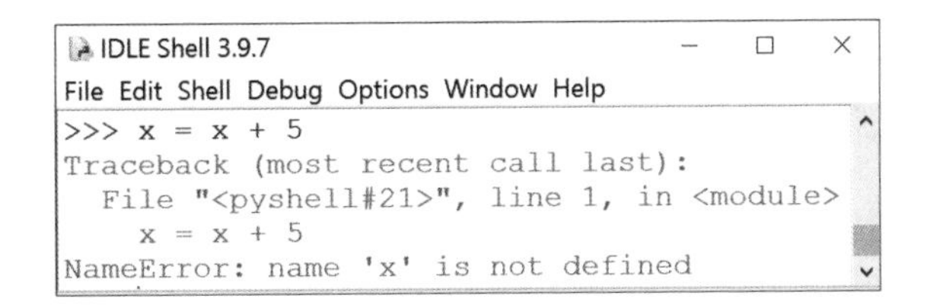

3.5.2 比較運算子

比較運算子用來比較兩個運算元的大小，所得到的結果會以布林值 True 或 False 回傳，表【3-7】列示這些比較運算子（假設 opA = 20，opB = 10）。

運算子	運算	結果	說明
>	opA > opB	True	opA 大於 opB，回傳 True
<	opA < opB	False	opA 小於 opB，回傳 False
>=	opA >= opB	True	opA 大於或等於 opB，回傳 True

運算子	運算	結果	說明
<=	opA <= opB	False	opA 小於或等於 opB，回傳 False
==	opA == opB	False	opA 等於 opB，回傳 False
!=	opA != opB	True	opA 不等於 opB，回傳 True

表【3-7】比較運算子

利用 Python Shell 互動交談模式來認識它們。

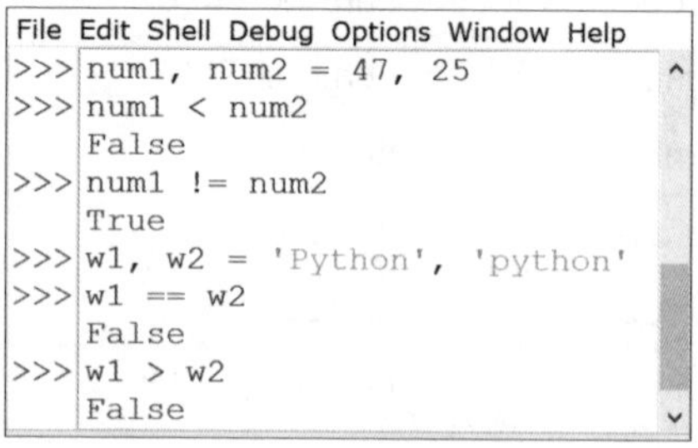

```
File Edit Shell Debug Options Window Help
>>> num1, num2 = 47, 25
>>> num1 < num2
    False
>>> num1 != num2
    True
>>> w1, w2 = 'Python', 'python'
>>> w1 == w2
    False
>>> w1 > w2
    False
```

◈ num1 的值大於 num2，所以「num1 < num2」回傳 True；而「num1 != num2」成立，則以 True 回傳。

◈ 字串 w1 的第一個 P 是大寫，w2 的第一個字母是小寫，所以「w1 == w2」以 False 回傳；進一步「w1 > w2」不成立的，因為大寫的「P」其 ASCII 的值小於小寫「p」，所以回傳 False。

再來看一個有趣現象，字串和數值之間，以「==」運算子判斷時，不可能相等；但若是整數和浮點以「==」運算子判斷時，會以「True」回傳；以下述簡例說明。

```
num1 = '422'                  # 字串
num2 = 422; num3 = 422.0      # 整數和浮點數
num1 == num2                  # 回傳False
num2 == num3     # 回傳True
num1 != num3     # 兩者並不相等，回傳True
```

3.5.3 邏輯運算子

邏輯運算子是針對運算式的 True、False 值做邏輯判斷，利用下表【3-8】做說明。

運算子	運算式 1	運算式 2	結果	說明
and(且)	true	true	true	兩邊運算式為 True 才會回傳 True
	true	false	false	
	false	true	false	
	false	false	false	
or(或)	true	true	true	只要一邊運算式為 True 就會回傳 True
	true	false	true	
	false	true	true	
	false	false	false	
not(否)	true	--	false	運算式反相，所得結果與原來相反
	false	--	true	

表【3-8】邏輯運算子

邏輯運算子常與流程控制配合使用！ and、or 運算子做邏輯運算時會採用「快捷」(Short-circuit) 運算；它的運算規則如下：

- and 運算子：若第一個運算元回傳 True，才會繼續第二個運算的判斷；換句話說；第一個運算元回傳 False 就不會再繼續。
- or 運算子：若第一個運算元回傳 False，才會繼續第二個運算的判斷；換句話說；第一個運算元回傳 True 就不會再繼續。

例一：認識 and 跟 or 邏輯運算子：

```
num = 12    # result 回傳 True
result = (num % 3 == 0) and (num % 4 == 0)   # 回傳 True
#result 回傳 True
result = (num % 3 == 0) or (num % 5 == 0)
```

◈邏輯運算子 and 兩邊的運算式「num % 3 == 0」和「num % 4 == 0」所得餘數皆為「0」，所以回傳 True。

◈邏輯運算子 or 左邊的運算式「num % 3 == 0」所得餘數為「0」的條件成立，所以回傳 True。

例二：認識 not 運算子的反相作用！

```
num1 = '422';num2 = 422     # 字串和整數
not num1 != num2     # 回傳False
not num1 == num2     # 回傳True
```

◈因為「num1 != num2」條件成立得到「True」，經過 not 運算得到反相結果，以「False」回傳。

◈因為「num1 == num2」條件不成立得到「False」，經過 not 運算得到反相結果，以「True」回傳。

章節回顧

- 由於 Python 支援物件導件 (Object-Oriented)，會以物件 (Object) 來表達資料。所以每個物件都具有身份 (Identity)、型別 (Type) 和值 (Value)。
- 識別字命名規則 (Rule) 須遵守：①第一個字元必須是英文字母或是底線。②其餘字元可以搭配其他的英文字母或數字。③不能使用 Python 關鍵字或保留字。
- Python 的資料型別 (Date Type) 中較常用有：整數、浮點數、字串，它們皆擁有「不可變」(immutable) 的特性。
- 將十進位數值轉換成其他進位時：bin() 函式轉成二進位；oct() 函式轉換成八進位；hex() 函式轉換成十六進位。
- bool(布林) 型別它只有兩個值：True 和 False；用於流程控制，進行邏輯判斷。比較有意思的地方，它採用數值「1」或「0」來代表 True 或 False。
- 浮點數就是含有小數位數的數值。Python 程式語言，浮點數型別有三種：① float 儲存倍精度浮點數；② complex 儲存複數資料；③ decimal 表達數值更精確的小數位數。
- 複數 (complex) 由實數 (real) 和虛數 (imaginary) 組成，虛數的部份，還得加上字元 j 或 J 字元，能由內建函式 complex() 轉換其型別。
- 所謂的運算式由運算元 (operand) 與運算子 (operator) 組成。①運算元它包含了變數、數值和字元。②運算子有：算術運算子、指派運算子、邏輯運算子和比較運算子等。

自我評量

一、填充題

1. 由於 Python 會以物件來表達資料。所以每個物件都具有：①________、②________、③________。

2. 請簡單說明下列變數宣告發生了什麼問題？

```
raise = 78       # <1>
7seven = 258     # <2>
birth = '1988/5/25'
print(BIRTH)     # <3>
```

<1>____________________；<2>______________________；

<3>____。

3. 將十進位數值以________函式轉成二進位；________函式轉成八進位；________函式轉換成十六進位。

4. 下列敘述說明了什麼？ ______________________________________

```
number = 125
number = '457'
```

5. 下列敘述 print() 會輸出什麼？ ______________。

```
number, grade = 78, 65
number, grade = grade, number
print(number, grade)
```

兩個變數做了________動作。

6. bool 型別有兩個值：以數值「1」表示________；數值「0」表示________。

7. 複數由________和________組成，能由內建函式__________轉換其型別。

8. 下列敘述的回傳值是多少？__________

```
from fractions import Fraction
number = Fraction(256, 788)
print(number)
```

9. 回答下述敘述結果：<1>__________、<2>__________、<3>__________、<4>__________。

```
348/25
348//25
358%25
81**0.3
```

10. 代數 $\frac{x^2 + y^2}{3}$ 變成 Python 的運算式要如何以程式表達？__________

11. 下列函式和方法經過運算後，結果是：<1>__________；<2>__________。

```
import math
math.pow(64, 7)     # <1>
pow(64, 7, 37)      # <2>
```

12. 下列敘述經過比較、邏輯運算會回傳什麼值？

<1>________、<2>________、<3>________、<4>________。

```
a, b = 125, 67
a < b           # <1>
a != b          # <2>
not a < b     # <3>
(a % 5 == 0) or (b % 11 == 0)     # <4>
```

二、實作題

1. 王小明考了試，分別是國文 78、數學 63、英文 92，如何以 eval() 函式來取得這三科的分數，計算它們的總分和平均。

2. 王小明打算買 100 支鉛筆在學校使用，他詢問後最便宜的價錢是每支 $4.35 元，以程式要如何撰寫？會發生什麼問題？

3. 利用 math 模組，算出數值 78, 126 的 $\sqrt{x^2 + y^2}$ 和 GCD。

CHAPTER

04

程式轉圈更有趣

學習目標

- 嘗 Python suite：不一樣的流程縮排
- 搭夥伴：for/in 迴圈找 range() 函式做伴
- 未明盡：次數未知的 while 迴圈
- 按停令：中斷迴圈 continue、break 敘述，但效用不太一樣

Python

4.1 流程控制簡介

常言道：「工欲善其事，必先利其器」。以程式處理問題時，不可能只有一條路徑通向光明，善用一些技巧，讓程式轉個彎才能柳暗花明尋得生機。「結構化程式設計」是軟體開發的基本精神；依據由上而下 (Top-Down) 的設計策略，將較複雜的內容採取「模組化」方式，將它分解成小且較簡單的問題，程式邏輯保有單一的入口和出口，所以能單獨運作。一個結構化的程式會包含下列三種流程控制：

- 循序結構 (Sequential)：由上而下的程式敘述，這也是前面章節撰寫程式碼最常見的處理方式，例如：宣告變數，輸出變數值，如圖【4-1】。

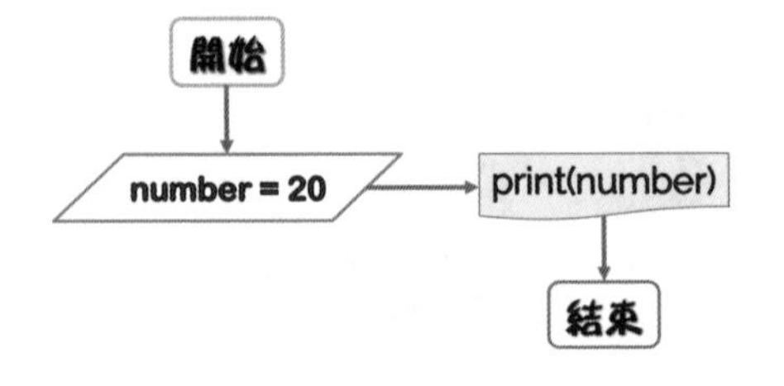

圖【4-1】循序結構

- 決策結構 (Selection)：它是一種條件選擇敘述，依據其作用可分為單一條件和多種條件選擇。例如，颱風天以風力級數來決定是否要放假？風力達到 10 級就宣布停班、停課。
- 迭代結構 (Iteration)：迭代結構可視為迴圈控制，在條件符合下重覆執行，直到條件不符合為止。例如，拿了 1000 元去超市購買物品，直到錢花光了，才會停止購物動作。

4.1.1 常用的流程符號

對於流程結構有了基本認識之後，表【4-1】介紹一些常見的流程圖符號。

符號	說明
	橢圓形符號，表示流程圖的開始與結束
	矩形表示流程中間的步驟，用箭頭做連接
	菱形代表決策，會因為選擇而有不同流向
	代表文件
	平行四邊形代表資料的產生
	表示資料的儲存

表【4-1】常用的流程圖符號

4.1.2 有關於程式區塊和縮排

其他的程式語言會以大括號 {} 來形成區塊 (Block)。對於 Python 來說，有個特殊名稱，稱為 suite。它由一組敘述組成，由關鍵字和冒號 (:) 作為 suite 開頭，搭配的子句敘述必須做縮排動作，否則解譯時會發生錯誤。什麼情形下會使用半形冒號「:」並形成 suite？通常是流程控制 if 敘述或迴圈結構。

進入 Python Shell 互動交談模式，以 if 敘述所組成的 suite 做基本認識。

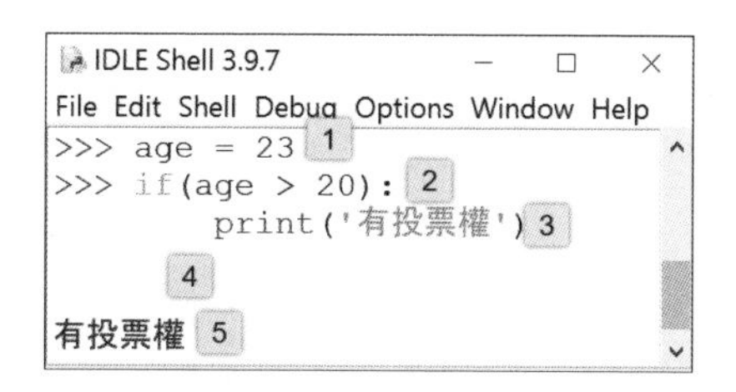

(1) 先設定變數 age 的值。

(2) if 敘述之後是條件運算式「age >= 20」之後要加半形冒號字元「:」來進入 suite(程式區塊的開始)；當我們按下【Enter】鍵，Python Shell 會自動將下一行做縮排動作。

(3) 自動縮排，表示 print() 函式位於 suite(程式區塊) 中。

(4) 要多按一次【Enter】鍵來表示 if 敘述的 suite 結束了(結束程式區塊)。

(5) 由於變數 age 的值有大於 25，所以輸出條件運算結果。

Python 敘述中有一個很特別的敘述「pass」，表示它不會不執行任何動作。想要有一個敘述，但不需要程式執行任何動作的時候。例如：while 迴圈中不做任何動作。

```
while Ture:
   Pass
```


4.2 for 迴圈

所謂的「迴圈」(Loop，或稱迭代)是它會依據條件運算反覆執行，只要進入迴圈它就會再一次檢查條件運算，只要條件符合就會往下執行，直到條件運算不符合才會跳離迴圈，它包含：

- for/in 迴圈：可計次迴圈，可配合 range() 函式，控制迴圈重覆執行的次數。
- While 迴圈：指定條件運算式不斷地重覆執行，直到條件不符合為止。

使用 for/in 迴圈能計次，意味著得有計數器記錄迴圈執行的次數，語法如下：

```
for item in sequence/iterable:
    # for_suite
else:
    # else_suite
```

◈item：代表的是 Tuple 和 List 的元素，也能當計數器來使用。

◈sequence/iterable：除了不能更改順序的序列值，還包含了可循序迭代的物件，搭配內建函式 range() 來使用。

◈else 和 else_suit 敘述可以省略，但加入此敘述可提示使用者 for 迴圈已正常執行完畢。

4.2.1 內建函式 range()

實際上，for/in 迴圈找了 range() 函式來搭檔，以計數員的身分，為迴圈執行的次數把關；這也表明計數器須要起始值和終止值配合。依據程式的需求，可能要有增減值的參與，無論是由小而大累計或由大而小遞減；沒有特別明定的話，迴圈每執行一次只會累加 1。有了這些初淺的概念，認識一下 Python 提供的內建函式 range()，語法如下：

```
range([start], stop[, step])
```

◈ start：起始值，預設為 0，參數值可以省略。

◈ stop：停止條件；必要參數不可省略。

◈ step：計數器的增減值，預設值為 1。

以 for/in 迴圈配合 range() 函式，藉由下列敘述來了解它的基本用法。例一：range(4) 函式只有參數 stop，配合索引，輸出 0~3，共 4 個數。

```
for k in range(4):
    print(k, end = ' ')    # 只輸出「0 1 2 3」4 個數值
```

range() 函式有 start、stop 兩個參數；輸出 1~5，4 個數值。例二：

```
for k in range(1, 5):
    print(k, end = ' ')    # 輸出「 1 2 3 4」4 個數值
```

range() 函式有參數 start「3」、stop「13」、step「3」；從 3~13 之間，以 3 為間隔來輸出 4 個數。例三：

```
for k in range(3, 13, 3):
    print(k, end = ' ')    # 輸出間隔為的 4 個數「3 6 9 12」
```

例四：range() 函式使用三個參數，但間隔為負值。

```
for k in range(20, 11, -2):
    print(k, end = ' ')    # 輸出由大而小的數「20 18 16 14 12」
```

要了解 for/in 迴圈的運作，最經典範例就是將數值加總，配合 range() 函式。由於 print() 函式放在 for/in 迴圈內，可以檢視累加值的變化。

```
# 參考範例《CH0401.py》
total = 0 #儲存加總結果
for count in range(1, 11): #數值 1~10
   total += count #將數值累加
   print('累加值', total) #輸出累加結果
else:
   print('數值累加完畢 ...')
```

```
IDLE Shell 3.9.7
File Edit Shell Debug Options Window Help
= RESTART: D:\PyCode\CH04\CH0401.py
累加值 1
累加值 3
累加值 6
累加值 10
累加值 15
累加值 21
累加值 28
累加值 36
累加值 45
累加值 55
數值累加完畢...
```

for/in 迴圈的特色就是能重覆讀取某個項，直到完成。它究竟是如何運作？流程以圖【4-2】示意說明。

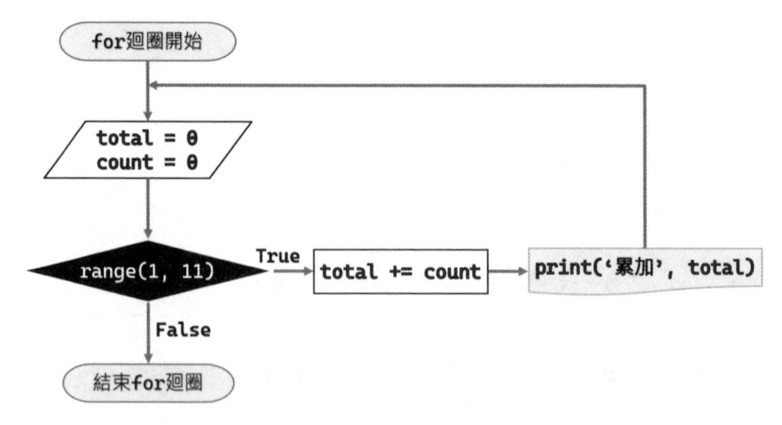

圖【4-2】for/in 迴圈

Tips 想要了解 for/in 迴圈和函式之間的秘密，可以向函式 list() 取經。

```
IDLE Shell 3.9.7
File Edit Shell Debug Options Window Help
>>> list(range(4)) # 輸出 0 ~ 3
[0, 1, 2, 3]
>>> list(range(1, 5)) # 輸出 1 ~ 4
[1, 2, 3, 4]
>>> list(range(2, 10, 2)) # 輸出偶數
[2, 4, 6, 8]
>>> list(range(11, 1, -2)) # 由大而小
[11, 9, 7, 5, 3]
```

對於 for/in 迴圈有了基本認識之後，先來瞧一瞧下述範例。

```
# 範例《CH0206.py》
import turtle                # 匯入海龜模組
turtle.setup(250, 200)       # 產生 250X200 畫布
show = turtle.Turtle()       # 建立畫布物
# 畫一個簡單矩形
show.forward(70)             #前進 70 像素
show.right(90)               #畫筆右轉 90 度
show.fd(70)                  #forward() 方法簡寫
show.right(90)
show.fd(70)
show.right(90)
show.home()
```

還記得嗎？這是藉由 Turtle 的畫筆來畫出一個矩形。是否已經察覺到，畫筆不斷地重覆兩個動作：前進、右轉。有了 for/in 迴圈可以讓程式更簡潔些，程式修改如下：

```
# 參考範例《CH0402.py》
import turtle                   # 匯入海龜模組
# 省略部份程式碼
# 畫一個簡單矩形
for item in range(4):
    show.fd(70)                 # 前進 70 像素
```

```
    show.right(90)              # 畫筆右轉 90 度
turtle.mainloop()               # 開始主事件的循環
```

有了 Turtle 的搭配，再加上 for/in 迴圈，能畫出更有趣的圖形。此外，撰寫 Turtle 程式時，為了讓主訊息迴圈能不斷執行，會在程式最後一行加上一個敘述，語法如下：

```
turtle.mainloop()
turtle.done()
```

◈無參數，因為是視窗，所以呼叫了 Tkinter 的 mainloop() 函式。

為了讓畫布能秀出文字，方法 write() 是好幫手，語法如下：

```
turtle.write(arg, move = False, align = 'left',
    font = 'Arial', 8, 'normal')
```

◈arg：書寫文字必須要有指定的物件，一般是 TurtleScreen 類別的實體物件。

◈move：以布林值 True 或 False 做設定；若是 True，表示文字秀出之後，畫筆會移向此文字的右下角。

◈align：顯示的文字要對齊於畫布的某個位置，包含 left、center、或 right，未指明的話，就是靠左對齊。

◈font：以 Tuple 物件來表示 fontname(字型)、fontsize(字型大小)、fonttype(字型樣式)。

例五：在畫布上秀出「正方形」的字樣，使用了微軟正黑體，字的大小為 40。

```
turtle.write('正方形', font = ('微軟正黑體', 40))
```

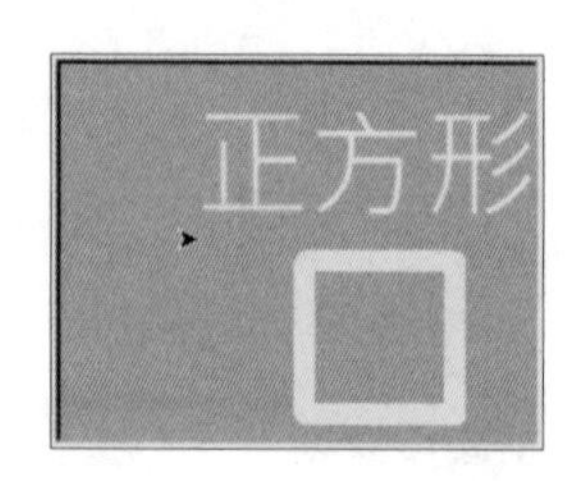

4.2.2 花樣百出螺旋圖

Turtle 繪製簡單的多邊形已能順利上手，下一步讓畫筆轉彎角皮多一時，有哪些樂趣！就是以基本矩形或三角形為主，產生角度有變化的螺旋圖。

範例《CH0403.py》

使用 for/in 迴圈讓 Turtle 不斷地前進、轉動畫筆，重覆畫出連續的矩形。

程式碼

```
01 import turtle    # 匯入海龜模組
02
03 turtle.setup(300, 300)     # 產生 300 X 300 畫布
04 turtle.bgcolor('Gray21')   # 背景為深灰
05 show = turtle.Turtle()     # 建立畫布物件
06 show.pencolor('White')     # 畫筆為白色
07 show.pensize(2)            # 畫筆大小
08 show.speed(1)              # 畫筆速度為慢
09 # 畫一個連續矩形
10 for item in range(56):
11     show.fd(item * 3)      # 依值前進
12     show.right(90)         # 畫筆右轉 90 度
13 turtle.mainloop()          # 開始主事件的循環
```

◈畫筆前進會依據「item * 3」的值來前進，配合 range() 函數提供的數「0 ~ 55」，而得「0, 3, 6, 9, …」。

◈Item 的值是「0 ~ 3」，函數 range(4)，Turtle 畫筆是這樣：

◈Item 的值是「0 ~ 11」，函數 range(12)，Turtle 畫筆是這樣：

想一想！下面的螺旋圖形是如何產生的？

作法很簡單，讓畫筆右轉的角度多了一度之後，就有不同的結果。參考範例如下：

```
# 參考範例《CH0404.py》
import turtle                 # 匯入海龜模組
#省略部份程式碼
for item in range(100):
    show.fd(item * 2)         # 依值前進
    show.right(91)            # 畫筆右轉 91 度
turtle.mainloop()             # 開始主事件的循環
```

再看一個產生變化的螺旋圖。它以三角形為基礎，讓轉彎的角度由原來的 120 度變成 121 度，就形成有趣的圖形，程式碼請參考範例《CH0405.py》。

4.2.3 巢狀迴圈

通常程式碼不會只有一種流程控制在其中，會依據程式的複雜度加入不同的流程結構。所謂巢狀迴圈就是迴圈中尚有迴圈。如果是巢狀 for/in 迴圈，表示 for/in 迴圈中可以依據需求再加入 for/in 迴圈；先以一個簡單例子說明雙層 for/in 的運作。

範例《CH0406.py》

使用雙層 for 迴圈來畫出圓點。第一層 for 迴圈先訂出畫出 5 列，再以第二層 for 迴圈來畫出圓點，逐次遞減圓點數量。

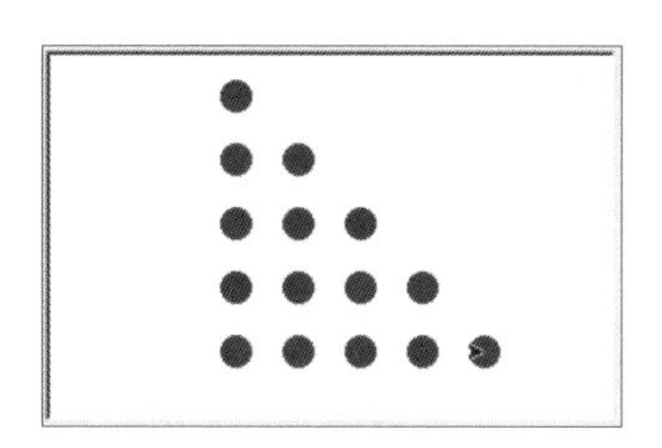

程式碼

```
01 import turtle    # 匯入海龜模組
02
03 turtle.setup(300, 200)    # 產生 300 X 200 畫布
04 pen = turtle.Turtle()    # 建立畫布物件
05 pen.pencolor('White')    # 白色畫筆
```

```
06 pen.speed(1)
07
08 for r1 in range(5):    #第一層 for/in 迴圈輸出 4 列
09     for r2 in range(5 - r1):  # 第二層 for/in 迴圈，依 r1 遞減
10         pen.pu()                # 抬起畫筆
11         p1, p2 = -50, -50       # 設起始座標 x, y(-50, -50)
12         p1 = p1 + r1 * 30       # X 軸
13         p2 = p2 + r2 * 30       # Y 軸
14         pen.goto(p1, p2)        # 畫筆移向座標
15         pen.pd()                # 放下畫筆
16         pen.dot(15, 'White')    # 畫白色圓點
17     print() #換新行
```

了解範例《CH0406.py》雙層 for 迴圈是如何運作！

第一層 for 迴圈	第二層 for 迴圈	輸出，座標 (p1, p2)
	r2 = 4	• (-50, 70)
	r2 = 3	• (-50, 40)
r1 = 0	r2 = 2	• (-50, 10)
	r2 = 1	• (-50, -20)
	r2 = 0	• (-50, -50)
	第二列畫 4 個圓點	•
	r2 = 3	• • (-20, 40)
r1 = 1	r2 = 2	• • (-20, 10)
	r2 = 1	• • (-20, -20)
	r2 = 0	• • (-20, -50)
	第三列畫 3 個圓點	•
		• •
r1 = 2	r2 = 2	• • • (10, 10)
	r2 = 1	• • • (10, -20)
	r2 = 0	• • • (10, -50)

第一層 for 迴圈	第二層 for 迴圈	輸出，座標 (p1, p2)
r1 = 3 依此類推 r1 = 4	第四列畫 2 個圓點 r2 = 1 r2 = 0	● ● ● ● ● ● ● ● ● ● ● (40, -20) ● ● ● ● (40, -50)

第一欄 (r2 = 0) 會畫出 5 個圓點。p1 座標 (X = -50) 維持不變，p2 座標 (Y = -50) 會隨 r2 的值改變，由 -50 變更為 -20、10、40、70，畫出 5 個圓點。第二欄只畫 4 個圓點，到第 3 欄再遞減為 3 個圓點，依此類推。再來認識巢狀 for/in 迴圈另一個經典範例「九九乘法」。

範例《CH0407.py》

外層 for 迴圈來建立表頭，輸出數字 1~9，輸出時加入 format() 函式做格式化動作，(format() 函式參考章節《4.5》)。內層 for 迴圈會產生欄數 1~9，顯示相乘結果。

```
= RESTART: D:\PyCode\CH04\CH0407.py
  |  1  2  3  4  5  6  7  8  9
--------------------------------
1 |  1  2  3  4  5  6  7  8  9
2 |  2  4  6  8 10 12 14 16 18
3 |  3  6  9 12 15 18 21 24 27
4 |  4  8 12 16 20 24 28 32 36
5 |  5 10 15 20 25 30 35 40 45
6 |  6 12 18 24 30 36 42 48 54
7 |  7 14 21 28 35 42 49 56 63
8 |  8 16 24 32 40 48 56 64 72
9 |  9 18 27 36 45 54 63 72 81
```

程式碼

```
01 print('  |', end = '')    # 建立表頭
02 for k in range(1, 10):    #不自動換行，只留空白字元
03     print('{0:3d}'.format(k), end = '')
04 print() #換行
05 print('-' * 32)
06 # 第一層 for/in
```

```
07 for one in range(1, 10):
08     print(one, '|', end = '')
09     # 第二層 for/in
10     for two in range(1, 10):
11         print('{0:3d}'.format(one * two), end = '')
12     print() #換行
```

◈當外層 for 的計數器 one 為「1」時，表示建立第一列；內層 for 迴圈配合 print() 函式的 end 參數未換行情形下，計數器 two 將由 1 遞增至 9 來輸出相乘結果。計數器 two 遞增至 9 之後才做換行動作。

◈外層 for 迴圈的計數器遞增為 2 時，內層 for 迴圈的計數器 two 依然由 1 開始做遞增至 9；直到外層 for 迴圈計數器遞增到 9 才會結束迴圈的動作。

4.3 whlie 迴圈

已經認識了 for/in 迴圈，接下來要來瞭解 while 迴圈的使用。

4.3.1 while 迴圈的特性

while 迴圈會依據條件值不斷地執行，它適用資料沒有次序性，不清楚迴圈執行次數，語法如下：

```
while 條件運算式 :
    # 符合條件 _suite 敘述
else:
    # 不符合條件 _suite 敘述
```

◈條件運算式可以搭配比較運算子或邏輯運算子。

◈else 敘述是一個可以彈性選擇的敘述。當條件運算不成立時，會被執行。

while 迴圈如何運作？設定兩個變數 x、y 並給予初值；當 x 的值小於 y 時，就會不斷進入迴圈執行，而變數 x 也會不斷加 1，直到 x 的值不再小於 y，就會停止迴圈的執行。例一：

```
x, y = 1, 10
while x < y:
    print(x, end = ' ')    # 輸出1 2 3 4 5 6 7 8 9
    x = x + 1
```

◈當 x 的值為「9」時，它會再做一次累加，重新進入迴圈做條件判斷，此時「10 < 10」的條件不成立，所以迴圈不會再往下執行。

範例《CH0408.py》

使用 while 迴圈並加入條件運算，其運算結果 (result) 若小於設定值 (number)，就會進入迴圈執行，直到運算結果大於設定值。

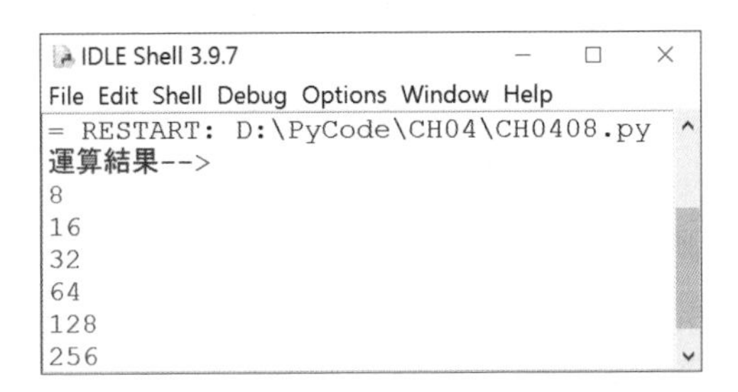

```
= RESTART: D:\PyCode\CH04\CH0408.py
運算結果-->
8
16
32
64
128
256
```

程式碼

```
01 number = 200; a, b = 2, 2 # 宣告變數
02 result = a ** 2
03 # while迴圈 變數result小於number時，輸出運算結果
04 print('運算結果 -->')
05 while result < number:
06     result *= b
07     print(result)
```

◈ While 迴圈的條件運算式「變數 result 小於 number 時」就會不斷出變數 result 的次方結果，一直到 result 的值「256」已大於 number 所設定的值「200」，它就會停止迴圈的執行。

While 迴圈的流程圖運作如圖【4-3】。

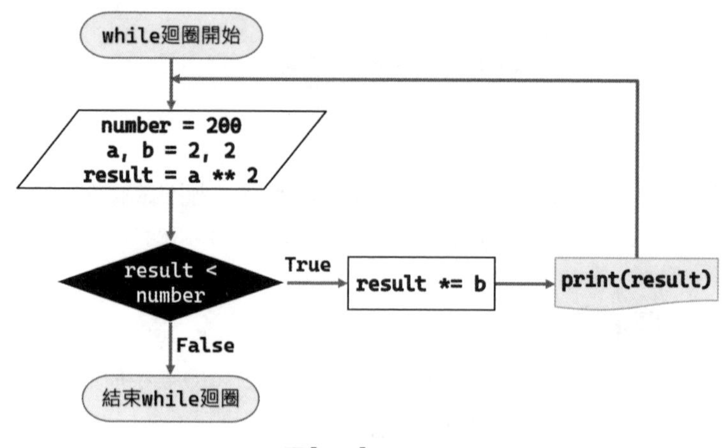

圖【4-3】while 迴圈

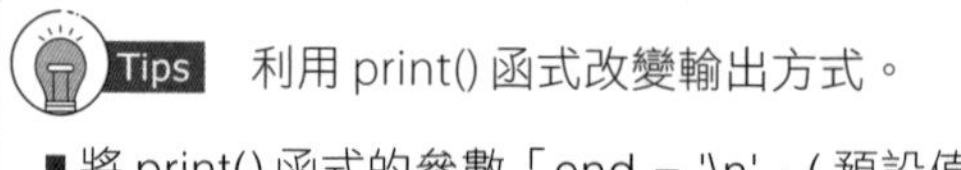

利用 print() 函式改變輸出方式。

■ 將 print() 函式的參數「end = '\n'」(預設值，輸出後換新行)，更改為「print(result, end =', ')」，那麼輸出的數值就會列示於同行。

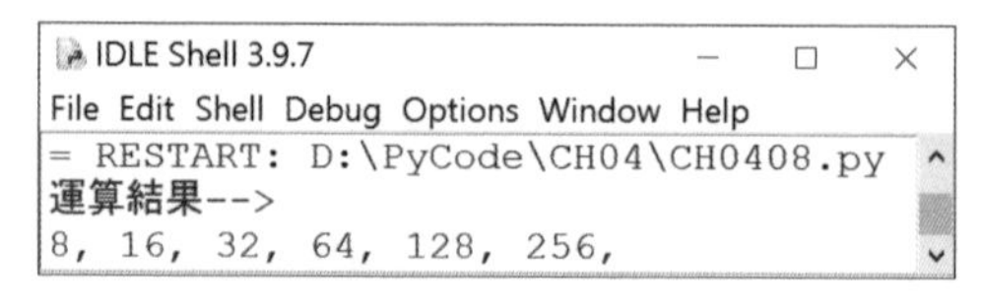

例二：使用 while 迴圈，如果條件運算設定不當，會形成無窮盡迴圈，除非中斷程式才會停止。「number >= 10」條件成立，Python 字串就不斷輸出；可以按鍵盤【Ctrl + C】來停止程式的執行。

```
num = 10
while num >= 10:
    print('Python')    # 形成無窮迴圈
```

要中斷迴圈也可以在 Python Shell 視窗，執行「Shell / Interrupt Execution」指令來中斷迴圈的執行。

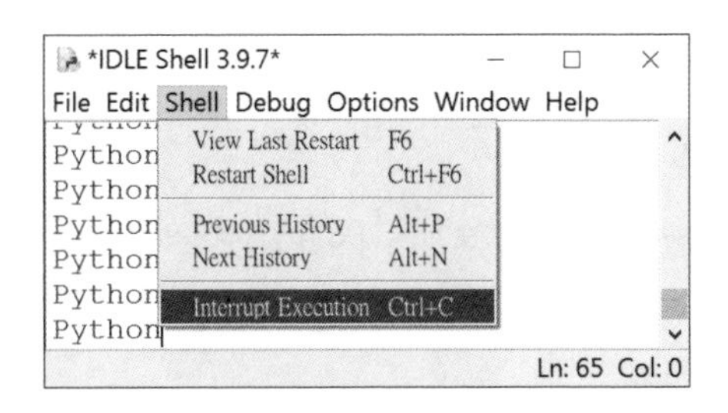

當迴圈被中斷後，顯示如下訊息：

```
IDLE Shell 3.9.7
File Edit Shell Debug Options Window Help
Traceback (most recent call last):
  File "<pyshell#3>", line 2, in <module>
    print('Python')
KeyboardInterrupt
```

4.3.2 while 迴圈加入計數器

while 迴圈是無法知道迴圈執行的次數，但可以在迴圈內加入計次動作。它的做法很簡單，就是加入計數器形成可數次迴圈。例一：

```
#設 k 為計數器，result 儲存運算結果，初值皆為 0
k = result = 0    # 設變數 k, result 皆為 0
while result < 11:
    k += 1    # k = k + 1
    result += k
    print(k, result)
```

```
        print(k, result)

1 1
2 3
3 6
4 10
5 15
```

while 迴圈為什麼還要有 else 敘述？當我們將 print() 函式放在迴圈之內，可以看到變數值的變化。若 print() 函式放在 else 敘述之內檢視結果，順便提醒使用者迴圈執行完畢！

範例《CH0409.py》

while 迴圈配合計數器做數值累加。內建函式 eval() 取得輸入的兩個值，分為累加的起始和終止值。

```
IDLE Shell 3.9.7
File Edit Shell Debug Options Window Help
= RESTART: D:/PyCode/CH04/CH0409.py
輸入兩個數值做區間累加 -> 12, 22
數值 12 ~ 22 累計:  187
結束迴圈...
```

程式碼

```
01 total = 0
02 count, number = eval(input('輸入兩個數值做區間累加 -> '))
03 print('數值', count, end = '')
04 while count <= number:
05     total += count     # 儲存累加值
06     count += 1         # 計數器
07 else:
08     print(' ~', number, '累計：', total)
09     print('結束迴圈 ...')
```

◈第 4~6 行：while 迴圈中加入計數器做累計，直到它小於等於數值 number。

◈第 7~8 行：else 敘述，輸出結果並提醒我們迴圈已執行完畢。

範例《CH0409.py》While 迴圈究竟是如何運作？

迴圈	條件運算式 count <= number	count count += 1	total total += count
1	True(number = 22)	12	12
2	True	13	25

迴圈	條件運算式 count <= number	count count += 1	total total += count
3	True	14	39
4	True	15	54
...	...	...	...
10	True	22	187
11	False(離開迴圈)		

使用 while 迴圈，其中的條件運算式會影響迴圈執行的次數，若「count < number」則迴圈只會執行 9 次。

範例《CH0410.py》

while 迴圈計算總分數和平均。條件運算以變數「score >= 0.0」為依據，輸入「-1」會結束迴圈。依據計數器之值來求取分數平均值。

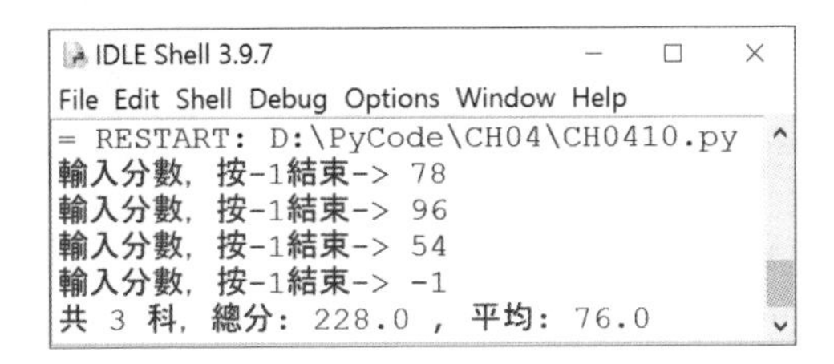

程式碼

```
01 # total 儲存總分，score 儲存分數設，初值為 0.0
02 total = score = 0.0
03 count = 0 # 計數器
04 score = float(input('輸入分數，按 -1 結束 -> '))
05 # 當 score 大於「零」時就持續進行
06 while score >= 0.0 :
07     total = total + score
08     count = count + 1
09     # 檢查變數 score 非 -1 才做加總
10     score = float(input('輸入分數，按 -1 結束 -> '))
```

```
11 average = total / count # 計算平均值
12 print('共', count, '科，總分 :', total,', 平均 :', average)
```

◈第 6~10 行：while 迴圈先判斷判斷變數 score 是否有大於等於零。

◈第 10 行：確認變數 score 為「-1」情形下，結束 while 迴圈。

4.4 continue 和 break 敘述

使用迴圈時，在某些情形需要以 break 敘述來離開迴圈；continue 敘述會中斷此次敘述，回到上一層迴圈繼續執行。

4.4.1 break 敘述

break 敘述用來中斷迴圈的執行，會離開所在的迴圈並結束程式的執行。範例做更多認識：

```
# 參考範例《CH0411.py》
print('數值：', end ='')
for x in range(1, 11):
    result = x**2
    #如果 result 的值大於 20，break 敘述就中斷迴圈的執行
    if result > 20:
        break
    print(result, end = ', ')   # 輸出數值：1, 4, 9, 16,
```

4.4.2 continue 敘述

continue 敘述能移轉迴圈的控制權，跳過目前的敘述，讓迴圈條件運算繼續下一個迴圈的執行。

範例《CH0412.py》

使用 for/in 迴圈來讀取字串「Python」，了解 break 和 continue 敘述的不同處。

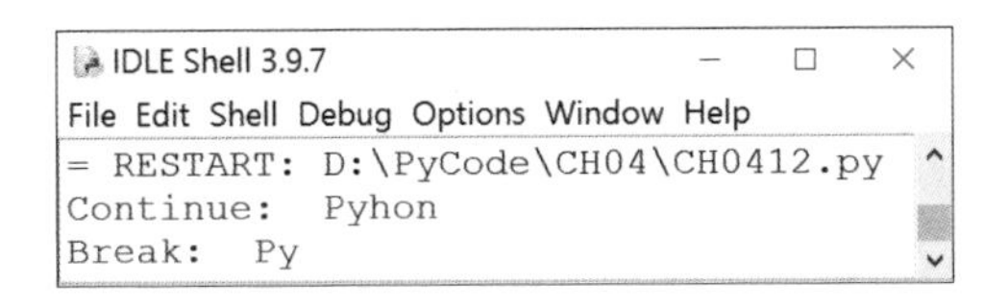

程式碼

```
01 word = 'Python'
02 print('Continue: ', end = ' ')
03 for cha in word:   # continue 敘述
04     if cha == 't':
05         continue # 只中斷此次的執行
06     print(cha, end = '')
07 print('\nBreak: ', end = ' ')
08 for cha in word:   # break 敘述
09     if cha == 't':
10         break # 中斷迴圈的執行
11     print(cha, end = '')
```

◈ 第 3~6 行：讀取字串「Python」，使用 continue 敘述，除了字元「t」未被讀取，所以輸出『Pyhon』。

◈ 第 8~11 行：讀取字串「Python」，由於 break 敘述，碰見了字元「t」之後就中斷迴圈，所以只輸出『Py』。

章節回顧

- 一個結構化的程式包含三種流程控制：①由上而下的循序結構 (Sequential)、②依其作用分為單一條件和多種條件的決策結構、③迭代結構可視為迴圈控制，在條件符合下重覆執行，直到條件不符合為止。
- Python 以 suite 來形成程式區塊 (Block)。它由一組敘述組成，由關鍵字 (for) 和冒號 (:) 作為 suite 開頭，搭配的子句必須做縮排動作。
- 「迴圈」(Loop，或稱迭代) 會依據條件運算反覆執行，每次進入迴圈就會檢查條件運算，符合條件就會往下執行，直到條件運算不符合才會跳離迴圈，它包含：for/in 和 while 迴圈。
- for/in 迴圈為計次迴圈，所以計數器要有起始值、終止值和增減值，沒有特別明定的話，迴圈每執行一次就自動累加 1；Python 提供 range() 函式搭配。
- 無法清楚迴圈執行次數，或資料沒有次序性，使用 while 迴圈較適當。它會依據條件值不斷地執行，直到條件值不符合為止。
- 使用迴圈時，在某些情形需要以 break 敘述來離開迴圈；continue 敘述會中斷此次敘述，回到上一層迴圈繼續執行。

自我評量

一、填充題

1. 請寫出下列程式碼的輸出結果，輸出 k______________________________

```
for k in range(1, 10, 2):
    print(k, end = ' ')
```

2. 請寫出下列程式碼的輸出結果。輸出 k______________________________

```
for k in range(15, 1, -3):
    print(k, end = ' ')
```

3. 說明下列程式碼發生了什麼問題！要輸出「8 5 1 -4」要如何修改？__________

______________________。

```
k, result = 1, 10
while result <= 1:
    k += 1
    result -= k
    print(result)
```

4. 使用迴圈時，某些情形需要以__________敘述離開迴圈；中斷此次敘述，回到上一層迴圈繼續執行則是__________敘述。

二、實作題

1. 使用 Turtle 繪圖配合 for/in 迴圈來完成下列星形圖案。提示「turtle.right (144)」。

2. 使用 Turtle 繪圖配合 for/in 迴圈來完成下列五環圈圖形。提示「turtle.right(70)」。

3. 使用 Turtle 模組來完成下列的太陽圖。提示：呼叫方法「turtle.right(170)」把畫筆右轉 170 度。

4. for/in 迴圈配合 range() 函式，參數 stop「34」，參數 start「21」，如何輸出下列數值。

```
輸出 441 484 529 576 625 676 729 784 841 900 961 1024 1089
```

4. 請以 while 迴圈完成下面的執行結果。

```
= RESTART: D:\PyCode\各章節實作\CH04\Lab0404.py
請輸入分數：78
請輸入分數：65
請輸入分數：91
請輸入分數：53
請輸入分數：
共 4 科
總分 = 287.0 平均 = 71.75
```

CHAPTER

05

程式也有選擇權

學習目標

- 去選擇：if 敘述有單向、雙向選擇，elif 敘述有多重擇一
- 字元有轉換函式和脫逸字元
- 字串具有不變性，以 for/in 迴圈讀取
- 以 [] 運算子擷取部份字元或反轉字串
- 單一字串有 format() 函式，其他就找 str.format() 方法協助

Python

5.1 只有一個條件

決策結構可依據條件做選擇。處理單一條件時，if 敘述能提供單向和雙向處理；同時，認識由 if/else 構成的三元運算子。

5.1.1 if 敘述

若條件為單一，只有一種選擇，就只能使用 if 敘述。它如同我們口語中「如果…就…」;「如果分數 60 以上，就顯示及格」。這說明 if 敘述還要搭配比較運算子做判斷。if 敘述的語法如下：

```
if 條件運算式 :
    # 運算式 _true_suit 敘述
```

◈ if 敘述搭配條件運算式，做布林判斷來取得真或假。

◈ 條件運算式之後要有「:」(半形) 來做作為程式區塊的開始。

◈ 運算式 _true_suit：符合條件的敘述要縮排來產生程式區塊，否則解譯時會產生錯誤。

if 敘述如何進行條件判斷？以分數是否及格做解說。簡例：

```
if score >= 60:
    print('Passing...')
```

條件運算式「score >= 60」表示輸入的分數大於或等於 60 分，才會顯示「Passing」字串；流程表示如圖【5-1】，當條件運算成立時 (True)，會以 print() 函式輸出訊息。

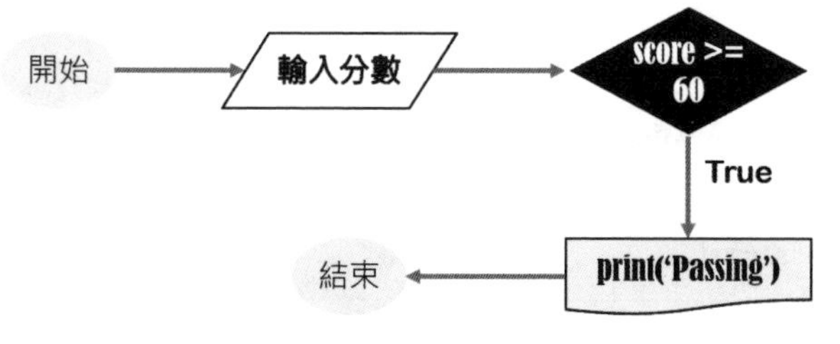

圖【5-1】if 敘述的單向判斷

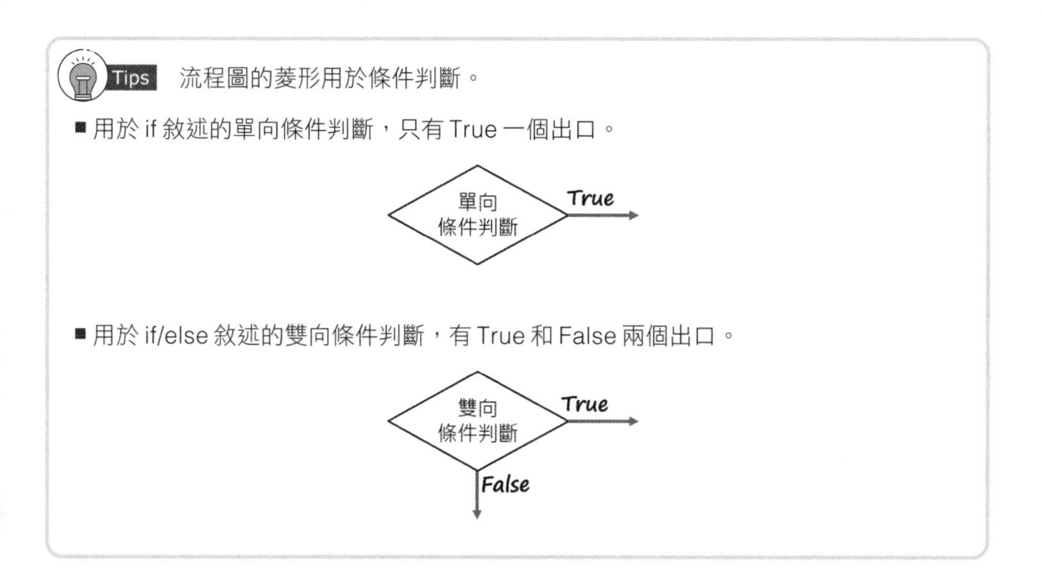

範例《CH0501.py》

if 敘述做單向判斷，使用比較運算子判斷 score 變數是否大於或等於 60，分數大於 60 分時會顯示訊息「Passing」。

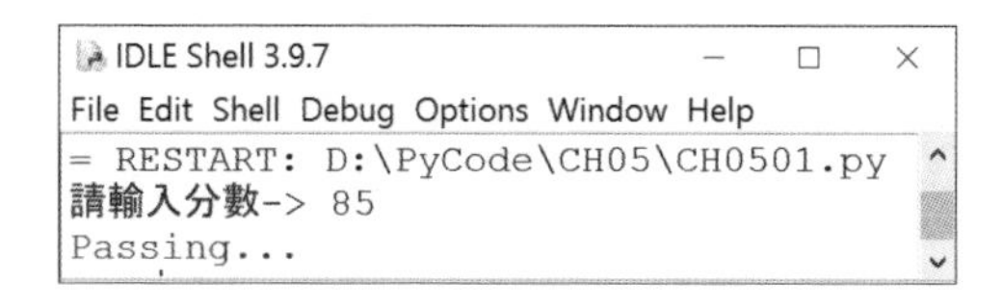

```
= RESTART: D:\PyCode\CH05\CH0501.py
請輸入分數-> 85
Passing...
```

如果分數小於「60」的話，不會有任何訊息輸出。

```
= RESTART: D:\PyCode\CH05\CH0501.py
請輸入分數-> 45
>>>
```

程式碼

```
01 score = int(input('請輸入分數 -> '))
02 if score >= 60:
03     print('Passing...')
```

◈第 1 行：變數 score 取得輸入分數。由於 score 是字串，須以內建函式 int() 轉換為整數。

◈第 2~3 行：if 敘述之後的運算式「score >= 60」，如果條件成立就以 print() 函式輸出「Passing」。

5.1.2 if/else 有雙向選擇

在單一條件下，是有雙向選擇。接續分數的話題，如果分數大於 60 分就顯示「及格」，否則就顯示「不及格」；當單一條件有雙向選擇時就如同口語的「如果…就…，否則…」。

```
if 條件運算式：
    # 運算式 _true_suite 敘述
else:
    # 運算式 _false_suite 敘述
```

◈運算式 _true_suite：符合條件運算時，會執行 True 敘述。

◈else 敘述之後加記得加上「:」形成 suite。

◈運算式 _false_suite：表示不符合條件運算時，執行 False 敘述。

例一：if/else 敘述。

```
if score >= 60:
    print('通過考試')
else:
    print('請多努力')
```

條件運算式「score >= 60」判斷輸入的分數是否大於或等於 60，條件運算成立顯示「通過考試」；條件運算不成立(表示分數小於 60)，則輸出「請多努力」的字串。單一條件雙向選擇的流程如圖【5-2】所示。

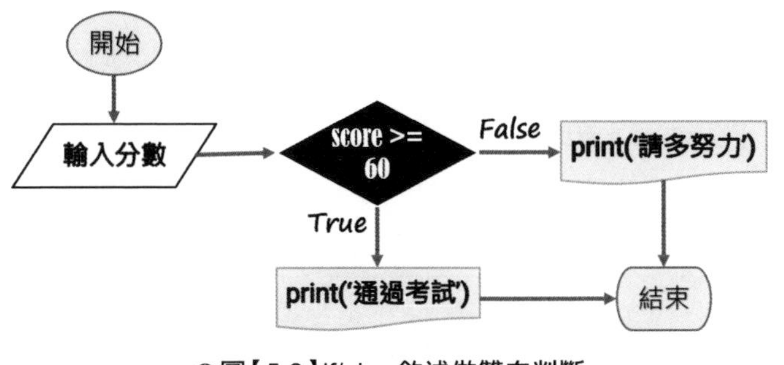

圖【5-2】if/else 敘述做雙向判斷

在 Python Shell 互動模式下測試 if/else 敘述。else 敘述形成的 suite；它必須從此行的第一個字元開始，不能有縮排，否則會發生錯誤。

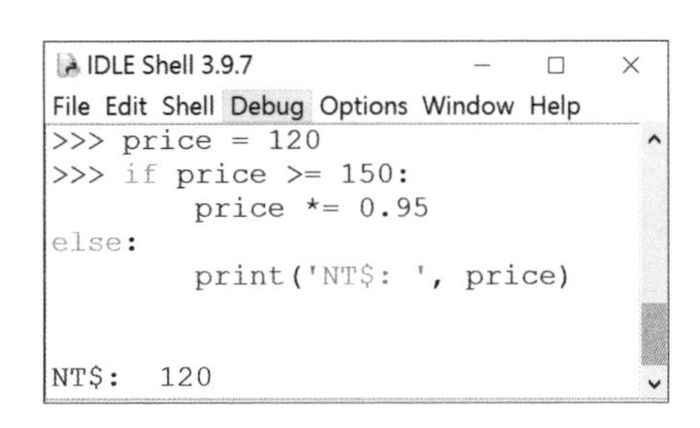

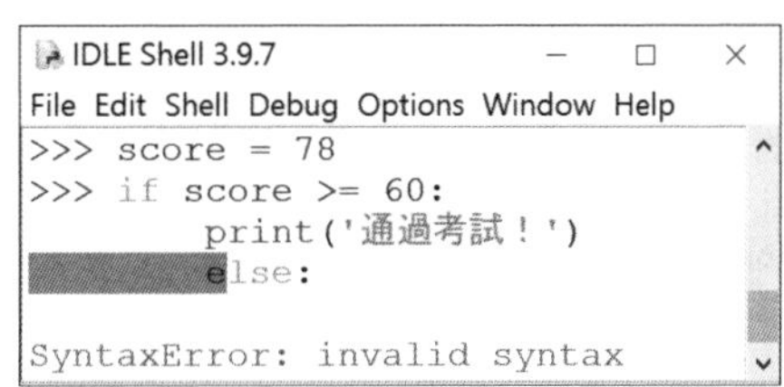

範例《CH0502.py》

if/else 敘述做雙向判斷。計算圓形面積，滙入 math 模組來提供 PI 屬性，若輸入的半徑為負數就顯示「輸入錯誤」，是正數的話才會計算圓形面積。

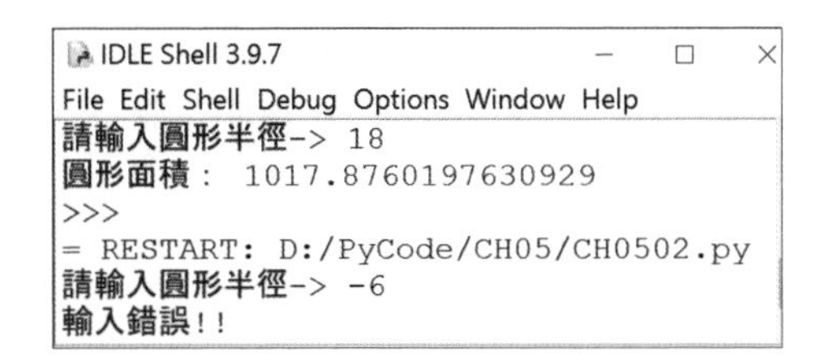

程式碼

```
01 import math   # 滙入數學模組
02 radius = int(input('請輸入圓形半徑 -> '))
03 if radius < 0:   # if/else 敘述，半徑小於零的話顯示錯誤
04     print('輸入錯誤 !!')
05 else:   # 半徑大於零才算出圓面積
06     area = radius * radius * math.pi
07     print('圓形面積：', area)
```

◈第3~7行：設定條件「radius < 0」若成立的話，會提示輸入錯誤；若半徑大於零，則以 else 敘述的 suite，計算圓面積。

5.1.3 特殊的三元運算子

「三元運算子」？故名思義，乃運算式中有三個運算元。if/else 敘述還能以三元運算子做更簡潔的表達，語法如下：

```
X if C else Y
Expr_ture if 條件運算式 else Expr_false
```

◈三元運算子的三個運算元：X、C、Y。

◈X：Expr_true，條件運算式為 True 的敘述。

◈C：if 敘述之後的條件運算式。

◈Y：Expr_false，條件運算式為 False 的敘述。

例一：以分數 60 分為依據，使用 print() 函式配合三元運算子，變數 score 儲存的值確實有大於條件運算式「score >= 60」，會顯示訊息『及格』。

```
score = 78
print('及格' if score >= 60 else '不及格')
```

例二：兩個數值比較大小時，由於條件運算「a > b」並不成立，所以輸出變數 b 的值「652」。

```
a, b = 147, 652    #宣告變數 a = 147, b = 652
print(a if a > b else b)
```

例三：購物金額大於 1200 元時打 9 折，未達此金額就沒有折扣。

```
amount = 1985   # 輸出：1786.5
print(amount*0.9 if amount > 1200 else amount)
```


範例《CH0503.py》

滙入 random 模組，使用方法 rnadint() 來隨機產生 0~9 數字，大家來猜一猜！

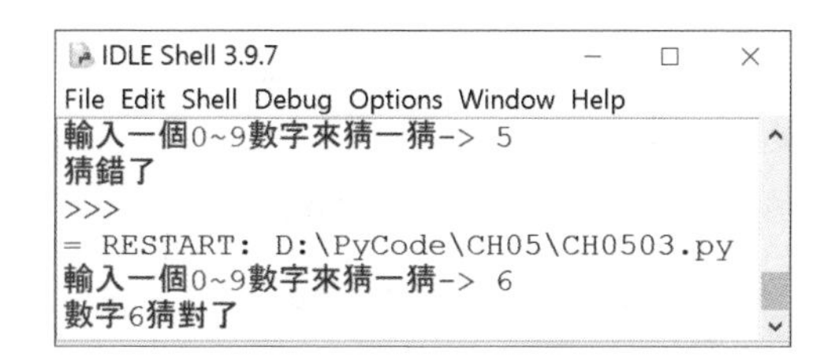

程式碼

```
01 import random   # 滙入亂數模組
02 # 使用三元運算子 X if C else Y
03 num = random.randint(0, 9) # 產生 0~9 數字
04 guess = eval(input('輸入一個 0~9 數字來猜一猜 -> '))
05 print(f'數字{guess}猜對了'
06     if num == guess else '猜錯了')
```

◈ 方法 randint() 會依據指定的參數，依其區間隨機產生整數值。

5.2 更多選擇

在限定條件下有更多選擇時，該如何做？使用巢狀 if 可能會讓程式可讀性降低不少，對於新手也有可能較易出錯。而 Python 也有 if/elif 敘述來豐富更多選擇。

5.2.1 巢狀 if

還是以分數來討論多重選擇。學生成績會因分數不同而有評分等級。「如果是 90 以上就給 A，如果是 80 分以上就給 B…」。依據評分等級，把它列示如右：

評比	分數
A	91 ~ 100
B	81 ~ 90
C	71 ~ 80
D	61 ~ 70
E	60 以下

依據 if 敘述，可以把程式碼撰寫如下：

```
# 參考範例《CH0504.py》
score = 78
if score >= 60:
    if score >= 70:
        if score >= 80:
            if score >= 90:
                print('A')
            else:
                print('B')
        else:
            print('C')
```

```
    else:
        print('D')
else:
    print('E')
```

這種 if 敘述中有 if 的敘述，稱為巢狀 if，表示符合第一層的條件運算，才會進入第二層做條件運算；依此類推！不過對於入門者來說，這種巢狀 if/else 敘述較艱澀、難懂。

Tips 使用巢狀 if/else 敘述要有順序性

- 可以將條件運算由小而大做判斷，如範例《CH0504.py》
- 可以將條件運算由大而小做判斷，如下述簡例：

```
grade = 68
if grade >= 90:
    print('A')
else:
    if grade >= 80:
        print('B')
    else:
        if grade >= 70:
            print('C')
        else:
            if grade >= 60:
                print('D')
            else:
                print('F')
```

5.2.2 if/elif 敘述

是否有更好的方式來處理多重條件，答案是有的。仔細瞧一瞧！是否發現這種巢狀 if 再進一步修改，就跟 if/elif 敘述很接近！

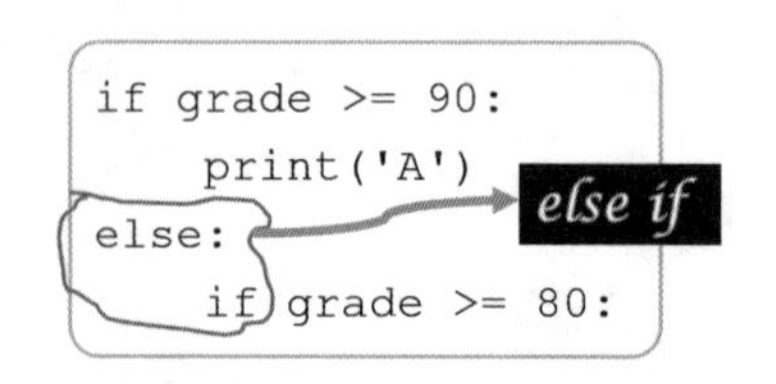

所以，多重選擇下判斷分數等級的另一種方法就是採用 if/elif 敘述，它可以將條件運算逐一過濾，選擇最適合的條件 (True) 來執行某個區段的敘述，它的語法如下：

```
if 條件運算式 1 :
    # 運算式 1_true_suit
elif 條件運算式 2 :
    # 運算式 2_true_suit
elif 條件運算式 N
    # 運算式 N_true_suit
else:
    # False_suit 敘述
```

◈當條件運算 1 不符合時會向下尋找到適合的條件運算式為止。

◈elif 敘述是 else if 之縮寫。

◈elif 敘述可以依據條件運算來產生多個敘述；其條件運算式之後也要有冒號；它會與 True 敘述形成程式區塊。

以 if/elif 敘述修改前一個範例，依分數做成績等級的判斷，簡例如下：

```
# 參考範例《CH0505.py》
if score >= 90:
   print('非常好！')
elif score >= 80:
   print('好成績！')
elif score >= 70:
   print('不錯噢')
elif score >= 60:
   print('表現尚可')
```

```
else:
    print('要多努力！')
```

進行某項條件運算的判斷時，它會逐一過濾條件！假設分數為 78 分，它會先查看是否大於或等於 60，條件成立會再往下查看，它是否大於或等於 70，最後找出最適合的條件運算，利用圖【5-3】說明它的流程。

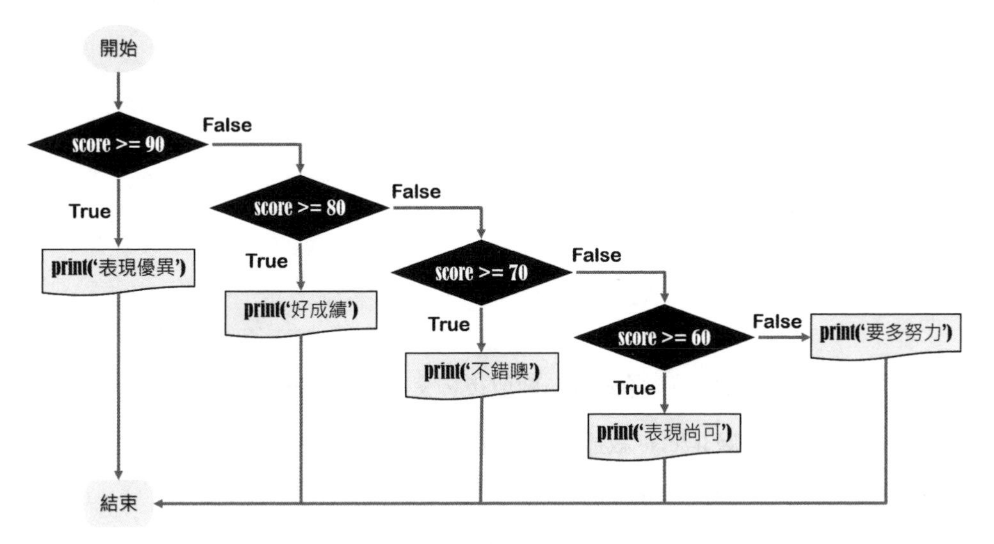

圖【5-3】if/elif 敘述的多重選擇

範例《CH0506.py》

使用 if/elif 敘述判斷月分天數；第一層 if/else 敘述判斷輸入數值是否在 1~12 之間，邏輯運算子 and 須前後條件皆符合才會回傳 True；第二層則以 if/elif 敘述再進一步判斷輸入數值，依其數值顯示某月的天數。

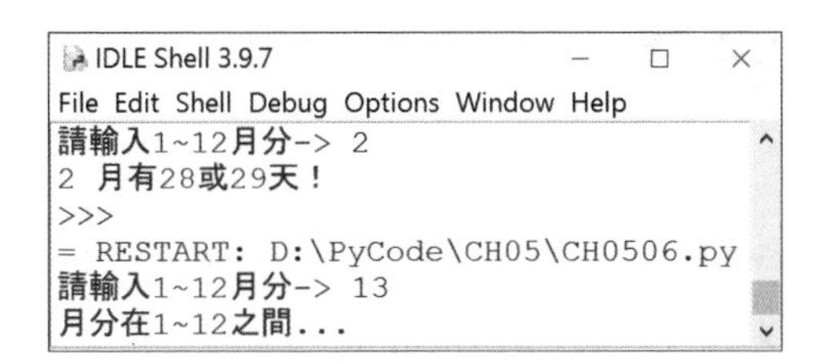

程式碼

```
01 month = int(input('請輸入 1~12 月分 -> '))
02 if month >=1 and month <= 12:   # 第一層 if/else 敘述
03     #第二層 if/elif 多重條件
04     if month == 4 or month == 6 or month == 9 \
05             or month == 11:
06         print(month, '月有 30 天！')
07     elif month == 2:
08         print(month, '月有 28 或 29 天！')
09     else:
10         print(month, '月有 31 天！')
11 else:
12     print('月分在 1~12 之間 ...')
```

◈第 1 行：將輸入值以 int() 函式轉為數值後，交給變數 month 儲存。

◈第 2~12 行：第一層 if/else 敘述，條件運算式「month >=1 and month <= 12」，邏輯運算子 and 須前後條件皆符合才會回傳 True。

◈第 4~10 行：第二層 if/elif/else 敘述，依據輸入數值顯示月分天數。

◈第 4~5 行：條件運算式用 or 運算子串接，判斷數值是否為 4、6、9、11 的其中一個。

◈第 7 行：if/elif 敘述的第二個條件運算，判斷數值是否等於 2。

5.3 傳遞訊息

要傳遞訊息得由字串負責。雖然字串是由字元組成，Python 並未強調字元的獨特性；由字元開啟芝麻的門，了解字串的特色，再對格式化字串有更多認識。

5.3.1 擁有密碼的字元函式

Python 如何表達字元？單或雙引號皆可，其內只能有單一字元，簡例：

```
item = 'P'      # 以單引號建立字元
ch = "y"        # 以雙引號建立字元
```

先認識與字元有關的兩個內建函式。函式 ord() 可查詢某個字元的 ASCII 值，而 chr() 函式能將 ASCII 的值轉換成英文字母，它們的語法如下：

```
chr(i)
ord(c)
```

◈ chr() 函式：將 ASCII 的值轉為單一字元，參數 i 為整數值。

◈ ord() 函式：取得 ASCII 的值，參數 c 指單一字元。

也就是說以 ord() 函式傳入單一字元來取得 ASCII 的值，將此值交給 chr() 函式能轉換成符號或字元，由下述簡例來了解。

```
>>> ord('➊')
10102
>>> chr(10103)
'➋'
>>> for j in range(10):
        print(chr(10102 + j), end = ' ')

➊ ➋ ➌ ➍ ➎ ➏ ➐ ➑ ➒ ➓
```

ord() 函式只能把單一字元轉為 ASCII 的值。所以字元 (的 ASCII 值為「10102」，而 for/in 迴圈讀取由「10102」開始的 ASCII 值，輸出 1~10 的有趣字元。

使用時字元前後要以單或雙引號裹住，不然會顯示「NameError」或「Type Error」的錯誤訊息。

```
>>> ord(W)
Traceback (most recent call last):
  File "<pyshell#19>", line 1, in <module>
    ord(W)
NameError: name 'W' is not defined
>>> ord('3Q')
Traceback (most recent call last):
  File "<pyshell#20>", line 1, in <module>
    ord('3Q')
TypeError: ord() expected a character, but
string of length 2 found
```

什麼是跳逸字元(Escape)？先來看看下述有趣的簡例。

```
>>> print("Ada's age...")
Ada's age...
>>> print('account\name')
account
ame
>>> print('account\\name')
account\name
```

為了輸出字串的單引號，字串得以雙引號裹住。為了標明它是路徑而非換行字元「\n」，必須再加入第2個「\」字元來形成「\\」雙符號，這就是脫逸字元的妙用。為了保留字串中這些特有的符號，表【5-1】列示常用的Escape字元。

字元	說明	字元	說明
\\	倒斜線	\n	換行
\'	單引號	\a	鈴響
\"	雙引號	\b	退後一格
\t	Tab 鍵	\r	游標返回

表【5-1】常用的脫逸字元

範例《CH0507.py》

在字串中使用脫逸字元。

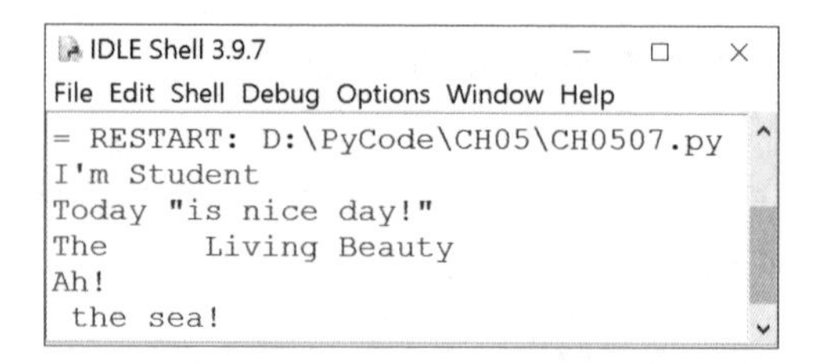

程式碼

```
01 word1 = 'I\'m Student' #使用單引號
02 print(word1)
03 word2 = 'Today \"is nice day!\"' #使用雙引號
04 print(word2)
05 word3 = 'The\tLiving Beauty' #使用 TAB 鍵
```

```
06 print(word3)
07 word4 = 'Ah!\n the sea!' #使用換行符號
08 print(word4)
```

◈第 1、3 行：脫逸字元「\」之後，放入單和雙引號。

◈第 5、7 行：脫逸字元「\t」等同按【Tab】鍵，而「\n」讓後面的文字換新行輸出。

5.3.2 不變應萬變的字串

說起字串，前面的章節已使用過，只是未正式介紹它。字串屬於序列型別，Python 程式語言把它視為容器，將一連串字元放在單引號或雙引數來表示。有什麼特色？

- 內建函式 str() 是 String 的實作型別，將資料轉為字串。
- 配合運算子能串接、複製字元。
- 具有不變性，一經指派無法改變其值。
- 使用 for/in 迴圈讀取字元。

如何建立字串？字串的名稱依然得遵守識別字規範，同樣是以「=」運算子做指派，簡例如下：

```
word1 = ''              # 單引號內無任何字元，表明它是一個空字串
word2 =  "M"            # 雙引號只有單一字元
wrod3 = 'Python'        # 將字串 Python 指定給變數 word3 存放
```

也可以使用內建函式 str() 將資料變更為字串，語法如下：

```
str(object)
```

◈object 代表欲轉換的物件。

例一：

```
str()          # 輸出空字串 ''
str(456)       # 將數字轉為字串 '456'
```

由於字串來自序列型別(Sequence)，先認識與它們有關的內建函式，表【5-2】做簡單列示。

內建函式	說明(S 為序列物件)
len(S)	取得序列 S 長度
min(S)	取得序列 S 元素的最小值
max(S)	取得序列 S 元素的最大值

表【5-2】與序列有關的 BIF

例二：透過內建函式 max()、min() 找出字串中，ASCII 值的最大、最小值。

```
word = 'Python'     # 宣告字串
print(len(word))  # 字串長度「6」
print(max(word))  # ASCII 值「121」
print(min(word))  # ASCII 值「80」
```

例三：函式 len() 取得某個字串長度時，字串中若有空白字元或其他符號，也會包含在內：

```
message = 'Hello! Python。'
len(message)    # 字串長度「14」
len('World')    # 字串長度「5」
```

◈字串 message 有半形的空白字元、「！」和全形的句點「。」；由於 Python 本身支援 Unicode-8，所以一視同仁，以值「14」回傳。

◈由於字串本身也屬於物件，直接呼叫 len() 函式來取得字串長度是可行的。

字串具有不可變(immutable)特性，將變數 word1、word2 都指向同一個字串，表示它參照到同一個物件，所以 id() 函式會回傳相同的識別碼(表示兩者指向同一個記憶體位址)。

```
word1 = word2 = 'Python'
# 輸出相同位址 1558633753328, 1558633753328
print(id(word1), id(word2))
```

將字串不可變的概念延伸，變數 word 先指向「First」字串；再指向字串「Second」時，原來的字串「First」並無任何的物件參照，就會被標示待回收對象，透過記憶體的回收機制把它清除。想要清楚知道變數 First 和 Second 的身份是否相同，BIF(內建函式)的 id() 函式會回傳不同的識別碼可佐證。

```
word = 'Python'; id(word)        # 回傳 1558633753328
>>> word = 'Hello'; id(word)     # 回傳 1558668578352
```


5.3.3 字串與運算子

對於 Python 來說，字串可以拆解，具有前後順序的關係，也其配合其他運算子來呈現不同的風 。例一：以「+」運算子串接多個字串：

```
wd1 = 'Key'; wd2 = 'Word'      # 宣告變數
print(wd1 + wd2)               # 輸出 KeyWord
print(wd1 + ' ' + wd2)         # 輸出 Key Word
rom = 'Room'
num = 2005
print(rom + str(num)) # 以函式 str() 轉為字串，輸出 Room2005
```

◈ 以半形「+」符號串接變數 wd1 和 wd2。再以兩個半形「+」符號配合空白字元串接，所以輸出「Key Word」。

使用「+」運算子，前後的運算元必為相同的型別，以前述來說，把變數 word(字串)、num(數字)串接時會產生錯誤。

```
IDLE Shell 3.9.7
File  Edit  Shell  Debug  Options  Window  Help
>>> word = 'Room'; num = 2005
>>> word + num
Traceback (most recent call last):
  File "<pyshell#2>", line 1, in <m
odule>
    word + num
TypeError: can only concatenate str
(not "int") to str
```

例二：「*」字元能把單一字元或字串相乘，簡例如下：

```
>>> w3 = '='
>>> w3 * 20
'===================='
>>> w4 = 'Python..'
>>> w4 * 2
'Python..Python..'
```

例三：[] 運算子取得指定字元。

```
>>> day = 'Monday'
>>> day[0] + day[3]
'Md'
>>> day[2], day[3]
('n', 'd')
```

◈以「+」運算子可以將字元串接，輸出「Md」。

◈「,」符號則將指定的字元之間填上空白字元，以 Tuple 輸出 ('n', 'd')。

上述簡述說明字串具有順序性，其索引值的編號由「0」開始，標示如下：

字串	M	o	n	d	a	y
索引	0	1	2	3	4	5

字串的奇妙之處我們可以任意揮灑，以自己的方式輸出較長的字串。它能利用三重單或雙引號把多行字串固定其輸出模式。例四：

```
>>> poem = '''
但 願 人長久,
千里 共 嬋娟。
'''
>>> print(poem)

但 願 人長久,
千里 共 嬋娟。

>>> |
```

「doc string」(文件字串) 以三重雙引號所表示的字串變數，它的特別之處是它能依使用者的格式來輸出，所以字串變數 poem 輸出時會前後都有空白行。

字串既然由字元一個個串成，屬於序列型別，那麼以 for/in 迴圈讀取字串呢？想必大家已發現了這個秘密，順道複習一下吧！

```
word = 'Second'
for item in word:
    print(item, end = ' ')   # 輸出S e c o n d
```

想要取得字串的索引編號，可呼叫內建函式 enumerate() 來協助，語法如下：

```
enumerate(iterable, start = 0)
```

◈iterable：可迭代者，表示字串、串列、序對皆可適用。

◈start：設定索引編號起始值，預設值為 0。

範例《CH0508.py》

for/in 迴圈配合 enumerate() 函式取得每個字元的索引。

```
= RESTART: D:\PyCode\CH05\CH0508.py
index  char
------------
  (0, 'P')
  (1, 'y')
  (2, 't')
  (3, 'h')
  (4, 'o')
  (5, 'n')
```

程式碼

```
01 name = 'Python'
02 print('%5s'% 'index', '%5s'% 'char')
03 print('-'*12)
04 for item in enumerate(name):
05     print(' ', item)
```

◈第 2 行：設定標頭 index、char 輸出格式。

◈第 4~5 行：for/in 迴圈加上 enumerate() 函式，其參數為 name，就能輸出每個字元的索引值。

5.3.4 把字串做切片

由於字串中的字元具有順序性，利用 [ ] 運算子擷取字串的某個單一字完或者某個範圍的子字串，稱為「切片」(Slicing)；以表【5-3】簡介其運算。

運算	說明 (s 表示序列)
s[n]	依指定索引值取得序列的某個元素
s[n : m]	由索引值 n 至 m-1 來取得若干元素
s[n:]	依索引值 n 開始至最後一個元素
s[:m]	由索引值 0 開始，到索引值 m-1 結束
s[:]	表示會複製一份序列元素
s[::-1]	將整個序列元素反轉

表【5-3】運算子 [ ] 做存取

簡單地說，字串的切片運算配合 sequence() 函式有三種語法能加以運用：

```
sequence[start:]
sequence[start : end]
sequence[start : end : step]
```

◈參數 start、end、step 皆表示索引編號，只能使用整數。

◈step 又稱 stride(早期的 Python 版本)，為增減值。

先宣告一個字串變數「word = correspond with」，它能使用正、負索引編號。index 值由第一個字元 (左邊) 開始，是從 0 開始，若是從最後個一個字元 (右邊) 開始，則是從 -1 開始。列示如下：

string	c	o	r	r	e	s	p	o	n	d		w	i	t	h
index	0	1	2	3	4	5	6	7	8	9	10	11	12	13	14
-index	-15	-14	-13	-12	-11	-10	-9	-8	-7	-6	-5	-4	-3	-2	-1

字串做部份切片時，索引從左邊開始，包含 start 值，稱「下邊界」(lower bound)；至右邊結束，但不包含 end 值，稱「上邊界」(upper bound)，所以索引值是「end - 1」。

例一：以部份切片來取得某個範圍的子字串。

```
word = 'correspond with'
word[:]        # 輸出所有字元 'correspond with'
word[3:7]      # 取索引 3~6 共 4 個字元 'resp'，
word[11:15]    # 'with'
```


Tips 部份切片能提供邊界 (Bound)

word[11 : 15] 做運算時索引 16 並不存在，為什麼沒有出錯？那是 Python 提供邊界的作法。

- 為了讓部份切片能包含序列的最後一個元素，Python 將最後一個元素設成「邊界」並提供下一個索引編號可供讀取。

例二：為了取得序列的最後一個元素，把參數 end 省略。

word = 'What fun we had'
word[5:] # 就是 word[5:15]，輸出「fun we had」

String	W	h	a	t		f	u	n		w	e		h	a	d
index	0	1	2	3	4	5	6	7	8	9	10	11	12	13	14

例三：省略參數 start，索引值從 0 開始取 5 個字元。

word[:5] # 就是 word[0:4]，輸出「What」

String	W	h	a	t		f	u	n		w	e		h	a	d
index	0	1	2	3	4	5	6	7	8	9	10	11	12	13	14

Python 擷取子字串時所給予的索引範圍是 [5:8]，相當於「8-5 = 3」，只有 3 個字元，其索引編號 [8] 的字元不會包含在內。例四：

word[5:8] # 就是索引編號 5~8，取出 3 個字元「fun」

String	W	h	a	t		f	u	n		w	e		h	a	d
index	0	1	2	3	4	5	6	7	8	9	10	11	12	13	14

切片運算可加入參數 step 做間隔來提取字元，此處要注意 step 的值不能為「0」，否則會引發「ValueError」錯誤！

```
>>> word[3:15:2]
'tfnw a'
>>> word[3:15:0]
Traceback (most recent call last):
  File "<pyshell#27>", line 1, in <module>
    word[3:15:0]
ValueError: slice step cannot be zero
```


step 為 2，表示每隔 2 個字元做提取。例五：

word[3 : 15 : 2] # 取出 5 個字元和 1 個空白字元「tfnw a」															
String	W	h	a	t		f	u	n		w	e		h	a	d
index	0	1	2	3	4	5	6	7	8	9	10	11	12	13	14

前面的作法皆以正值索引做字元切片，如果使用負值索引會有什麼不一樣？例六：

```
word[-6:]     # 回傳 'we had'，省略 end 參數，取索引 -6 以後的字元
word[::-1]    # 回傳 'dah ew nuf tahW'
word[::-3]    # 回傳 'd  fa'
```

◈ 使用「word[: : -1]」表示 start 和 end 的索引值皆被省略，而 step 以 -1 為起始位置，每個字元皆做提取，從尾端朝頭部做計算，所以將字元反轉。

◈ word[: : -3] 也是由尾至頭做字串翻轉，由索引編號 -1 開始，每間隔 2 個字元提取，產生「d fa」，中間提取了 2 個空白字元，結果如下。

word[::-3] # 輸出「d fa」															
String	W	h	a	t		f	u	n		w	e		h	a	d
-index	-15	-14	-13	-12	-11	-10	-9	-8	-7	-6	-5	-4	-3	-2	-1

這種利用負值索引提取字元的方法稱為「Stride slices」，常應用於序列型別，用於字串就是把字串反轉。

Tips 執行片運算，第 3 個參數「step」，其正、負值，表示不同方向

- word[2 : 13 : 3]；step 為正值，從左而右擷取字元。
- word[: : -3]；step 為負值，從右而左做字元擷取動作。

5.4 格式化字串

撰寫程式碼時，為了讓輸出的資料更容易閱讀，會進行相關的格式處理，這就是格式化的作用。Python 提供三種方法：

- Python 早期版本，% 運算子配合「轉換指定形式」能把字串格式化。
- 內建函式 format() 配合旗標、欄寬、精確度和轉換指定形式處理單一數值格式。
- 建立字串物件後呼叫 format() 方法，在大括號 {} 設定格式碼，它能配合欄名做置換。

5.4.1 格式運算子 %

格式化字串利用 % 運算子產生「格式字串」是 Python 較早期的用法；不過它簡單、易上手，先認識它的語法：

```
格式字串 % 物件
```

◈ 格式字串：由於本身是字串，前後要加單或雙引號；字串裡頭以 % 格式運算子做起頭，標註轉換指定形式是數值還是字串。

◈ 物件：配合轉換指定形式，它可能變數、數值或字串，如圖【5-4】所示。

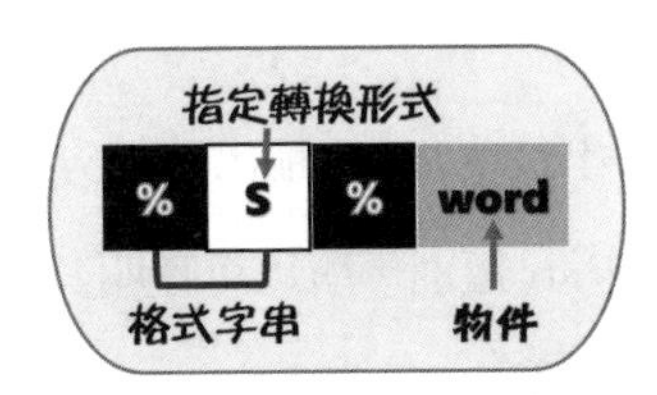

圖【5-4】% 運算子格式化物件

格式字串裡使用的 % 運算子，要配合轉換指定形式，以表【5-4】列舉其內容。

轉換指定形式	說明
%%	輸出資料時顯示 % 符號
%d, %i	以十進位輸出資料
%f	將浮點數以十進位輸出
%e, %E	將浮點點以十進位和科學記號輸出
%x, %X	將整數以 16 進位輸出
%o, %O	將整數以 8 進位輸出
%s	使用 str() 函式輸出字串
%c	使用字元方式輸出
%r	使用 repr() 函式輸出

表【5-4】轉換指定形式字元

除了指定轉換形式字元，格式字串還可以加入旗標、欄寬和精確度來配合轉換指定形式，語法如下：

```
%[flag][width][.precision] 轉換指定形式
```

◈ flag：配合字串函式，設定輸出格式，可參考表【5-4】。

◈ width：欄寬，設定欲輸出資料的寬度。

◈ precision：精確度，以浮點數輸出時可指定其小數位數。

% 運算子如何格式化字串？例一：

```
name = 'Mary'
print('%s' % name)     # 以字串形式輸出 Mary
print('%5s' % name)    # 輸出   Mary，前方有一個空白字元
print('%s'.center(10, '-') % name)    #----Mary----
```

◈「5s」指字串欄寬為 5，字串長度為 4，輸出時前方有一個空白字元。

◈ 由於單引號內為字串，實作 str 類別，所以可呼叫其方法 center() 做欄寬的設定，並以「'-'」補於空白處。

- 「%5s」表示欄寬為 5，字串會靠右對齊，所以空出最左側的欄位。
- 「%-5s」表示欄寬為 -5，字串會靠左對齊，所以空出最右側的欄位。

例二：輸出的物件是整數值。

```
number = 154
print('%d' % number)     # 整數值，輸出 154
print('%5d' % number)    #     154
print('%05d' % number)   # 00154
```

◈ 欄寬設為 5，輸出時，前方 2 位以空白字元補上，再輸出數值 154。

◈ 設「%05」，設欄寬為 5，前方 2 個補「0」字元，輸出時就成為「00154」。

例三：處理物件是浮點數值，% 運算子要如何配置？除了欄寬，還可以加上「precision」(精確度)。

```
import math    #匯入 math 模組
PI = math.pi   #取得 PI(圓周率)
print('%f' % PI)        # 直接輸出 PI 值 3.141593
print('%1.4f' % PI)     # 3.1416，輸出 4 位小數
print('%8.4f' % PI)     #     3.1416
```

◈ 整數 1 位、小數 4 位，加上小數點，合起來共 6 位，所以「8-6」還餘 2 位，前方補上 2 個空白字元後再輸出 PI 值。

範例《CH0509.py》

使用 % 運算子來格式化字串。

```
IDLE Shell 3.9.7
File Edit Shell Debug Options Window Help
==== RESTART: D:\PyCode\CH05\CH0509.py ===
請輸入你的名字：Tomas
輸入購買杯數：7
Hi!      Tomas
飲料 NT$   315
```

程式碼

```
01 blackTea = 45
02 name = input('請輸入你的名字：')
03 qty = int(input('輸入購買杯數：'))
04 print('Hi! %-12s' % name)
05 if qty >= 10:
06     total = qty * blackTea * 0.9
07     print('飲料 NT$ %4.2f' % total)
08 else:
09     total = qty * blackTea
10     print("飲料 NT$ %4d" % total)
```

◈第 4 行：% 運算子配合字串的輸出，會靠右齊，左側有空白字元。

◈第 7 行：% 運算子配合浮點數的輸出，它會輸出含有小數 2 位的數值。

◈第 10 行：% 運算子配合整數的輸出，以欄寬為 4 來輸出數值。

5.4.2 內建函式 format()

Python 3.X 之後的版本，想要針對單一資料做格式化，可以呼叫 BIF 的 format() 函式，使用者依據資料所處位置進行資料格式化。其語法如下：

```
format(value[, format_spec])
```

◈value：欲格式化的數值或字串。

◈format-spec：格式字串。

有那些指定格式？它包含填充、對齊、欄寬、千位符號、精確度和轉換類型。

- 填充：若是字串的欄寬夠寬，可加入填充字元，包含「#、0、-、」等。
- 對齊：設定字串的對齊方式，有靠左、置中、靠右等，也必須欄寬夠寬才能看出其效果。
- 欄寬：欲輸出資料給予的寬度。
- 精確度：使用於浮點數，可設定輸出的小數位數。

表【5-5】介紹 format() 函式中參數 format-spec 的旗標。

旗標字元	說明
'#'	配合十六、八進位做轉換時，可在前方補上空白字元
'0'	數值前補 0
'-'	靠左對齊，若與 0 同時使用，會優於 0
' '	會保留一個空格
>	向右對齊
<	向左對齊

表【5-5】format() 函式的旗標

輸出的資料可利用旗標字元「>」或「<」來靠左或靠右對齊！當然還得配合欄寬的設定才能有明確效果，藉由下述簡例做說明。

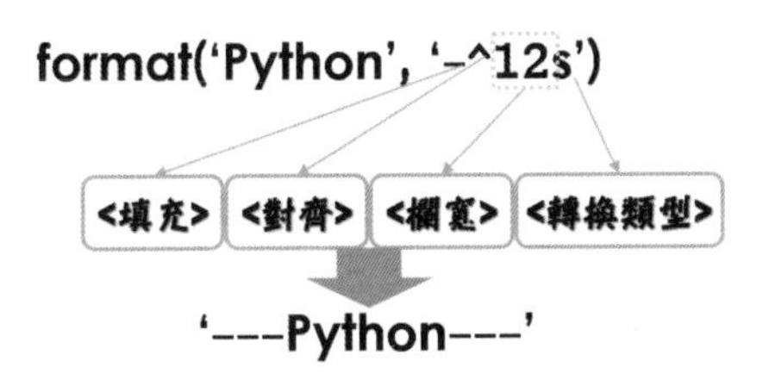

圖【5-5】format() 函式的字串格式

Word = 'Python'　　# 宣告字串變數 format(word, '-^12s') # 欄寬為 12，置中對齊											
-	-	-	P	y	t	h	o	n	-	-	-
1	2	3	4	5	6	7	8	9	10	11	12

以 format() 函式處理浮點數，簡例如下：

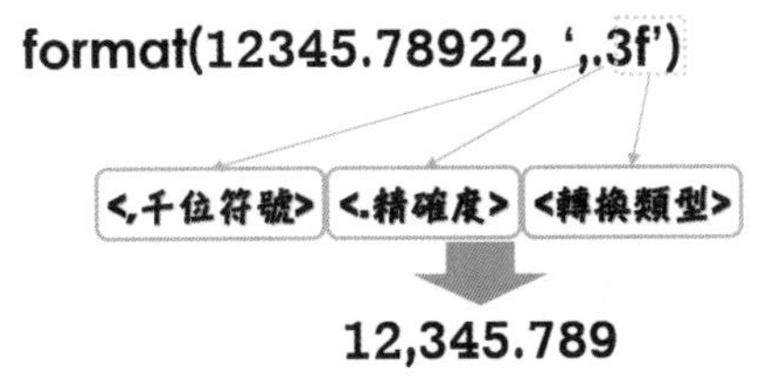

浮點數中的整數部份會有千位符號，小數位數保留 3 位小數。

05 程式也有選擇權

範例《CH0510.py》

依據輸入薪資，扣除稅額後，配合 format() 函式來輸出格式。

```
IDLE Shell 3.9.7
File Edit Shell Debug Options Window Help
= RESTART: D:\PyCode\CH05\CH0510.py
請輸入薪資-> 32564
薪資：          32564
扣除額 =        1,953.84
實領薪資：NT$ 30,610.16
```


程式碼

```
01 salary = int(input('請輸入薪資 -> '))
02 if salary >= 28000:   # 依據薪資扣除稅額
03     tax = salary * 0.06
04 elif salary >= 32000:
05     tax = salary * 0.08
06 else: # < 28000 不扣稅
07     tax = 0
08 income = salary - tax #實領薪資
09 print('薪資：' , format(salary, ' >12d'))
10 print('扣除額 = ', format(tax, '>12,.2f'))
11 print('實領薪資：NT$', format(income, '>6,.2f'))
```

◈第 2~7 行：if/elif/else 敘述判斷薪資應扣除的稅額；金額未大於 28000 元就不扣稅，以 else 敘述做處理。

◈第 9 行：format() 函式處理整數輸出的格式：欄寬為 12，靠右對齊，前方 (左) 補空白字元。

◈第 10 行：format() 函式處理浮點數輸出的格式：靠右對齊，欄寬 12，有千位符號，數值含 2 位小數，。

5.4.3 str.format() 方法

格式化字串除了 BIF 的 format() 函式之外，輸出的資料有多項，還可以由字串物件配合 format() 方法，以大括號 {} 置放格式碼，依據位置、關鍵字置換欄名，搭配資料做不同格式的輸出。大括號 {} 的索引編號由「零」開始，依此類推。例一：

```
name = 'Eric'
salary = 35127
print('{0}, 薪資：{1}'.format(
    name, salary))    # 輸出Eric, 薪資：35127
```


◈字串物件中以大括號 {} 表示欄位，配合 format() 方法來對應欲輸出物件，透過下圖【5-6】解說之。

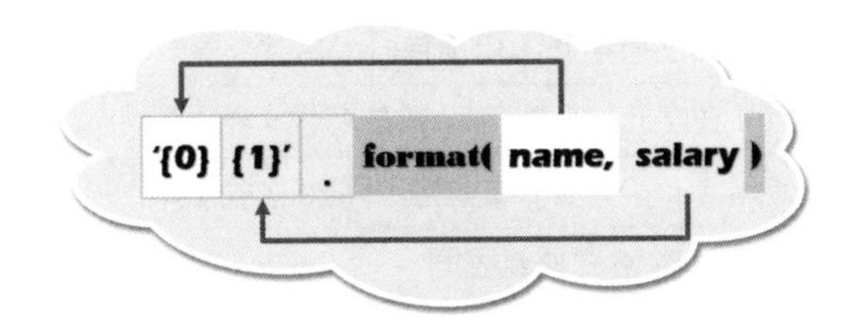

圖【5-6】format() 方法

表示字串「name」會帶入欄名 1(即大括號 {0})，而變數 salary 則會帶入欄名 2(即大括號 {1})，分別輸出所儲存的值。那麼大括號中除了存放欄名之外，還可以搭配其他參數做不同的組合輸出，它的語法如下：

```
{ 欄名 }
```

◈欄名：大括號裡可以使用位置和關鍵字做參數傳遞。

◈位置參數使用索引編號，由「0」開始；關鍵字引數搭配變數。無論是那一種皆可以交替使用。

◈關鍵字引數要以「變數 = 變數值」帶入大括號之中。

大括號 {} 內索引編號並無順序性，習慣由小而大，重要之處是要跟 format() 函式的引數產生對應。例二：索引編號是由大而小。

```
# 輸出Three, Two, One
print('{2}, {1}, {0}'.format('One', 'Two', 'Three'))
```

```
# 輸出 Three, Two, One
print('{2}, {1}, {0}'.format('Three', 'Two', 'One'))
```

此外，欄名亦可配合指定轉換形式來輸出，語法如下：

```
{ 欄名 : format-spec}
```

◈ format-spec 就是「<填充><對齊><欄寬><, 千位符號><. 精確度><轉換類型>」；表【5-6】做說明

format-spec	說明
fill	可填補任何字元，但不包含大括號
align	以 4 種字元做對齊① < 靠左；② > 靠右；③ = 填補；④ ^ 置中
sign	使用「+」、「-」或空格，同 % 格式字串
#	用法與 % 格式運算子同
0	用法與 % 格式運算子同
width	以數值表示欄寬
,	千位符號，就是每 3 位數就加上逗點
.precision	精確度，用法與 % 格式運算子同
typecode	用法與 % 格式運算子幾乎相同；參考表 5-4

表【5-6】format() 方法轉換指定形式

format() 方法的欄名，也能指定「變數 = 變數值」，配合 format-spec 做格式化輸出；一起了解它們的用法。

例三：先設好變數值，再做格式化而輸出「'Vicky, 35,247'」。

```
name = 'Vicky'
salary = 35247
print('{0}, {1:,d}'.format(name, salary))
```

◈「{1:,d}」表示輸出的整數值含有千位符號，即「35,247」。

例四：使用兩個關鍵字引數，採用「變數 = 變數值」作法。

```
# --Eric-- NT$35,247
print('{name:-^8} NT${salary:,}'.format(
    name = 'Eric', salary = 35247))
```

◈大括號 {} 必須指明引數名稱，format() 也必須使之對應。

◈「{name:-^8}」設字串置中對齊，欄寬為 8、空白處補「-」字元。

以 format() 處理格式時，欄寬與千位分號順序不能擺錯，若位置有誤會發生錯誤。

```
>>> '{: 10d}'.format(123456) # 數值前方補空白
'    123456'
>>> '{:,}'.format(123456) # 加千位分號
'123,456'
>>> '{:,10}'.format(123456) # 發生錯誤
Traceback (most recent call last):
  File "<pyshell#3>", line 1, in <module>
    '{:,10}'.format(123456) # 發生錯誤
ValueError: Invalid format specifier
```

◈「{0:　10d}」表示寬欄為 10，數值前方以空白字元填充。

◈「{0:,10}」寬欄與千位符號並用，顯示「ValueError」錯誤。必須以「{0:10,}」才能讓欄寬和與千位符號同時使用。

範例《CH0511.py》

使用 math 模組來滙入 PI 值，再 str.format() 方法處理圓面積的浮點數。

```
IDLE Shell 3.9.7
File Edit Shell Debug Options Window Help
= RESTART: D:\PyCode\CH05\CH0511.py
輸入半徑值-> 143
PI = 3.141592653589793
圓面積 = 64,242.428
```

程式碼

```
01 import math    # 匯入 math 模組
02 radius = int(input('輸入半徑值 -> '))
03 print('PI = {0.pi}'.format(math))  # 輸出 PI 值
04 area = (math.pi) * radius ** 2    # 計算圓面積
05 print('圓面積 = {0:,.3f}'.format(area))
```

◈第 3 行：format() 函式呼叫 math 類別，以屬性 { 0.pi } 輸出 PI 值。

◈第 5 行：「{0:,.3f}」圓面積的值其整數部份含有千位符號，含 3 位小數輸出。

Python 在 3.6 版本之後，新增「格式字串字面值」(A formatted string literal) 或稱「f-string」。它以「f」或「F」為前導字元，同樣配合大括號 {} 來使用，但大括號裡存放的是變數名稱。語法如下：

```
f'{ 變數名稱 :format-spec}'
```

◈format-spec：其定義的規格與 str.format() 方法相同。

嘗試把範例《CH0511.py》以 f-string 格式做修改：

```
print('PI = {0.pi}'.format(math))
print(f'PI = {math.pi}')
print(' 圓面積 = {0:,.3f}'.format(area))
print(f' 圓面積 = {area:,.3f}')    # 數字編號以變數取代
```

◈原有的 format() 方法就省略了。所以 {area:,.3f} 裡把變數 area 加入千位符號並含小數 3 位輸出。

範例《CH0512.py》

使用 str.format() 方法和 f-string 並配合 for/in 迴圈做格式化輸出。

```
= RESTART: D:\PyCode\CH05\CH0512.py
  x   x*x   x*x*x
--------------------
  1     1       1
  2     4       8
  3     9      27
  4    16      64
  5    25     125
  6    36     216
  7    49     343
  8    64     512
  9    81     729
 10   100   1,000
```

程式碼

```
01 print('{:>3}{:>6}{:>8}'.format('x', 'x*x', 'x*x*x'))
02 print('-'*20)
03 for item in range(1, 11):
04     print(f'{item:3d} {item**2:5d} {item**3:7,d}')
```

◈第 1~2 行：大括號 {} 的格式碼，設定 3 個輸出的數值，欄寬為 3、6、8，全部靠右對齊。

◈第 3~4 行：for/in 迴圈搭配 range() 函式輸出 1~10 之間運算結果，再以 f-string 設定其輸出格式。

章節回顧

- 決策結構依據條件做選擇。處理單一條件時，if 敘述能提供單向和雙向處理；同時，認識由 if/else 構成的三元運算子。
- 多重選擇情形下，使用 if/elif 敘述並以單一結果回傳。
- Python 字元使用單或雙引號括住，其內只能有單一字元。與字元有關的兩個內建函式；ord() 可查詢某個字元的 ASCII 值，而 chr() 函式能將 ASCII 的值轉換成英文字母。
- 字串屬於序列型別，Python 程式語言把它視為容器，將一連串字元放在單引號或雙引數來表示。內建函式 str() 是 String 的實作型別，可以資料轉為字串。
- 字串的特色：①配合運算子能串接、複製字元；②具有不變性，一經指派無法改變其值；③使用 for/in 迴圈讀取字元。
- 「doc string」(文件字串)利用三重單或雙引號把多行字串固定其輸出模式，它的特別之處是它能依使用者的格式來輸出。
- 字串的字元具有順序性，利用 [] 運算子配合「start : end」可取得子字串範圍，稱為「切片」(Slicing)。藉由切片指定索引編號，可取得不同範圍的子字串。
- 格式化字串。方法一利用 % 運算子配合「轉換指定形式」產生「格式字串」。方法二利用內建函式 format() 配合旗標、欄寬、精確度和轉換指定形式單一資料的輸出格式。方法三則以字串物件配合 format() 方法。
- Python 在 3.6 版本之後，新增「格式字串字面值」(A formatted string literal) 或稱「f-string」。它以「f」或「F」為前導字元，同樣配合大括號 {} 來使用，但大括號裡存放的是變數名稱。=

自我評量

一、填充題

1. Python 提供內建函式 ________ 取得 ASCII 的值 ________ 將 ASCII 轉為單一字母。

2. 請解釋這些脫逸字元的作用：「\n」________、「\t」____________、「\'」________。

3. ________________ 是把多行字串利用三重單或雙引號固定其輸出模式。

4. 設字串變數 wd 如下，參考下列索引，填寫答案。

string	H	e	l	l	o	!		P	y	t	h	o	n	!	!
index	0	1	2	3	4	5	6	7	8	9	10	11	12	13	14
-index	-15	-14	-13	-12	-11	-10	-9	-8	-7	-6	-5	-4	-3	-2	-1

① wd[5:] ________________、② wd[7:15] ________________、

③ wd[-5:] __________、④ wd[::-1] ____________________、

⑤ wd[::-3] __________。

5. 依據字串，填寫答案於表格的編號處。

'charles'.upper()	回傳	①
'charles'.isupper()	回傳	②
'CHARLES'.title()	回傳	③
'Charles'.istitle()	回傳	④
'apple'.index('p')	回傳	⑤
'banana'.count('a')	回傳	⑥

6. 要呼叫字串那些方法，才會輸出下列的格式。①________________、②________________、③________________。

'Mary'. ① (12, '*') 'Mary'. ② (12, '-') 'Mary'. ③ (12, '~')	輸出 ① '****Mary****' ② 'Mary--------' ③ '~~~~~~~~Mary'

7. 配合格式運算子 %，填寫下列資料的輸出格式。

print('%#010d' %num)	輸出①
PI = 3.141596 print('%0.2f' %PI)	輸出②

8. 配合 format() 函式，填寫下列資料的輸出格式。其中的

   ①「'>10d'」表示 ______________________；

   ②「'-^10s'」表示 ______________________。

```
③print(format(47288, '>10,d'))
```

   輸出 ____________

   ④輸出 ==Python== ，format() 如何設定？ ______________

9. 使用 str.format() 來填寫下列的輸出格式。

```
print('{2}, {1}, {0}'.format('Eric', 'Mary', 'Peter'))
```

   輸出① ______________________

10. 輸出「++Joson++, 薪資 NT$36,238」，使用 f-string 如何設定其格式化？

二、實作題

1. 使用 if/elif 敘述寫一個程式，輸入西元紀年之後，能判斷它是否為閏年。

   提示：被 4 和 400 整除是閏年，但被 100 整除非閏年。

2. 將實作 <1> 加入迴圈做重覆判斷，按 0 能結束迴圈。

CHAPTER

06

組合不同的資料

學習目標

- 已相識：序列型別的特色及操作
- Tuple 建立元素後不能改變位置
- list() 函式轉換物件，元素位置可變
- 排序：list.sort() 方法和 sorted() 函式
- List 生成式讓程式更簡潔

python

6.1 認識序列型別

要知道電腦的記憶體空間有限。如果是單一資料，使用變數(或者稱物件參照)來處理當然是綽綽有餘。當資料具有連續性又複雜時，使用單一變數來處理可能就捉襟見肘了！

其他的程式語言會以陣列(Array)來處理這些佔有連續記憶體空間的資料，並以相同的資料型別來儲存。Python 則以序列型別將多個資料群聚在一起，依其可變性(mutability)，將序列(Sequence)資料分成不可變(Immutable)和可變(Mutable)，涵蓋的型別利用下圖【6-1】說明：

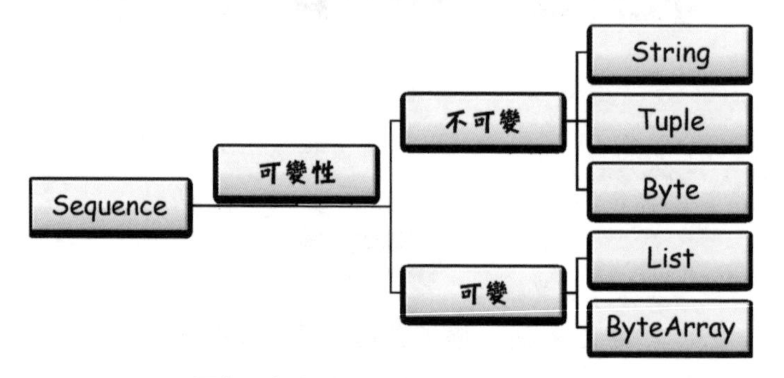

圖【6-1】序列型別分可變和不可變兩種

那麼可變與不可變，究竟有什麼不同？

- 不可變的(immutable)：物件一旦被建立，它的內容或值就是固定不變。如果內容被改變，它會重新指向新的物件，原有物件會等待系統的自動回收。
- 可變的(mutable)：意指變數的值或序列中的元素可以改變，它所指向的物件參考不受影響。

6.1.1 序列型別的特色

如果把序列型別視為容器的話，存放的資料稱為元素(element)；它包含各式各樣的物件，究竟有什麼何特色？下述列舉之。

- 由於它是可迭代物件，表示可使用 for/in 迴圈讀取。

- 利用 [ ] 運算子和索引 (index) 能取得序列的某個元素。
- 支援 in/not in 成員運算子。用它來判斷某個元素是否隸屬 / 不隸屬序列物件。
- 能以內建函式 len()、max() 和 min() 取得其長度或大小。
- 做切片 (Slicing) 運算。

Tips Python 可透過容器 (Container) 做迭代操作。迭代器 (Iterator) 型別是一種複合式資料型別，可將不同資料放在容器內反覆運算。迭代器物件會以「迭代器協定」(Iterator protocol) 做為溝通標準；它有兩個介面 (Interface)：

- Iterable(可迭代者)：透過內建函式 iter()(__iter__) 回傳迭代器物件。
- Iterator(迭代器)：藉由內建函式 next()(__next__) 回傳容器的下一個元素。

6.1.2 序列元素及操作

序列 (Sequence) 資料除了先前學習過的 String(字串)，尚有 List(串列)、Tuple(序對)；一起來學習序列型別的相關操作，這些運算子也曾在第四章介紹過，將它整理於表【6-1】。

運算子	說明 (seq 為序列物件)
seq[index]	[] 中括號內為索引，表達元素儲存的位置
seq[start : end]	取得元素；以索引指定範圍，但不包含 end 的索引
seq1 + seq2	將兩個序列串接
seq * expr	依 expr 將序列重複運算
obj in seq	判斷某個物件 (元素) 是否儲存於序列內
obj not in seq	判斷某個物件 (元素) 是否未儲存於序列內

表【6-1】序列型別使用的運算子

如何建立 List 和 Tuple ？下述簡例做說明。

```
>>> number = [12, 23, 34]
>>> tp = ('Ada', 25817)
>>> type(number), type(tp)
(<class 'list'>, <class 'tuple'>)
```

Tips List? Tuple?

- List 以中括號 [] 表示存放的元素。中文名稱有清單、串列；本書內文儘可能以英文 List 來稱呼它。
- Tuple 以圓括號 () 表示存放的元素。中文名稱有元組、序對，本書內文還是使用英文名稱 Tuple。

想要取得序列指定的元素，除了索引編號外，還得請 [] 運算子來幫忙，語法如下：

```
序列型別 [index]
```

◈使用 [ ](中括號) 運算子標示序列元素的位置，又稱索引 (index)。

◈index：或稱「off set」(偏移量)；只能使用整數值。索引值有兩種表達方式；左邊由 0 開始，右邊則是由 -1 開始。

例一：產生 List 物件。

```
name = ['Mary', 'Eric', 'Judy']
```

已經知悉存放於序列的元素皆有索引，name 為 List 物件，存放了 3 個元素。

元素	Mary	Eric	Judy
索引	[0]	[1]	[2]
索引	[-3]	[-2]	[-1]

例二：使用 [ ] 運算子來存取序列的元素。

```
name[1]    # 輸出 Eric
name[-3]   # 輸出 Mary
```

[ ] 運算子有兩種用法：方法一是取得序列型別的某個元素；方法二是變更某個序列型別所儲存的元素。但方法二只適用於 List 物件。無法改變字串的某個字

元或 Tuple 物件的某個元素；此乃字串、Tuple 物件皆不可變之故。如果不小心以運算子 [] 變更了字串的某個字元，它會發出錯誤的訊息。

```
>>> word[3] #取第4個字元
'h'
>>> word[3] = 'A' #字串是不能更改
Traceback (most recent call last):
  File "<pyshell#8>", line 1, in <module>
    word[3] = 'A' #字串是不能更改
TypeError: 'str' object does not support
item assignment
```


例三：「in /not in」運算子能用來判斷某個元素是否儲存於序列中。

```
number = [11, 22, 33, 44] # List 物件
44 in number          # 回傳 Ture，判斷元素 44 是否存於 number 中
55 in number          # 回傳 False，元素 55 未存於 number 中
55 not in number      # 回傳 True
```

例四：「+」運算子將兩個 List 串接：

```
num1 = [11, 33]       # List
num2 = [22, 44]
print(num1 + num2)    # 回傳 [11, 33, 22, 44]
```

值得注意的地方是「+」運算子相加的對象必須都是 List，否則會發生錯誤。

```
>>> num2 = 'Today'
>>> num1 + num2
Traceback (most recent call last):
  File "<pyshell#11>", line 1, in <module>
    num1 + num2
TypeError: can only concatenate list (not
"str") to list
```

例五：「*」運算子重複運算；也就是把某個序列依 expr 值做多次複製。

```
wd = ['a', 'b', 'c']
print(wd * 2)    # 輸出 ['a', 'b', 'c', 'a', 'b', 'c']
```

◈將 wd 複製兩次，輸出 6 個元素。

例六：內建函式 len()、max() 和 min() 亦能使用。

```
num = [25, 347, 4, 812]
len(num); max(num); min(num)
```

◈len() 函式回傳 num 的長度是 4。

◈max() 函式找出 num 最大的元素，所以是 812。

◈min() 函式找出 num 最小的元素，所以是 4。

6.2 Tuple

序列型別的 Tuple(中文稱序對或元組) 物件，其元素具有順序性但不能任意更改其位置。如何建立 Tuple ？它以括號 () 來存放元素；使用 for/in 或 while 迴圈讀取內容，內建函式 tuple() 可將「可迭代物件」轉換成 Tuple 物件。

6.2.1 建立 Tuple

以括號建立 Tuple 物件在前一節已稍微提過，它所存放的元素，同樣是以索引來對應存放元素的位置；例一：認識 Tuple 物件。

```
()          # 表示空的 Tuple
tp = ()     # 建立空的 Tuple
```

由於括號可存放數值，為了區別括號內的資料是 Tuple 元素或是數值，當 Tuple 只有一個元素，會在元素之後加上「,」(半形逗點) 來避開困擾。

```
>>> x = (56,); y = (56)
>>> type(x), type(y)
(<class 'tuple'>, <class 'int'>)
```

◈變數 x 是 tuple 物件，只有 1 個元素，避免被誤認是數值，加上「,」。

◈變數 y 則是存放 int 型別，type() 函式可指出變數 x 和 y 之不同。

由於 Python 是個語法靈活的程式語言，產生 Tuple 物件時，可以允許使用者將括號省略，這樣的作法會在後續的討論中常看到。

例二：Tuple 元素與元素之間要用逗點（半形）隔開，若是字串前後要使用單引號或雙引號做分辨。

```
('Eric', 'Tom', 'Judy')       # 建立沒有名稱的 Tuple
data = ('A03', 'Eric', 25)  # 給予名稱的 Tuple 物件
data = 'A03', 'Eric', 25      # 無小括號，也是 Tuple 物件
```

◈Tuple 物件可擺放不同型別的元素。

6.2.2 內建函式 tuple

內建函式 tuple() 可將 List 和字串轉換成 Tuple，語法如下：

```
tuple([iterable])
```

◈iterable：可迭代者。

tuple() 函式只能轉換可迭代物件，如果給予一般數值，會發生「TypeError」！如何轉換？例一：

```
wd = 'world'           # string
print(tuple(wd))       # 輸出 ('w', 'o', 'r', 'l', 'd')
num = [25, 47, 652] # List
print(tuple(num))      # 輸出 (25, 47, 652)
```

◈字串 wd 轉換成 Tuple 物件時會被拆解成單一字元。

◈List 物件本身屬於可迭代者物件，可轉換成 Tuple 物件。

Tuple 的元素可以不同型別的資料組成。同樣地，承接序列型別的作法，每個元素的索引編號左邊由 [0] 開始，右邊則是由 [-1] 開始，參考下面說明。

元素	'Mary'	65.78	2017
索引	[0]	[1]	[2]
索引	[-3]	[-2]	[-1]

由於 Tuple 是不可變動 (Immutable) 的物件，這意味著產生 Tuple 元素之後，不能變動每個索引所指向的參考物件。若嘗試透過索引編號來改變其值，直譯器會顯示「TypeError」的錯誤訊息。

```
>>> num = (25, 37, 51)
>>> num[0] = 84
Traceback (most recent call last):
  File "<pyshell#2>", line 1, in <module>
    num[0] = 84
TypeError: 'tuple' object does not support
item assignment
```

既然 Tuple 物件無法變更索引編號所指向的物件，所以跟序列別有關的方法，例如：append()、remove() 和 insert() 方法也就不能使用；否則會發生錯誤。

6.2.3 Index() 和 count() 方法

其實上述的錯誤，有個小方式來避開。建立 Tuple 物件之後，按下「.」會發現它只有 index() 和 count() 兩個方法可用。

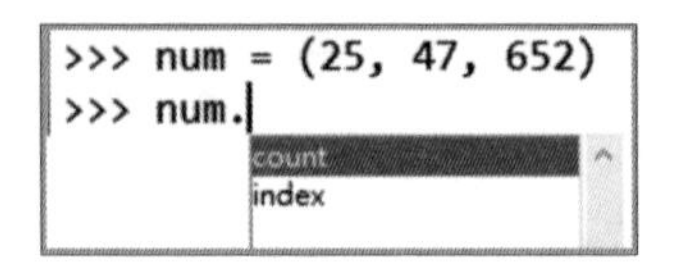

例一：count() 方法是用來統計某個元素出現的次數。

```
number = 25, 33, 164, 25, 81        # Tuple
print(number.count(25))             # 輸出 2
```

index() 方法只會回傳某個元素第一次出現的索引編號；方法中還有其他參數，語法如下：

```
index(x, [i, [j]])
```

◈x 指 tuple 物件的元素，不能缺少。

◈i、j：選擇參數，由 i 起頭的索引；再以 j 為結束索引。

例二：要讓 Tuple 物件能取得最後一個元素「57」的位置（索引編號），第一個方式是直接以元素來回傳；第二個方式是加入邊界值。

```
tp = 38, 81, 642, 57
print(tp.index(57))          # 給予元素來取得位置，回傳索引 3
print(tp.index(57, 2, 4))  # 三個參數全設，4 為邊界值，得索引「3」
# 三個參數全設，找尋時不含索引 3，所以產生錯誤
print(tp.index(57, 0, 3))
```


範例《CH0601.py》

index() 方法讀取 Tuple 元素的位置。

```
= RESTART: D:\PyCode\CH06\CH0601.py
串接兩個Tuple (22, 44, 11, 33)
('Mary', 'look at', ' Tom')

數值      索引
--------------
第1個14     1
第2個14     3
   117     4
```

程式碼

```
01 tp1 = 22, 44; tp2 = (11, 33)
02 print('串接兩個 Tuple', tp1 + tp2)    # 串接 tp1 和 tp2
03 tp3 = 'Mary', 'look' + ' at', ' Tom'
04 print(tp3)
05 print('\n 數值       索引 ')
06 print('-' * 14)
07 data = 38, 14, 45, 14, 117  # 建立 Tuple，使用 index() 方法
08 print(f' 第 1 個 14{data.index(14):5}')
09 #index() 方法從索引編號 2 開始
10 print(f' 第 2 個 14{data.index(14, 2):5}')
```

```
11 # 搜尋最後一個要加入邊界值
12 print(f'   117{data.index(117, 0, 5):5}')
```

◈第 3 行：產生 Tuple 物件的同時，利用「+」運算子將左、右的元素串接在一起。

◈第 8 行：Tuple 物件中找出數值 14，index() 方法回傳的位置為索引「1」。

◈第 10 行：由索引編號 2 到最後，回傳第 2 個 14 的位置。

◈第 12 行：使用 index(117, 0, 5) 時，得加入邊界值才能回傳 117 的位置。

6.2.4 讀取 Tuple 元素

那麼要如何讀取 Tuple 元素？此處還是採用「迭代」(iteration) 作法，由於讀取元素的動作是『一個接著一個』，所以非 for/in 迴圈莫屬囉。

例一：

```
num = 38, 81, 642, 57         # Tuple
for item in tp:
    print(item, end = ' ')    # 輸出 38 81 642 57
```

◈以 for/in 迴圈讀取的項目「item」，print() 函式直接輸出 item。

大家一定想到 while 迴圈可行嗎？以它讀取 Tuple 元素時，除了以 len() 函式取得其長度，還要有計數器做累計。要顯示索引和它指向的元素，要如此敘述：

```
index 序列型別[index]
```

例二：while 迴圈讀取 Tuple 元素並輸出索引編號。

```
# 參考範例 <CH0602.py>
item = 0
name = 'Mary', 'Joson', 'Eric', 'Judy'   # Tuple
while item < len(name):   # while 迴圈讀取元素
   print(item, name[item])
   item += 1
```

◈ 由於變數 item 可當作計數器來使用，所以要設初值「item = 0」。

◈ 條件運算式中 item 的值須小於 name 的長度，才會去讀取 name 元素。

◈ 要讓 while 迴圈去讀取下一個元素，必須移動計數器，所以「item += 1」。

◈ 使用 print() 函式輸出時，第一個「item」是索引；第二個 item 是指向索引編號所存放的元素。

那麼 for 迴圈如何以索引編號來輸出元素？藉助 len() 函式先取得 Tuple 長度，再以 item 為計數器，每讀取一個就計量加 1，參考圖【6-2】。

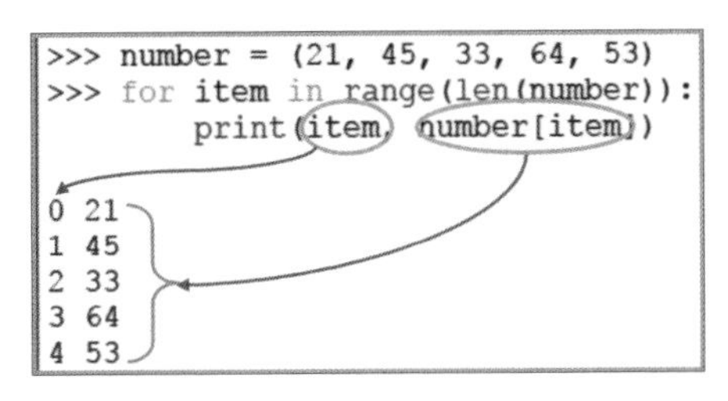

圖【6-2】for 迴圈讀取 Tuple 物件的元素

範例《CH0603.py》

先前的 Turtle 繪製的螺旋圖都是單色，可利用 for/in 迴圈讀取 Tuple 元素，以 Tuple 來儲存 4 個顏色，如何取得每個顏色值？使用 % 運算子來取餘數，「Tuple 物件 [num % 4]」。

程式碼

```
01 import turtle
02 turtle.setup(300, 300)
```

```
03 turtle.bgcolor('#363636')    # 設背景為深灰
04 ps = turtle.Turtle()         # 產生一支畫筆
05 colors = ('Red', 'LightGreen', 'Yellow', 'Blue')
06 ps.pensize(2)      # 設畫筆大小
07 for num in range(100):       # 以矩形為底的 4 色螺旋圖
08     ps.pencolor(colors[num % 4])
09     ps.forward(num * 3)
10     ps.left(91)
```

◈第 5 行：colors 為 Tuple 物件，儲存 4 個顏色。

◈第 7~10 行：讓畫筆不斷地前進、左轉；90 度為矩形，多一度之後形成螺旋。

◈第 8 行：依 for 迴圈的計數，% 運算子取餘數來獲得色彩。例：「0 % 4 = 0」而取 4 色的紅色，餘數為 1 就是綠色，形成以 4 色線條的螺旋圖。

6.2.5 Tuple 和 Unpacking

還記得字串轉為 Tuple 元素時，會變成一個個的字元，這就是 Unpacking 的作法。它適用於 List 和 Tuple，它可以將序列元素拆解成個別項目，再指派給多個變數來使用，以下述簡例做說明。

```
>>> num = '123'
>>> one, two, three = num
>>> print(one, two, three)
1 2 3
```

輸出時，表示字元 1 指派給變數 One，字元 2 給變數 Two，字元 3 設給變數 Three；所以會分別輸出「1 2 3」。

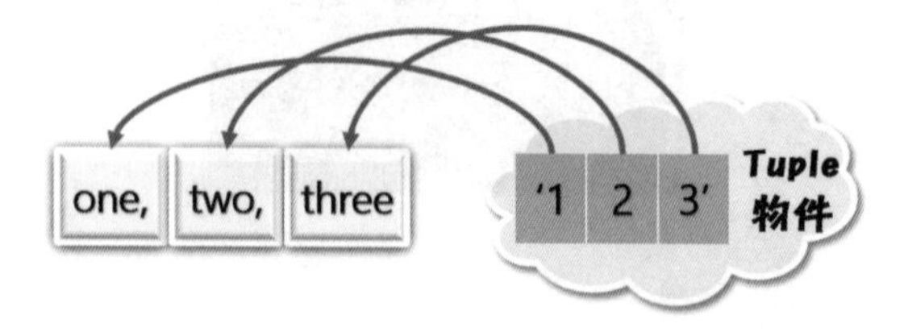

圖【6-3】字串 Unpacking 後可分別指派各變數

範例《CH0604.py》

使用 Tuple 進行 Packing 和 Unpacking 的動作。

```
= RESTART: D:\PyCode\CH06\CH0604.py
國文：78 數學：56 英文：33
總分：167
名字：Eric
生日：1998/4/17, 身高：175
```


程式碼

```
01 score = [78, 56, 33]        # List
02 chin, math, eng = score    # Unpacking
03 print(f'國文：{chin:2d} 數學：{math:2d} 英文：{eng:2d}')
04 print(f'總分：{sum(score)}')
05 n = 'Eric'; b = '1998/4/17'; t = 175
06 tp = (n, b, t)               # Packing
07 name, birth, tall = tp      # Unpacking
08 print(f'名字：{name:>4s}')
09 print(f'生日：{birth:9s}, 身高：{tall}')
```

◈第 2 行：將 List 的元素拆解後，分別指派給變數 chin、math、eng 儲存。

◈第 3~4 行：利用 f-string 設定各個變數的輸出欄寬為 2；並以內建函式 sum() 將 score 的分數加總。

◈第 6、7 行：變數 n、b、t 分別存放不同的變數，再以 Tuple 做 Packing。

◈第 8 行：將 Tuple 元素拆解，分別指派給變數 name、birth、tall 儲存。

◈第 9 行：f-string 針對單一變數 name，以欄寬為 4，靠右對齊輸出字串。

應用 Unpacking 的作法，可以將多個變數指派其值；也可以快速將兩個變數值做置換 (swap) 的動作，範例如下。

```
# 範例《CH0605.py》
name = 'Tom', 'Mary'    # Tuple
t, m = name                     # Unpacking
print(f'置換前:{t}, {m}')    # 輸出 置換前:Tom, Mary
```

```
t, m = m, t                  # Swap
print(f'置換後 :{t}, {m}')   # 輸出後 置換 :Mary, Tom
```

將簡例中 Tuple 物件兩個元素的變化，以圖【6-4】示意之，它們是如何做置換程序。

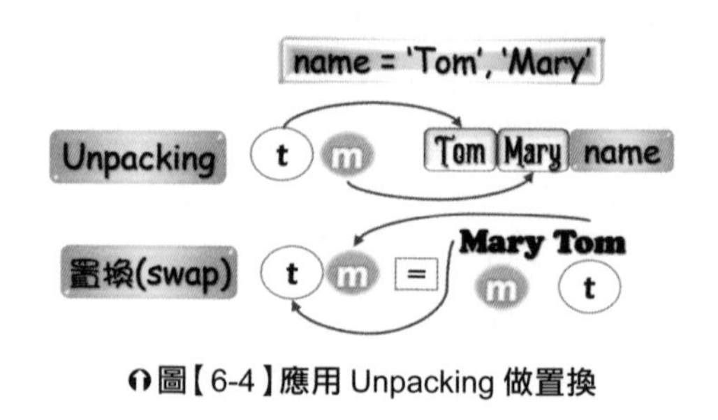

圖【6-4】應用 Unpacking 做置換

6.3 List 的基本操作

List 和 Tuple 皆屬於序列型別，所不同的是 List 以中括號 [] 來表示存放的元素。如果說 Tuple 是一個規範嚴謹的模型，那麼 List 就是隨意捏塑的陶土。List 物件有何特色？

- 有序集合：不管是數字、文字皆可透過其元素來呈現，只要依序排列即可。
- 具有索引值：只要透過索引，即能取得某個元素的值；它也支援「切片」運算。
- 長度不受限：List 物件同樣能以 len() 函式取得，其長度可長可短。當 List 中有 List 形成巢狀時，也可依需求設定長短不一的 List 物件。
- 屬於「可變序列」：相對於 Tuple 的不可變，List 為「可變」序列型別，能為它自己帶來很大方便。例如：使用 append() 增加元素，就地修改元素的值。

6.3.1 產生 List 物件

List(或稱串列、清單) 亦屬於序列，同樣它可以利用內建函式 list() 做型別轉換，例一：

```
data = []                # 空的List
data1 = [25, 36, 78]     # 儲存的List元素以數值為主
data2 = ['one', 25, 'Judy']    # 含有不同型別的List
data3 = ['Mary', [78, 92], 'Eric', [65, 91]]
```

◈data3是串列中亦有串列，或稱矩陣。

以list()函式轉換時，若對象是字串，也會如同Tuple物件般被拆解成單一字元。例二：

```
wd = 'World'         # 字串
print(list(wd))      # 輸出['W', 'o', 'r', 'l', 'd']
```

split()方法能分割字串，設定分割器後，分割後的子字串會以List物件回傳。例三：

```
name = 'Mary Eric Tom'.split()
print(name)        # 空白字元為分割器，輸出['Mary', 'Eric', 'Tom']
special = '2017/8/8'.split('/')
print(special)     # 輸出「'/'」為分割器，['2017', '8', '8']
```

存放於List的元素是可變的，利用[]運算子指定索引編號就能變更某個元素的值。例四：

```
name = ['Mary', 'Eric', 'Peter']
name[0] = 'Judy'
print(name)    # 輸出['Judy', 'Eric', 'Peter']
```

del運算子能刪除List的某個元素。運算子[:]可以取得List所有元素，所以運算子「del」配合[:]會刪除所有元素。例五：

```
number = [122, 125, 128, 131, 134]
del number[2]     # 刪除第3個元素128
print(number)     # 輸出[122, 125, 131, 134]
del number[:]     # 刪除所有元素
print(number)     # 輸出[]空的List
```

範例《CH0606.py》

先建立空的 List，使用 for 迴圈呼叫 append() 方法來新增元素。再一次以 for 迴圈讀取 List 元素並輸出。

```
= RESTART: D:\PyCode\CH06\CH0606.py
請輸入5個名字：
Mary
Tomas
Vicky
Eric
Peter
輸入完畢...
名字->Mary Tomas Vicky Eric Peter
```


程式碼

```
01 ambit = 5      # 設定 range() 函式範圍
02 friends = []  #建立空的串列
03 # 以 for 迴圈讀取資料
04 print('請輸入 5 個名字：')
05 for item in range(ambit):
06     name = input()    #取得輸入名稱
07     if name != '':     # 將輸入名字以 append() 方法新增到 List
08         friends.append(name)
09 else:
10     print('輸入完畢 ...')
11 print('名字', end = '->')    # 輸出資料
12 for item in friends:
13     print(f'{item:7},', end = '')
```

◈第 2 行：建立空串列，中括號 [] 無任何元素。

◈第 5~8 行：for/in 迴圈輸入元素，呼叫 append() 方法將每個輸入的名字加到 List 中。

◈第 12~13 行：將儲存的 List 元素以欄寬為 7 來輸出。

6.3.2 與 List 有關的方法

由於串列中的元素可以任意的增加、刪除元素，表【6-2】介紹這些與操作有關的方法。

方法名稱	說明 (s 為 List 物件，x 元素，i 索引編號)
append(x)	將元素 (x) 加到 List(s) 的最後
extend(t)	將可迭代物件 t 加到 List 的最後
insert(i, x)	將元素 (x) 依指定的索引 i 插入 List
remove(x)	將指定元素 (x) 從 List 中移除，跟「del s[i]」相同
pop([i])	回傳刪除的元素；依索引 i 來刪除某個元素 未給 i 值會刪除最後一個元素
s[i] = x	將指定元素 (x) 依索引 i 重新指派
clear()	清除所有 List 元素，跟「del s[:]」相同

表【6-2】與 List 有關的方法

append() 方法會把物件加到最後，成為最後一個元素。例一：

```
number = [523, 547]
number.append(344)
print(number)    # 輸出[523, 547, 344]
```

insert() 方法指定位置來插入元素；remove() 方法則要指明某個元素的值來移除。例二：

```
number = [523, 547, 344]
number.insert(1, 43)      # 位置(索引)1 插入新元素 43
print(number)             # 輸出[523, 43, 547, 344]
number.remove(523)        # 刪除第一個元素 523
print(number)             # 輸出[43, 547, 344]
```

pop() 方法依據索引值來刪除某個元素。例三：

```
number = [523, 43, 547]
number.pop() #未指明，最後一個元素 547 被刪除
```

```
print(number)            # 輸出 [523, 43]
print(number.pop(1))     # 刪除索引 1 的元素 (43)，輸出 [523]
```

Tips 刪除 List 的元素，能使用 del 敘述、pop() 和 remove() 方法，有何不同？

- del 敘述須搭配 [] 運算子，例如：「del number[2]」。
- 方法 pop() 和 remove() 皆能刪除元素，但 remove() 方法不會回傳被刪除的元素值。

雖然 append() 方法和 extend() 方法皆可以將項目加到 List 物件的最後。而 extend() 方法比較像是把兩個 List 物件結合，它強調的是有順序的物件 (可迭代者)。例四：

```
name = ['Tom', 'Judy']      # List 1
score = [78, 65]            # List 2
score.extend(name)
print(score)                # 輸出 [78, 65, 'Tom', 'Judy']
```

◈將第一個 List 使用 extend() 方法加到第二個 List。

還記得指派運算子「+=」，它與 extend() 方法有異曲同工之妙。例五：

```
wd1 = ['Hello', 'World']          # List 1
wd2 = ['Python', 'Language']      # List 2
wd1 += wd2     # 使用指派運算子，執行「wd1.extend(wd2)」
print(wd1)# 輸出：['Hello', 'World', 'Python', 'Language']
```

直接把數值以 extend() 方法加到 List 物件裡，會引發錯誤「TypeError」。

```
>>> name = [22, 33]
>>> name.extend(44)
Traceback (most recent call last):
  File "<pyshell#13>", line 1, in <module>
    name.extend(44)
TypeError: 'int' object is not iterable
```

那麼字串呢？應該沒有問題，依據 Unpacking 的作法，會把它拆解成個別字元才加到 List 中。

```
>>> wd = 'ABC'
>>> weeks = ['sun', 'Mon', 'tus']
>>> weeks.extend(wd)
>>> weeks
['sun', 'Mon', 'tus', 'A', 'B', 'C']
```

如何反轉 List 物件的元素。方式一：執行切片運算「[:: -1]」；方式二：呼叫方法 reverse()。例六：

```
item = ['One', 'Two', 'Three']
item.reverse()    # 執行後儲存的元素會就地改變順序
print(item)       # 輸出 ['Three', 'Two', 'One']
```

第三個反轉元素的方式是呼叫內建函式 reversed()，不過它是以「迭代器」回傳，其語法如下：

```
reversed(seq)
```

◈ seq：指支援 __reversed__() 方法的序列物件。

比較不一樣的地方，以內建函式 reversed() 將序列的元素反轉後，只會得到「list reverseiterator object」的訊息，表示它是一個迭代器物件，無法看到反轉效果。例七：

```
serial = ['1st', '2nd', '3rd']
print(reversed(serial))
# 輸出 <list_reverseiterator object at 0x0000020A699F0820>
list(reversed(serial))    # 輸出 ['3rd', '2nd', '1st']
```

討論 Tuple 時曾介紹過 count()、index() 方法，List 物件也有這兩個方法，語法如下：

```
count(x)    # List 中元素 x 出現的次數
index(x)    # List 中元素 x 第一次出現的索引編號
```

例八：使用方法 count() 和 index() 的使用。

```
num = [77, 88, 12, 15, 12]
print(f'索引：{num.index(12)}')    # 索引：2
print(f'次數：{num.count(12)}')    # 次數：2
```


6.4 資料排序與加總

將資料排序不外乎把數值資料「由小而大遞增」或者「由大而小遞減」。此外，無論是 List 或 Tuple，只要是數值資料皆能以內建函式 sum() 做加總。

6.4.1 list.sort() 方法

由於 List 屬於可變的資料，要將資料排序，可使用本身提供的方法 sort() 就能事半功倍，語法如下：

```
list.sort(key, reverse = None)
```

◈ key：預設值 None，可指定項目進行排序，參數可省略。

◈ reverse：預設值 None 做遞增排序；「reverse = True」為遞減排序。

由於 sort() 方法完全支援 List，無論是數值或字串皆能排序，加入參數「reverse = True」就可以做遞減排序 (數值由大而小，字串會依第一個字母由 Z 到 A)。

範例《CH0607.py》

以 list.sort() 方法將資料排序。

```
= RESTART: D:\PyCode\CH06\CH0607.py
依字母遞增排序：
['Anthea', 'Charles', 'Judy', 'Tom']
遞減排序： [247, 131, 85, 49]
```

程式碼

```
01 name = ['Tom', 'Judy', 'Anthea', 'Charles']
02 name.sort()    # 省略參數，依字母做遞增
03 print(f'依字母遞增排序：\n{name}')
04 number = [49, 131, 85, 247]
05 number.sort(reverse = True)    # 遞減排序
06 print('遞減排序：', number)
```

◈第 2 行：sort() 方法沒有參數時採預設值做遞增排序。

◈第 5 行：sort() 方法加入參數「reverse = True」會以遞減方式做排序。

要將資料排序是以同性質為主，譬如全部是數字，才能有憑有據。如果 List 存放異質性資料，會發生錯誤，顯示「TypeError」訊息。

6.4.2 Tuple 元素的排序

要將 Tuple 的元素排序，得藉助內建函式 sorted() 來幫忙，語法如下：

```
sorted(iterable[, key][, reverse])
```

◈iterable：可迭代的物件，參數不能省略。

◈key：預設值 None，可指定項目進行排序，選擇性參數。

◈reverse：選擇性參數，預設值 False 為遞增排序；「reverse = True」以遞減做排序。

其實內建函式 sorted() 與 List 提供 sort() 方法很相近，先以範例來了解 sorted() 函式如何產生排序，再來解釋它們的不同處。

範例《CH0608.py》

欲把 Tuple 物件做排序，得藉助 BIF 的 sorted() 函式。

```
= RESTART: D:\PyCode\CH06\CH0608.py
原始資料： (447, 152, 814, 39, 211)
遞增排序： [39, 152, 211, 447, 814]
遞減排序： [814, 447, 211, 152, 39]
原來Tuple： (447, 152, 814, 39, 211)
```

程式碼

```
01 number = 447, 152, 814, 39, 211   # Tuple
02 print('原始資料：', number)
03 # 預設排序 -- 由小而大
04 print('遞增排序：',sorted(number))
05 # 遞減排序
06 print('遞減排序：', sorted(number, reverse = True))
07 print('原來 Tuple：', number)
```

◈第4行：使用 sorted() 函式做遞增排序（由小而大），排序後的 tuple 物件會以 list 物件回傳。

◈第6行：sorted() 函式，參數「reverse = True」會以遞減排序（由大而小）。

◈第2、7行：tuple 物件，排序前與排序後的元素位置並未改變，而經過排序的 tuple 物件會以 list 物件回傳，這意味著什麼？

那麼 list.sort() 方法和 BIF 的 sorted() 函式皆能將資料排序，有何不同？

■ Q1：sorted() 函式能將 Tuple 排序，如果是 List 物件？使用 sorted() 函式排序，完全沒有問題。

■ Q2：list.sort() 方法能在 Tuple 物件上實施嗎？答案是有待進一步確認。

由於 Tuple 物件只能使用 BIF 的 sorted() 函式，而 Tuple 並未提供 sort() 方法。如果要使用 list.sort() 方法，毫無意外得把 Tuple 物件以 list() 函式轉成其物件，再來做排序，下述範例做說明。

```
# 參考範例《CH0609.py》
name = 'Tom', 'Charles', 'Vicky', 'Judy'
print('Tuple 排序前：')
print(name)   # 輸出 ('Tom', 'Charles', 'Vicky', 'Judy')
covlt = list(name)       # 1. 以 list() 函式轉為 List 物件，再做排序
covlt.sort()             # 將已是 List 物件的 Tuple 做排序
covtp = tuple(covlt)     # 2. 排序後再以 tuple() 函式轉為 Tuple
print('Tuple 排序後：')
print(covtp)   # 輸出 ('Charles', 'Judy', 'Tom', 'Vicky')
```

那麼範例《CH0609.py》Tuple的排序究竟是怎麼一回事？它使用複製排序(copied sorting)，依照使用者指定的次序排序之後，會回傳一個已排序複本；原有物件的次序並未改變。List提供的sort()方法則是採用就地排序(in-place sorting)，可依據使用者指定的次序來排序，排序之後List元素會失去原有的順序。兩種方法的排序歸納如下表【6-3】。

	list.sort()	BIF sorted()	說明
List	OK	OK	就地排序，元素失去原有順序
Tuple	做轉換為List	複製排序	產生排序複本，元素原有次序未變

表【6-3】List、Tuple排序有不同

6.4.3 內建函式 sum()

內建函式sum()來計算總分，語法如下：

```
sum(iterable[, start])
```

◈iterable：表示可迭代的序列資料。

◈start：指定欲加總元素的索引編號，省略時表示從索引編號0開始。

雖然sum()函式加總的對象是可迭代的序列資料，通常是數值，若為字串就會發出「TypeError」的錯誤訊息。

範例《CH0610.py》

輸入成績於List並以for/in迴圈儲存輸入成績；while迴圈輸出分數，再以sum()函式做加總並求取平均值。

```
= RESTART: D:\PyCode\CH06\CH0610.py
分數 1 78
分數 2 92
分數 3 64
分數 4 56
分數 5 78
index score
  0    78
  1    92
  2    64
  3    56
  4    78
------------
總分 = 368, 平均 = 73.6
遞減排序： [92, 78, 78, 64, 56]
遞增排序： [56, 64, 78, 78, 92]
```

程式碼

```
01 score = [] #建立List來存放成績
02 for item in range(5):   # for迴圈建立輸入成績的list
03     data = int(input('分數%2d ' %(item + 1)))
04     score += [data]
05 print('%5s %5s ' % ('index', 'score'))
06 ind = 0 #計數器，每讀取一個元素就位移一個
07 while ind < len(score):   #while迴圈讀取成績並輸出
08     print(f'{ind:3d} {score[ind]:4d}')
09     ind += 1
10 print('-'*12)
11 # 內建函式sum()計算總分
12 print(f'總分 = {sum(score)}, 平均 = {sum(score) / 5}')
13 score.sort(reverse = True) # score()方法遞減排序
14 print('遞減排序：', score)
15 print('遞增排序：', sorted(score)) #使用BIF
```

◈第 2~4 行：第一個 for 迴圈存放輸入的成績，依索引存放到 score。

◈第 7~9 行：第二個 while 迴圈讀取 score 成績，配合 len() 函式取得的長度，每輸出一個元素就把索引「ind」位移一個。

◈第 12 行：利用 sum() 函式計算 score 的總分和平均分數。

◈第 13 行：呼叫 List 的 sort() 方法將分數做遞減（由大到小）排序。

◈第 15 行：使用 BIF 的 sorted() 函式將分數做遞增排序（由小而大）。

Turtle 模組中，要取得輸入的內容有兩種方法，取得輸入文字為 textinput()，輸入內容為數字則為 numinput() 方法，其語法如下：

```
turtle.textinput(title, prompt)
```

◈title：顯示於文字視窗的標題。

◈prompt：提示字串。

呼叫 textinput() 方法時會彈出一個對話交談窗，例一：

```
name = turtle.textinput("取得名稱", '請輸入名字：')
```

輸入的資料是數值時，呼叫方法 numinput()，語法如下：

```
turtle.numinput(title, prompt, default = None,
    minval = None, maxval = None)
```

◈ title、prompt：用法和 textinput() 方法相同。

◈ default：非必要參數，能自行預設值做設定。

◈ minval：非必要參數，設輸入數值最小值。

◈ maxval：非必要參數，設輸入數值最大值。

同樣地，呼叫 numinput() 方法會彈出一個對話交談窗，例二：

```
num = turtle.numinput('編號', '請輸入編號', 50, 1, 100)
```

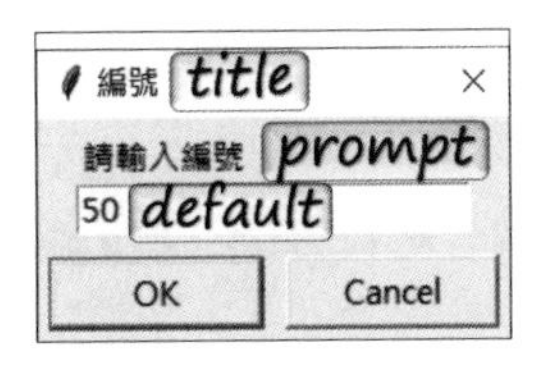

範例《CH0611.py》

使用方法 textinnput() 方法取得輸入字串，配合顏色值以螺旋狀輸出。

06 組合不同的資料

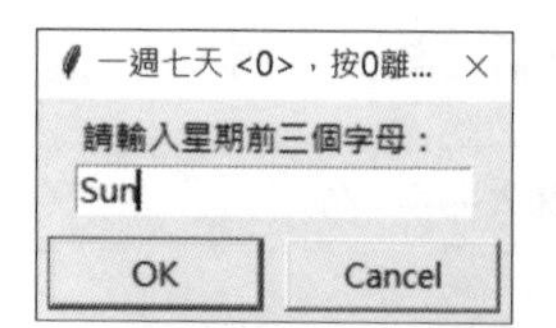

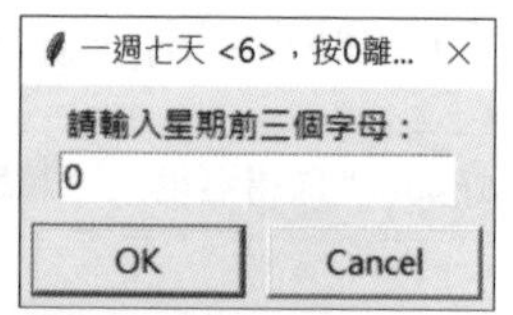

程式碼

```
01 import turtle    # 匯入海龜模組
02 colors = ['Magenta', 'Gold', 'Cyan', 'PaleGreen',
03              'LemonChiffon', 'Orange', 'Pink']   # List
04 turtle.setup(400, 400)     # 產生 400 X 400 畫布
05 turtle.bgcolor('#363636')  # 背景為深灰
06 pen = turtle.Turtle()      # 建立畫布物件
07 weeks = []                 # 存放輸入字串
08 count = 0
09 wk = turtle.textinput(f'一週七天 {count}，按0離開',
10       '請輸入星期前三個字母：')
11 while count <= 6:
12    weeks.append(wk)
13    wk = turtle.textinput(f'一週七天 {count}，按0離開',
14    '請輸入星期前三個字母：')
15    count += 1
16 for item in range(120):    # 畫一個螺旋形
17    pen.pencolor(colors [item % len(weeks)]) # 依餘數取色值
```

```
18     pen.pu()
19     pen.fd(item * 2)                           # forward() 方法簡寫
20     pen.pd()
21     pen.write(weeks[item % len(weeks)],
22         font = ('Arial', int((item + 4) / 4)))
23     pen.left(360 / len(weeks) + 2)    # 依所得外角左轉
24 turtle.done()
```


◈第 9 行：方法 textinput() 來輸入星期名稱前三個字母。

◈第 11~15 行：while 迴圈配合計數器 count 來判斷輸入次數須小於等於 7。

◈第 16~23 行：讓畫筆前進、右轉並配合角度來產生螺旋圖。

6.5 認識 List 生成式

Python 程式語言希望它的語言是優雅而簡潔，所謂「生成式」(Comprehension) 是希望資料的產生有規則性，然後可以把它儲存到指定的容器中，例如：List、字典或集合。由於 List 對於元素的存放採取更開放的態度，能支援不同型別，所以「List 生成式」(List Comprehension，或稱列表解析式)，能撰寫更簡潔的程式碼。它的語法如下：

```
[運算式 for item in 可迭代者]
[運算式 for item in 可迭代者 if 運算式]
```

◈List 生成式使用中括號 [ ] 存放新的 List 元素。

◈使用 for/in 迴圈讀取可迭代物件。

6.5.1 為什麼要有生成式？

為什麼要有 List 生成式？想要在一個空的 List 放入元素，應該會這樣做！

```
aList = [] #空的List
aList.append(2); aList.append(4)
aList.append(6); . . .
```

更好的做法是以 for/in 迴圈，配合 range() 函式：

```
aList = [] #空的List
for x in range(2, 10, 2):
    aList.append(x)
```

有了這樣的想法後，還可以加入 if 敘述做條件運算；所以 for/in 迴圈的語法會這下述情形：

```
aList = [] #空的List
for item in 可迭代者:
    if 條件運算式:
        aList.append(item)
```

◈ for 迴圈讀取 List 或可迭代者物件。

◈ 加入 if 敘述做條件運算式。

◈ 條件運算式符合者 (True) 以 append() 方法將 item 加入 List。

6.5.2 善用 List 生成式

使用 List 生成式除了提高效能之外，讓 for/in 迴圈讀取元素更加聰明。若要找出數值 10~65 之間可以被 13 整除的數值，for/in 迴圈可以配合 range() 函式，再以 if 敘述做條件運算的判斷，能被 13 整除者以 append() 方法加入 List 中。參考下述範例：

```
# 範例《CH0612.py》
num = [] # 建立空的List
for item in range(10, 65):    # for 迴圈讀取 10~65 之間的數值
    if(item % 13 == 0):
        num.append(item)      #整除的數放入List中
```

```
# 輸出10~65被13整除之數：[13, 26, 39, 52]
print('10~65被13整除之數：', num)
```

◈配合 if 敘述，只要能被 13 整除，就以 append() 方法加入 num 串列中。

將範例使用 List 生成式做更簡潔的敘述。

```
# 範例《CH0613.py》
num = [] #空的List
num = [item for item in range(10, 65)if(item % 13 == 0)]
print('10~65被13整除之數：', num)
```

◈使用 List 生成式，可以把 for/in 迴圈和 if 敘述簡化，並且在 [] 中括號內完成。

◈發現否？原來 append() 方法就不再使用。

使用 List 生成式來產生序列數值是不是就方便多了！例一：

```
serial = [ a ** 2 for a in range(2, 8)]
print(serial)
# 輸出：[4, 9, 16, 25, 36, 49]
```

◈把變數 a 以倍數相乘，range() 函式由 2 開始，取得 6 個數值。

◈輸出的 serial 存放了 6 個元素。

List 生成式中，呼叫 str.title() 方法，將字串開頭第一個英文字母變成大 。例二：

```
name = ['eric', 'tom', 'peter']
title = [str.title() for str in name]
print(title)
# 輸出：['Eric', 'Tom', 'Peter']
```

範例《CH0614.py》

應用 List 生成式，計算 List 元素的分數總和取得字串長度。

```
= RESTART: D:\PyCode\CH06\CH0613.py
平均: 74.250, 70.667, 78.667

       字串 長度
*-----------------*
     lemon: 5
     apple: 5
    orange: 6
 blueberry: 9
```

程式碼

```
01 score = [(85, 75, 46, 91), (49, 76, 87), (76, 93, 67)]
02 avg = [sum(item)/len(item) for item in score]
03 print(f'平均：{avg[0]:.3f}, {avg[1]:.3f}, \
04       {avg[2]:.3f}')
05 print() #換行
06
07 #應用二：讀取字串長度
08 fruit = ['lemon', 'apple', 'orange', 'blueberry']
09 print('%9s'%'字串', '%2s'%'長度')
10 print('*-----------------*')
11 print('\n'.join(['%10s:%2d'%(
12     item, len(item)) for item in fruit]))
```

◈第1行：List的元素為Tuple物件，共有三組，長度不一。

◈第2行：List生成式。len()函式取得每組Tuple長度，先以sum()函式計算每一組Tuple總和，再計算平均，最後以for迴圈讀取新的串列。

◈第3~4行：由於avg是list物件，f-string設定欄位格式時，配合索引編號，形成「{avg[索引編號]:.3f}」，表示輸出浮點數時含3位小數。

◈第11~12行：以join()方法將原有的List和換行字元結合在一起，再以格式字元%讓輸出的字串依欄寬輸出。由於運算式是由item和len(item)組成，必須前後加上小括號來形成Tuple，不然會引發錯誤。

章節回顧

- Python 以序列型別將多個資料群聚在一起，依其可變性 (mutability)，將序列 (Sequence) 資料分成不可變 (Immutable) 和可變 (Mutable) 二種。不可變的的型別，包含字串、Tuple 和 Byte；可變的型別則有 List 和 ByteArray。
- 序列型別存放的資料稱為元素 (element)；特色有：①為可迭代物件，使用 for/in 迴圈讀取；② [ ] 運算子配合索引能取得序列的元素；③支援 in/not in 成員運算子；用它判斷某個元素是否隸屬 / 不隸屬序列物件；④內建函式 len()、max() 和 min() 能取得其長度或大小；能能做切片運算。
- Tuple 物件以括號 () 存放元素；元素具有順序性但不能任意更改其位置；內建函式 tuple() 可將「可迭代物件」轉換成 Tuple 物件。
- 讀取 Tuple 元素：① for/in 配合 range() 函式；④ while 迴圈，除了以 len() 函式取得其長度，還要加上計數器。
- Unpacking 的作用：①把字串轉為 Tuple 元素時，變成一個個的字元；②可以將多個變數分別指派其值；③快速將兩個變數值做置換 (swap) 動作。
- 新增 List 物件的元素：① append() 方法能把指定的項目加到 List 物件的最後；② extend() 以可迭代物件為對象，等同執行「+=」運算子；③ insert() 指定索引來插入新項目。
- 刪除 List 元素：① del 敘述搭配 [ ] 運算子指定索引值；②方法 pop() 會回傳被刪除項目；③ remove() 方法指定項目後直接刪除。
- 反轉 List 物件中的元素：①執行切片運算「[:: -1]」；②呼叫方法 reverse()；③呼叫內建函式 reversed()，但看不到執行結果。
- List 物件採就地排序 (in-place sorting)，所以 list.sort() 和內建函式 sorted() 皆可行。Tuple 物件使用複製排序 (copied sorting)，得轉換為 List 物件，以複本回傳排序結；原有物件的次序並未改變。
- 所謂「生成式」(Comprehension) 是希望資料的產生有規則性，然後可以把它儲存到指定的容器中。「List 生成式」(List Comprehension，或稱列表解析式) 能加入 if 敘述做條件運算；配合 for/in 迴圈做讀取；讓程式碼更簡潔。

自我評量

一、填充題

1. 序列型別中，依資料的可變性，概分 ____________ 和 ____________。
2. 建立 Tuple 物件之後，兩個可用方法：____________、____________。
3. 下列敘述將兩個 Tuple 物件相加，輸出 ______________________________。

```
tp1 = 'Mary', 78, 65
tp2 = 'Eric', 84, 67
print(tp1 + tp2)
```

4. 下列敘述中，print() 函式輸出：__________________________。

```
score = 78, 65, 93 # Tuple 物件
chin, math, eng = score # Unpacking
print(chin, math, eng)
```

5. 下列敘述中，① ____________________、② __________________、③ ____________________、④ print() 函式輸出：____________________。

```
data = 'Eric', 'Judy'      #①
p1, p2 = data              #②
p1, p2 = p2, p1            #③
print(p1, p2)              #④
```

6. List 物件以 __________ 存放元素，內建函式 __________ 能轉換其型別。
7. 將 List 物件中的元素反轉。方式一：執行切片運算 __________；方式二：呼叫方法 ______________。
8. 刪除 List 物件中的元素：① __________ 須搭配 [ ] 運算子指定索引值；② __________ 方法會回傳被刪除的項目；③ __________ 方法指定項目後直接刪除。

二、實作題

1. 撰寫程式來輸出下列 Tuple 元素。

```
= RESTART: D:\PyCode\各章節實作
\CH06\Lab0601.py
Index Element
----------------
  0     Peter
  1        64
  2    Charon
  3        76
  4        92
  5        81
```

2. 下列簡例，產生了什麼錯誤？要如何修改？

```
week = 'Sunday', 'Monday', 'Tuesday', \
       'Wednesday', 'Thursday', \
       'Friday', 'Saturday'
while item < len(week):
    print(item, week[item])
```

3. 參考範例《CH0610.py》，輸入分數「65, 87, 92, 47, 73」並做加總。

4. 將 Tuple 物件分別以 list.sort() & sorted() 函式排序，字串以 sorted() 函式，完成如下排序。

```
number = 514, 356, 78, 125,
word = 'You can store the data in a text file'
```

```
IDLE Shell 3.9.7
File Edit Shell Debug Options Window Help
------------以小寫做排序------------
a -> can -> data -> file -> in -> st
ore -> text -> the -> You ->
```

5. 找出數值 1~150 之間，能被 7 整除的數值，以 List 生成式來撰寫。

M•E•M•O

CHAPTER

07

重覆工作交給函式

學習目標

- 了解函式、定義函式、呼叫函式
- 認識位置參數外，學會使用預設參數
- 運算式收集引數、* 運算子拆解參數
- lambda() 沒有名稱，也只能有一行敘述
- 討論區域、全域變數之不同

python

7.1 認識函式

大家一定使用過鬧鐘吧！它的功能就是定時呼叫。只要定時功能沒有被解除，它會隨著時間的循環，不斷重覆響鈴的動作。若從程式設計觀點來看，鬧鐘的定時呼叫，就是所謂的「函式」(Function) 或「方法」(Method)。兩者之差別在於「函式」則是結構化程式設計的用語，「方法」則來自於物件導向程式設計的名稱。

依其程式的設計需求，學習 Python 大概會用到三種函式：

- 系統內建函式 (Built-in Function，簡稱 BIF)，如：取得型別的 type() 函式，搭配 for 迴圈的 range() 函式。
- Python 提供的標準函式庫 (Standard Library)。就像匯入 math 模組時，會以類別 math 提供的類別方法；或者建立字串物件，實做 str 的方法。
- 程式設計者利用 def 關鍵字自行定義的函式，這是本章節討論的重點。

無論是那一種函式，皆可用 type() 函式探查，例如：將內建函式 sorted() 作為 type() 函式的參數，會回傳「class 'builtin_function_or_method'」表示它是一個內建函式或方法。如果是某個類別所提供的方法，會以「class 'method_descriptor'」；而 msg() 是自行定義的，會以「class 'function'」來回應。

```
>>> type(sorted)
<class 'builtin_function_or_method'>
>>> type(str.format)
<class 'method_descriptor'>
>>> type(msg)
<class 'function'>
```

7.1.1 函式如何運作？

討論自訂函式之前，先來複習一下先前使用的函式：

```
number = 78, 145, 62      # 建立一個 Tuple 物件
sum(number)               # 呼叫內建函式 sum() 做加總
```

函式如何執行？呼叫了 sum() 函式，並將「實際引數」(Tuple 的元素) 做傳遞，完成運算再做輸出。此處我們不會看到 sum() 函式定義的細節。所以初探函式的我們，有兩件事必須清楚：定義函式和呼叫函式是不同的，可參考圖【7-1】的示意：

- 定義函式：可能是單行或多行敘述 (Statement)，或者是運算式；要有「形式參數」(Formal parameter) 來接收資料。
- 呼叫函式：從程式的位置叫用函式 (Invoke function)，稱為「呼叫函式」(Calling a function)，有時必須藉由「實際引數」(Actual arguments) 做資料傳遞。

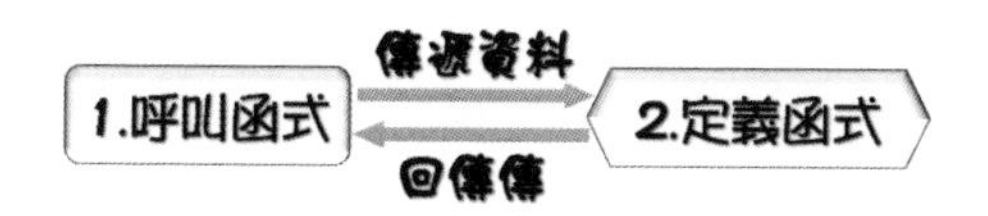

圖【7-1】呼叫函式和定義函式大不同

那麼執行程式時，函式如何運作？兩大步驟：❶呼叫函式，傳遞資料，取得結果；❷定義函式，接收、處理資料。再以圖【7-2】說明自訂函式 total()，它用來計算某個區間的數值之和。

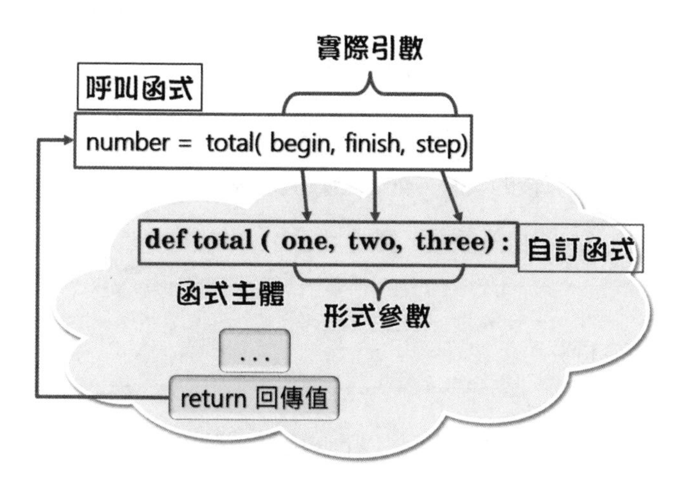

圖【7-2】自訂函式的運作

- 定義函式：要以關鍵字「def」定義 total() 函式及函式主體；它提供函式執行的依據。
- 呼叫程式：從程式敘述中「呼叫函式」total()。

呼叫函式後，「實際引數」(Actual argument) 將相關的資料傳給已定義好的 total() 函式做計算，控制權會交給 total() 函式；若有「回傳值」則交給 return 敘述負責，把它回傳給「呼叫函式」的變數「number」做保存。此時程式碼的控制權由定義函式 total() 回到「呼叫函式」身上，繼續下一個敘述。

7.1.2 定義函式

首先，先認識定義函式的語法：

```
def 函式名稱 ( 參數串列 ):
    函式主體 _suite
    [return 值 ]
```

◈ def 是關鍵字，用來定義函式，為函式程式區塊的開頭，所以尾端要有冒號「:」來作為 suite 的開始。

◈ 函式名稱：遵守識別字名稱的規範。

◈ 參數串列：或稱形式參數串列 (format argument list) 用來接收資料，其名稱亦適用於識別字名稱規則，可多個參數，也可以省略參數。

◈ 函式主體必須縮排，可以是單行或多行敘述。

◈ return：用來回傳運算後的資料。如果無數值運算，return 敘述可以省略。

以幾個簡單例子說明自訂函式。例一：

```
def msg():
    print('Hello World')
```

◈ 自訂函式 msg()，沒有參數串列，只以 print() 函式輸出字串。

◈ 程式中只要呼叫此函式名稱就會印出「Hello World!」字串。

透過 Python Shell 互動模式，體驗一下這個簡單的自訂函式：

```
>>> def msg():
        print('Hello Python!!')


>>> msg()
Hello Python!!
```

⮉圖【7-3】先定義函式 msg() 再呼叫它

例二：定義函式，傳入兩個數值，可以比較其大小：

```
# 參考範例《CH0701.py》
def funcMax(n1, n2):
    if n1 > n2:
        result = n1
    else:
        result = n2
    return result
```

◈自訂函式有兩個形式參數 (formal parameter)：n1 和 n2，用來接收資料。

◈函式主體以 if/else 敘述判斷 n1、n2 兩個數值，如果 n1 大於 n2，表示最大值 n1；如果不是就表示 n2 是最大值。無論是那一個，都交給變數 result 儲存，再以 return 敘述回傳其結果。

7.1.3 呼叫函式

定義好的函式，如何呼叫？就跟我們使用的內建函式或者類別所提供的方法一樣，透過程式的敘述直接呼叫；如果函式有參數就必須帶入參數值，經由函式的執行再回傳結果。繼續前述範例所定義的函式：

```
# 參考範例《CH0701.py》
num1, num2 = eval(input('輸入兩個數值：'))
print('較大值', funcMax(num1, num2))
```

◈呼叫 funcMax() 函式並傳入 2 個參數，它們由 input() 函式取得。

◈完成數值的大小比較之後，由 return 敘述回傳結果。

◈形式參數和實際引數必須對應。定義函式有 2 個形式參數；呼叫函式也要有 2 個實際引數做對應，否則會引發錯誤訊息。

Python 程式語言以 def 關鍵字定義函式，再撰寫其他敘述和呼叫函式的敘述，其程式結構可參考簡易的自訂函式 msg()。

7.1.4 回傳值

函式經過運算後若有回傳值，return 敘述能回傳結果，語法如下：

```
return <運算式>
return value
```

自訂函式中的回傳值可能是單一值，也可能有多個值；例一：return 敘述。

```
def funcTest(a, b):        # 定義函式
    return a**b + a//b     # 回傳運算結果
# 呼叫函式
funcTest(14, 8)            # 回傳 1475789057
```

自訂函式 message() 沒有參數，函式主體以 print() 函式輸出訊息即可，所以直接呼叫函式名稱就能顯示訊息。例二：

```
# 參考範例《CH0702.py》
def message():   # step 1. 定義函式
    zen = '''
        Beautiful is better than ugly.
        Explicit is better than implicit.
    '''
    print(zen)
message()        # step 2. 呼叫函式
```

◈自訂函式 message() 沒有參數，函式主體只以 print() 函式輸出其訊息，所以直接呼叫函式名稱就能顯示訊息。

範例《CH0703.py》

定義函式 total() 接收參數在函式主體中進行運算，return 敘述回傳運算結果。呼叫函式時可指派變數儲存回傳值，或者直接以 print() 函式輸出。

```
= RESTART: D:\PyCode\CH07\CH0703.py
計算數值總和
輸入起始值, 終止值, 間距值-> 12, 224, 7
總和 = 3,627
```


程式碼

```
01 def total(start, finish, step):    # 1. 定義函式
02     outcome = 0 # 儲存計算結果
03     for item in range(num1, num2+1, num3):
04         outcome += item    # 儲存相加結果
05     return outcome
06 print('計算數值總和')
07 num1, num2, num3 = eval(input(
08         '輸入起始值，終止值，間距值 -> '))
09 #2. 呼叫自訂函式 total
10 result = total(num1, num2, num3)
11 # 單一變數，f-string 做格式化輸出
12 print(f'總和 = {result:,}')
```

◈第 1~5 行：定義函式 total()，3 個形式參數，被呼叫時可接收數字。

◈第 3~4 行：for/in 迴圈配合內建函式 range()，將第 2 個參數加 1 來符合實際計算。

◈第 5 行：return 敘述回傳變數 outcome 相加的結果。

◈第 7~8 行：函式 eval() 取得三個輸入值來當作變數 num1、num2、num3 的初值。

◈第 10 行：呼叫函式 total()，3 個實際引數將接收的數字傳遞給 total() 函式，運算的結果再交給變數 result 儲存。

範例《CH0704.py》

return 敘述配合 Tuple 物件來取得函式中運算後的多個回傳值。

```
= RESTART: D:\PyCode\CH07\CH0704.py
輸入兩個數值做運算:17, 353
運算結果:
加 =    370
乘 = 6,001
除 =      0.0482
```

程式碼

```
01 def funcMulti(a, b):   # step1 自訂函式
02     return a+b, a*b, a/b
03 #呼叫函式
04 one, two = eval(input('輸入兩個數值做運算 :'))
05 result = funcMulti(one, two)
06 print('運算結果 :')
07 # 針對每一個 Tuple 元素做格式化
08 print('加 = {0[0]:5d} \n乘 = {0[1]:,d}\
09       \n除 = {0[2]:10.4f}'.format(result))
```


◈第 1~2 行：自訂函式 funcMulti() 有 2 個形式參數，return 敘述接收這兩個形式參數之後做相加、相乘和相除運算；它會以 Tuple 儲存其結果並回傳。

◈第 8~9 行：將函式 funcMulti() 運算結果，配合 format() 方法，每個元素以不同的格式輸出；「{0[0]:5d}」表示 result 變數第一個 Tuple 元素 [0] 設欄寬為 5，輸出數值：那麼第 3 個元素「{0[2]:10.4f}」表示欄寬 10，輸出 4 位小數。

函式回傳值的作法，綜合歸納如下：

- 回傳單一的值或物件。
- 多個值或物件可儲存於 Tuple 物件。
- 未使用 return 敘述時，預設回傳 None。

範例《CH0705.py》

定義兩個函式：main()、funCube()。main() 函式會去呼叫 funCube() 函式並傳入參數，而 funCube() 函式接收參數後，再把計算結果由 print() 函式輸出。

```
= RESTART: D:\PyCode\CH07\CH0705.py
輸入數值：9
立方值：
1 8 27 64 125 216 343 512 729
```

程式碼

```
01 def main():   # 定義函式一 main()
02     number = int(input('輸入數值：'))
03     result = funCube(number)
04 def funCube(num):   # 自訂函式二 funCube
05     print('立方值：')
06     for item in range(1, num + 1):
07         result = item ** 3
08         print(format(result, ','), end = ' ')
09 main()   # 呼叫主程式
```

◈ 程式如何運作：執行時，透過自訂函式 main()，它會呼叫第二個自訂函式 funCube()，再顯示運算結果。所以程式會由第 9 行跳到第 1 行，執行到第 3 行，再跳至第 4 行。

◈ 第 1~3 行：定義第一個函式 main()，取得輸入值並呼叫第二個函式 funCube()，以輸入值做引數傳遞。

◈ 第 4~8 行：定義第二個函式 funCube()，接收一個參數；for/in 迴圈加上 range() 算出此區間的立方值。

Tips 自訂函式 main()

- Python 並未像 C/C++、C#、Java 以 main() 主程式為進入點。
- 這是一個簡單的以函式呼叫函式的作法；由 main() 函式呼叫 funCube() 函式。

呼叫函式所傳遞的引數是 3 個，定義函式所接收的參數也必須是 3 個，不然會有錯誤產生。

```
>>> def add(x, y, z): #定義函式
        return x + y + z

>>> a, b = 12, 15
>>> add(a, b)# 呼叫函式
Traceback (most recent call last):
  File "<pyshell#9>", line 1, in <module>
    add(a, b)# 呼叫函式
TypeError: add() missing 1 required posit
ional argument: 'z'
```


7.2 有去有回的參數

使用函式時，配合參數可做不同的傳遞和接收。學習它之前，先瞭解二個名詞：

- 實際引數 (Actual argument)：程式中呼叫函式時，將接收的資料或物件傳遞給自訂函式，以位置引數為預設。
- 形式參數 (formal parameter)：定義函式時；用來接收實際引數所傳遞的資料，進入函式主體執行敘述或運算，預設以位置參數為主。

Tips　位置參數和引數

- Python 自訂函式的預設。簡單來說，我是第一個引數，丟出去的資料，只能讓排第一個參數來撿。
- 定義的函式有 2 個參數，呼叫的函式要有 2 個引數；少一個或多一個都會引發錯誤。

由於參數和引數在函式中所扮演的角色並不同，那麼定義函式、呼叫函式時，形式參數、實際引數除了以位置參數為主之外，還有那些作法值得我們觀注呢？

- 預設參數值 (Default Parameter values)：自訂函式的形式參數設預設值，當實際引數未傳遞時，以「預設參數 = 值」做接收。
- 關鍵字引數 (Keyword Argument)：呼叫函式時，實際引數直接以形式參數為名稱，配合設定值做資料的傳遞。

■ 使用 *(star) 運算式 / 運算子。配合形式參數，「*」星號運算式以 Tuple 組成，收集實際引數。透過實際引數，「*」運算子可拆解可迭代物件；讓形式參數接收。

7.2.1 將引數傳遞

未討論形式參數前，先來了解呼叫函式時，實際引數如何做資料的傳遞？以「位置」為主就是「我丟」(呼叫函式，傳遞引數)「你撿」(定義函式，接收參數)的任務，它有順序性，而且是一對一。其他的程式語言會以兩種方式來傳遞引數：

■ 傳值 (Call by value)： 若為數值資料，會先把資料複製一份再傳遞，所以原來的引數內容不會被影響。

■ 傳址 (Pass-by-reference)：傳遞的是引數的記憶體位址，會影響原有的引數內容。

那麼 Python 如何做引數傳遞？上述的二種方法皆可適用，也可以說不適用。因為 Python 依據的原則是：

■ 不可變 (Immutable) 物件：例如數值、字串等，使用物件參照時會先複製一份再做傳遞。

■ 可變 (Mutable) 物件：例如串列，使用物件參照時會直接以記憶體位址做傳遞。

範例《CH0706.py》

配合 id() 函式來查看可變和不可變物件的引數傳遞。

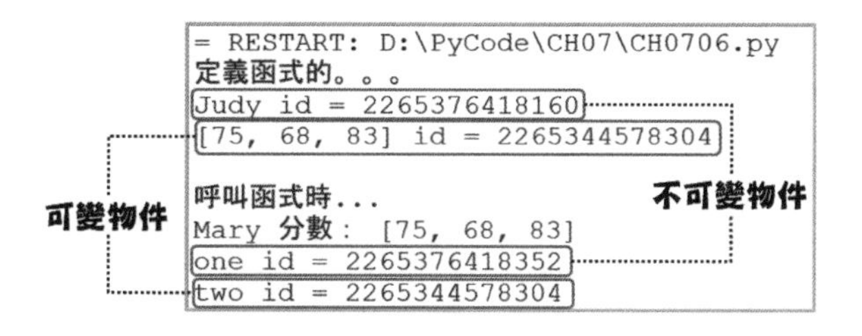

正常情形下，引數 one 會將值複製一份給參數 name；而引數 two 會把記憶體位址傳遞給參數 score。

	引數 - 呼叫函式	採取動作	參數 - 定義函式
不可變	one	複製一份值	name
可變	two	傳遞記憶體位址	score

情形一：改變函式內部參數 name 的值，但函式外部依然輸出「Mary 分數：[75, 68]」這是因為 one 和 name 的位址不同，引數 one 不受影響。

	引數	改變 name 參數值
不可變	one	重配 name 記憶體位址 (程式碼第 4 行)
可變	two	

情形二：改變函式內部參數 name、score 的值，輸出「Mary 分數： [75, 68, 83]」；因為引數 two 和參數 score 共用相同的記憶體位址；當函式內部的 score 改變時，也會影響函式的顯示結果。

	引數	改變 name、score 參數值
不可變	one	重配 name 記憶體位址 (程式碼第 4 行)
可變	two	two 和 score 共用相同位址，影響輸出

程式碼

```
01 def funcTest(name, score):    # 定義函式
02     print('定義函式的。。。')
03     #name = 'Judy'          # 情形一
04     #score.append(83)    # 情形二
05     print(name, 'id =', id(name))
06     print(score, 'id =', id(score))
07 one = 'Mary'; two = [75, 68]
08 funcTest(one, two)      # 呼叫函式
09 print('\n 呼叫函式時 ...')
10 print(one, '分數：', two)
11 #name 不可變物件 , score 為可變物件
```

```
12 print('one', 'id =', id(one))
13 print('two', 'id =', id(two))
```

◈第1~6行：自訂函式funcTest()，接收兩個參數，並以id()函式來顯示它們的記憶體配置。

◈第3、4行：函式內部，改變參數name和score的值。

◈第7、8行：呼叫函式，設引數初值並傳遞。

7.2.2 預設參數值

位置參數要有順序性的觀點前文已提及，此處不再贅述。而預設參數值(Default Parameter values)是指自訂函式時，將形式參數給予預設值，當「呼叫函式」某個引數沒有傳遞資料時，自訂函式可以使用其預設值，使用語法如下：

```
def 函式名數 ( 參數 1, 預設參數 2 = value2, ...,):
    函式主體 _suite
```

◈形式參數的第一個必須是位置參數。

◈形式參數的第二個才是預設參數，並得同時設定其值。

例一：了解預設參數值的用法。

```
# 定義函式，含有預設參數值
def funcTest(a, b = 12 , c = 25):
    return a ** b // c
# 呼叫函式，只傳入一個引數，表示其他採用預設值
funcTest(5)
funcTest(12, 4, 8)
```

◈呼叫函式funcTest只傳入一個引數5，表示其他引數會以預設參數為主來執行運算。

◈呼叫函式時傳入3個引數，表示會以這3個引數做傳遞並做運算；那麼預設參數的值就會被取代。

使用「預設參數值」能讓實際引數傳遞時更具彈性，但須遵守下列規則：

- 位置參數一定要放在預設參數值之前，不然會引發「SyntaxError」的語法錯誤。
- 當形式參數的預設參數值為不可變物件，只會執行一次的運算。若是字串或運算式，皆會被實際引數所傳遞的物件所取代。

```
#定義函式
def funcPern(name, high = 170):
    print('Hi!', name, 'You height is', high)
#呼叫函式
funcPern('Peter')          # 引數只有一個
# 輸出Hi! Peter You height is 170
funcPern('Mary', 165)      # 第2個引會取代原有的預設參數
# 輸出Hi! Mary You height is 165
```

- 形式參數指派的是可變物件，可能會有意想不到的執行結果。例如：list 物件，它會累積內容；透過下述簡例說分明。

```
#定義函式
def funcAdd(item, score = []):
    score.append(item)
    print(score, end = '')
# 呼叫函式
funcAdd(78)     #輸出[78]
funcAdd(95)     #累積[78, 95]
funcAdd(67)     #形成[78, 95, 67]
```

◈第一次呼叫 funcAdd() 函式時，實際引數傳遞了「78」。

◈第二次呼叫函式時，實際引數傳遞了值「95」，可以發現前一次呼叫的值被保留。進行第三次呼叫時，List 的元素已累積了 3 個。

由於參數 score 建立時是空的 List，它隨著函式的呼叫會累積元素。如果希望預設的 List 每一次執行時都由空的 List 開始，必須將程式做一些改良。先來認識 None 這個關鍵字；它有兩項特色：

- 使用布林值判斷會回傳 False。
- 用來保留物件的位置，可以使用 is 運算子做判斷，所以它非「空」(Empty) 的物件。

認識 None 和 is 的用法。例一：

```
word = None #表示 word 沒有任何的「值」，回傳 Yes
if word is None:
    print('Yes')
else:
    print('No')
```

◈由於變數 word 並未儲存任何的值，以 if/else 敘述做判斷時，會以「Yes」回傳。

範例《CH0707.py》

函式由 main() 開始，它會呼叫 getFruit() 函式，並輸出結果。自訂函式 getFruit() 的第 2 個形式參數為空的 List。if 敘述配合 is 運算子判斷 name 是否為 None。當函式被呼叫而新增元素時，會以空的 List 開始。所以第一次執行時，輸入三個名稱；第二次輸入了二種水果名，name 會以空的 List 來填入元素，原來的元素就不會保留。

```
= RESTART: D:\PyCode\CH07\CH0707.py
y 繼續.., n 結束迴圈..:y
輸入水果名稱：Lemon, Orange, Apple
水果： ['Lemon, Orange, Apple']
y繼續.., n結束迴圈..:y
輸入水果名稱：Grape, Watermelon
水果： ['Grape, Watermelon']
y繼續.., n結束迴圈..:n
```

程式碼

```
01 def getFruit(item, name = None):    # 定義函式一
02     if name is None:     # 用 is 運算子判別 name 是否為 None
03         name = []        # 空的 List
04     name.append(item)    # append() 方法新增 list 元素
05     print('水果：', name)
```

```
06
07 def main():    # 定義函式二
08     key = input('y 繼續..，n 結束迴圈..:')
09     while key == 'y':
10         wd = input('輸入水果名稱：')
11         getFruit(wd) #呼叫 getFruit() 函式
12         key = input('y繼續..，n結束迴圈..:')
13 main()   # 呼叫 main() 函式
```


◈第 1~5 行：自訂第一個函式 getFruit()，有兩個參數：item、「name = None」(空的 List)；item 參數接收輸入的資料，再以 append() 方法加入 List 物件。

◈第 2~3 行：if 敘述配合 is 運算子判斷 name 是否為 None，此處的 None 用來保留 List 的預設位置。

◈第 9~12 行：利用 while 迴圈來判斷是否輸入資料，如果是「y」就輸入水果名稱。呼叫函式「getFruit()」會將輸入的水果名稱做傳遞。

7.2.3 關鍵字引數

呼叫函式可不可以來點小小變化！傳遞引數不想依序以一對一方式進行，關鍵字引數 (Keyword Argument) 就得上場亮相囉！它會直接以定義函式的形式參數為名稱，不需要依其位置來指派其值，語法如下：

```
functionName(kwarg1 = value1, ...)
```

◈呼叫函式時，直接以函式所定義的參數為引數名，並設定其值做傳遞動作。

這意味著什麼？呼叫函式時，關鍵字引數可隨意指定，但必須指出形式參數的名稱，簡例中定義了函式 funTest()，它有兩個形式參數 num1、num2；呼叫函式時，關鍵字引數可隨意指名並設值，它一樣順利回傳計算後的結果。

```
def funTest(num1, num2):    # 定義函式
    return num1**2 + num2//5
funTest(num2 = 137, num1 = 13)    # 呼叫函式，回傳 196
```

使用關鍵字引數時，得留意下列這些事情：

- 關鍵字引數的名稱必須和形式參數相同，不然會引發「TypeError」錯誤。

```
>>> def func(num1, num2):
        return num1 ** 2 + num2 // 5

>>> func(x = 155, y = 27)
Traceback (most recent call last):
  File "<pyshell#3>", line 1, in <module>
    func(x = 155, y = 27)
TypeError: func() got an unexpected keyword
argument 'x'
```

- 呼叫函式時，第一個實際引數若以「位置」為主，傳遞得注意其順序性；不然還是有錯誤發生。

```
>>> def func(num1, num2):
        return num1 ** 2 + num2 // 5

>>> func(155, num1 = 27)
Traceback (most recent call last):
  File "<pyshell#6>", line 1, in <module>
    func(155, num1 = 27)
TypeError: func() got multiple values for a
rgument 'num1'
```

- 呼叫函式時，第一個引數採用「關鍵字引數」，第二個引數以位置為主，它依然顯示語法錯誤訊息。

```
>>> func(num1 = 27, 155)
SyntaxError: positional argument follows ke
yword argument
>>> func(27, 155)
760
>>> func(27, num2 = 157)
760
```

呼叫函式時，可以直接給引數值，或者第一個引數以「位置」為主，第二個引數才設「關鍵字引數」皆能回傳運算結果。

那麼使用關鍵字引數，有何益處？定義函式時，若有多個形式參數，可以在呼叫函式時，直接以形式參數的名稱指派其值，省卻了位置參數一一對應的順序，讓呼叫函式時更有彈性，下述簡例做說明。

```
# 定義函式
def student(name, sex, heigh, city):
```

```
    print('Name:', name)
    print('Sex:', sex)
    print('Height:', heigh)
    print('City:', city)
student(city = 'Kaohsiung',    # 呼叫函式
    name = 'Peter', sex = 'Male', heigh = 173)
```



```
回傳
Name: Peter
Sex: Male
Height: 173
City: Kaohsiung
```

範例《CH0708.py》

函式 factorial() 以關鍵字引數傳遞引數，計算階乘再回傳結果。

```
IDLE Shell 3.9.7
File Edit Shell Debug Options Window Help
==== RESTART: D:\PyCode\CH07\CH0708.py ====
數值 5, 11, 17, 23 相乘結果: 21,505
```

程式碼

```
01 def main():     #定義函式一
02     outcome = factorial(          # 呼叫函式 factorial()
03         port = [5, 11, 17, 23], begin = 1)
04     print(f'數值 5, 11, 17, 23 相乘結果：{outcome:,}')
05 def factorial(port, begin):      # 定義函式二
06     result = begin                # 階乘的開始值
07     for item in port:
08         result *= item            # 讀進數值並相乘
09     return result
10 main()   #呼叫函式 main()
```

◈第 1~4 行：定義第一個函式 main()，它呼叫第二個函式 factorial()；並以變數 outcome 儲存 factorial() 函式運算結果。

◈第 2~3 行：以「關鍵字引數」指定第 1 個引數為 List，第 2 個引數設定階乘起始值為 1。

◈第 5~9 行：定義第二個函式 factorial()，依據傳入數值計算階乘，再以 return 敘述回傳結果。第一個形式參數是可迭代物件，第二個形式參數設定階乘起始值。

◈第 7~8 行：for/in 迴圈依序讀取可迭代物件並相乘，變數 result 儲存結果。

7.3 巧妙的參、引數列

我們討論過定義函式的形式參數和呼叫函式的實際引數，以位置為主必須依序對應。實際上可前綴 * 和 ** 字元，讓形式參數和實際引數更靈活應用。

- 定義函式以「*」星號和 Tuple 組合；收集多餘的實際引數
- 呼叫函式時，針對實際引數，* 運算子拆解可迭代物件。

7.3.1 形式參數的 * 星號運算式

「*」運算子在前面章節皆做乘法運算。不過它在自訂函式的形式參數中，扮演運算式的角色，利用它來收集位置引數，語法如下：

```
def 函式名數 ( 參數 1, 參數 2, ..., 參數 N, *tp):
    函式主體 _suite
```

◈*tp：* 星號運算式要配合 tuple 物件來收集額外的實際引數。

例一：「* 星號運算式」(start expression) 通常可解開一個可迭代物件，取出若干元素；先認識它的效用。

```
# 參考範例《CH0709.py》
# *運算式 Unpacking
```

```
pern = ('Vicky', 'Female', 65, 75, 93)   # Tuple
name, sex, *score = pern     # Tuple 做 Unpacking
print(f'{name}: {score}')    # 輸出相關的 name & score
```

◈利用 Tuple 的 Unpacking 運算，所以 name 之值指向「Vicky」，sex 之值指向「Female」。

◈*score 就是「星號運算式」，它會接收 pern 中其他的元素，藉由圖【5-4】示意如下。

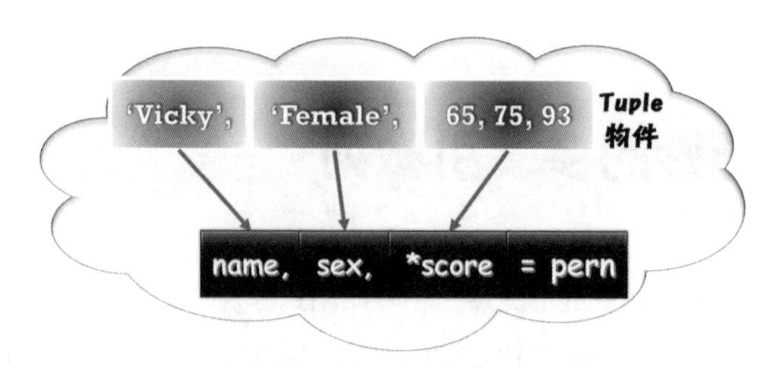

圖【5-4】* 運算式收集 Tuple 元素

例二：「* 星號運算式」基本用法有了概念後，再把它用於函式，搭配 Tuple 來收集多餘的實際引數。

```
# 參考範例《CH0710.py》
def funTest(*number):   # 定義函式
    outcome = 1
    for item in number:
        outcome *= item
    return outcome
#呼叫函式
print('1 個引數 :', funTest(7))
print('2 個引數 :', funTest(12, 3))
print('4 個引數 :', funTest(3, 5, 9, 14))
```

◈自訂函式 funTest()，只有一個形式參數 number，做星號運算式，呼叫此函式所傳遞的引數皆會放入 number 中，以 Tuple 輸出元素。

◈發現沒？呼叫函式時，實際引數無論是傳遞 1 個或 3 個，形式參數 number 執行 star expression 後，完全接收位置引數。

◈for/in 迴圈讀取接收的位置參數，以變數 outcome 儲存乘積，由 return 敘述回傳結果，其運作以圖【7-5】示意。

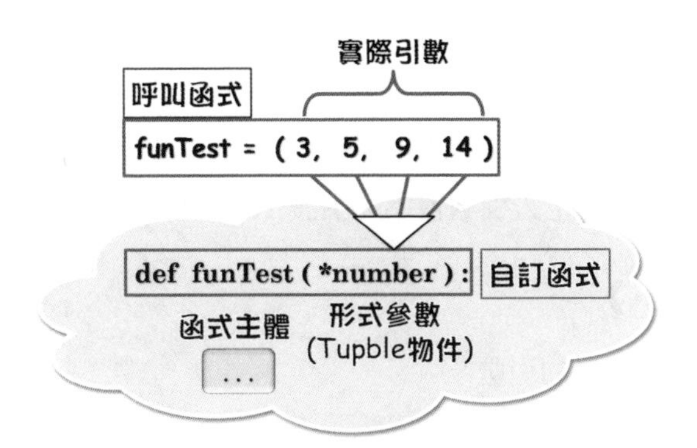

⋂圖【7-5】星號運算式能接收多個引數

例三：Python 3x 系列的版本，還可以在「*tuple」物件之後加入關鍵字引數，所以呼叫函式時，可直接將關鍵字引數設值之後再傳遞。

```
def funTest(a, b, *d, sb):    # 定義函式
    print(a, b, *d, sb)
funTest('Eric', '科目', 82, 65, 91, sb = '必修')    # 呼叫函式
# 輸出Eric 科目 82 65 91 必修
```

◈要記得實際引數「k」不能以位置引數傳遞資料，會引發錯誤。

例四：定義函式後，配合呼叫函式所用的關鍵字引數，接收特定資料；此時星號 (*) 運算式可放在關鍵字引數的前面。

```
def funcPay(name, *, salary):          # 定義函式
    print(name, '月薪 =', salary)
funcPay('林小明', salary = 28000)    # 呼叫函式
# 輸出林小明 月薪 = 28000
```

◈函式 funcPay() 設 3 個形式參數：第 2 個參數只有 * 字元，表示它不具名，所以也不會收集多餘的實際引數，第 3 個則用來接收關鍵字引數。

◈呼叫函式時要有兩個實際引數，第2個必須是指定其值的關鍵字引數。

例五：使用星號運算式若位置引數不足也會引發錯誤。

```
def func(a, b, c, *d):      # 定義函式
   print(a, b, c, *d)
func(21, 35)                # 呼叫函式
```

◈函式 func() 有 3 個位置參數，再加一個以 d 字元為主的星號運算式。呼叫函式時，實際引數只以 2 個位置引數傳遞，引發「TypeError」錯誤。

範例《CH0711.py》

星號運算子接收多餘的引數

```
= RESTART: D:\PyCode\CH07\CH0711.py
Peter 有 4 科
分數： 65 93 82 47
總分 = 287 平均 = 71.7500
Judy 有 3 科
分數： 85 69 79
總分 = 233 平均 = 77.6667
```

程式碼

```
01 def student(name, *score, subject = 4):    # 自訂函式
02     if subject >= 1:
03         print(name, '有', subject, '科')
04         print('分數：', *score)
05     total = sum(score) # 合計分數
06     print(f'總分 = {total}',
07             f'平均 = {total / subject:.4f}')
08 #呼叫函式
09 student('Peter', 65, 93, 82, 47)
10 student('Judy', 85, 69, 79, subject = 3)
```

◈第1~7行：定義函式 student() 含 3 個形式參數；第 1 個位置參數、第 2 個星號運算式，第 3 個是預設參數。

◈ 第 9 行：呼叫函式 student()，引數中第 1 個位置引數傳入名字，位置引數第 2~5 個會被 *score 參數收集，成為 Tuple 元素。

◈ 第 10 行：呼叫函式 student()，引數中 1 個位置引數，3 個會被 *score 參數收集，第 3 個採用「關鍵字引數」來取代函式中的第 3 個預設參數值。

7.3.2 * 運算子拆解可迭代物件

定義函式的形式參數使用了星號 (*) 運算式。呼叫函式時，實際引數傳遞資料時，同樣能使用 * 運算子來拆解「可迭代物件」；而形式參數會以位置參數來接收這些可迭代物件的元素。先以範例來了解：

```
# 參考範例《CH0712.py》
def funcData(n1, n2, n3, n4, n5):   # 定義函式
    print('基本資料:',n1, n2, n3, n4, n5)
#呼叫函式，使用 * 運算子拆解「可迭代物件
data = [1988, 3, 18] #List，可迭代物件
funcData('Mary', 'Birth', *data)
# 輸出基本資料:Mary Birth 1988 3 18
```

◈ 函式 funcData()，形式參數有 5 個，皆為位置參數。

◈ 呼叫函式時，字串 Mary 和 Birth 是位置引數，data 為 List(可迭代物件)，元素「1988, 3, 18」使用 * 運算子解開後，共有 5 個實際引數做傳遞，參考圖【7-6】的說明。

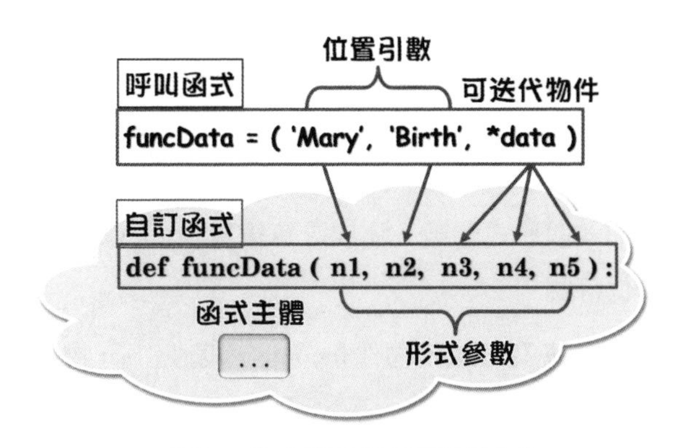

圖【7-6】* 運算子拆解可迭代物件

例二：函式裡，另一種可行方式是把可迭代物件放在位置引數前面。

```
# 定義函式
def funcTest(a, b, c, d, e):
    return a + b + c + d + e
# 呼叫函式
funcTest(*range(22, 25), 26, 35)
```


◈表示函式 funcTest() 會把「22, 23, 24, 26, 35」相加後以「130」回傳。

範例《CH0713.py》

呼叫函式時，* 運算子拆解形式參數的可迭代物件。

```
= RESTART: D:\PyCode\CH07\CH0713.py
Toams
扣除額：        1,010
實領金額 NT$ 27,790
```

程式碼

```
01 def person(name, salary, s2, s3):    # 定義函式
02     print(name)
03     # f-string 分設欄寬為 11, 並加千位符號
04     print(f'扣除額：{(s2 + s3):11,}')
05     salary =  salary - s2 - s3
06     print(f'實領金額 NT$ {salary:6,}')
07 income = [28800, 605, 405]
08 # 呼叫函式 -- number 串列物件，可迭代
09 person('Tomas', *income)
```

◈第 1~6 行：函式有 4 個形式參數，完成計算後以 print() 函式輸出，並以 f-string 來設定欄寬和千位符號。

◈第 9 行：呼叫函式，傳入可迭代物件 income(本身是 List 物件)，以 * 運算子拆解後再傳遞給函式。

7.4 Lambda 函式

lambda() 函式，又稱 lambda 運算式，它沒有函式名稱，可以把它視為匿名函式。它只能以一行敘述來表達其定義，語法如下：

```
lambda 參數串列, ... : 運算式
```

- 參數串列使用逗點隔開，運算式之前的冒號「:」不能省略。
- lambda() 函式只會有一行敘述。
- 運算式不能使用 return 敘述。

那麼自訂函式與 lambda() 有何不同？先以一個簡例做解說。

```
def expr(x, y): # 自訂函式
    return x**y
expr = lambda x, y : x ** y  #lambda() 函式
```

- 自訂函式時，函式名稱 expr，可作為呼叫 lambda() 函式的變數名稱。所以自訂函式有名稱，lambda() 函式無名稱，須藉助設定的變數名稱。
- 函式有 2 個形式參數：x 和 y，亦為 lambda 的參數。
- 運算式「x ** y」在 expr() 函式中以 return 敘述回傳；lambda() 的運算結果由變數 expr 儲存。所以定義函式時，函式主體有多行敘述，可以是敘述，也可以是運算式；lambda() 函式只能有一行運算式。

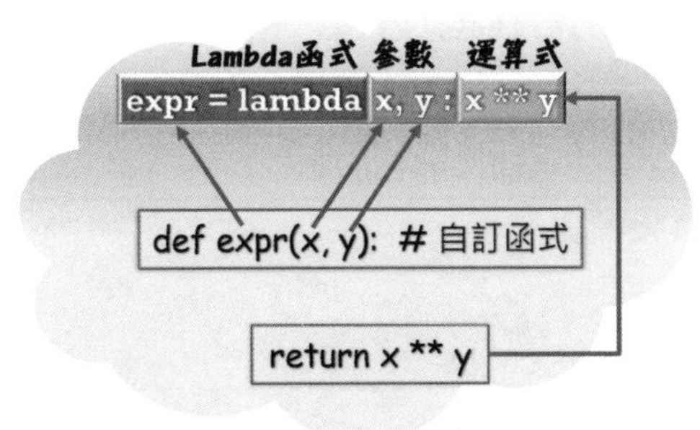

圖【7-7】lambda() 函式和自訂函式

先在 Python Shell 互動模式了解 lambda() 函式的運作。

```
>>> def expr(x, y): # 自訂函式
        return x ** y

>>> expr(12, 5)
248832
>>> expr2 = lambda x, y : x ** y
>>> expr2(12, 5)
248832
```


◈lambda() 函式須指定變數 expr2 來儲存運算結果，再以變數 expr2 來呼叫 lambda() 函式，依其定義傳入參數。

不過使用 lambda() 函式還是得注意下列事項：

- lambda() 函式若未指定變數，表示未有物件參照，會顯示「function <lambda> ...」而被記憶體回收。
- lambda() 函式如果加入 return 敘述，會顯示「SyntaxError」。
- 使用 type() 函式查看儲存 lambda() 函式運算結果的變數，會發現它是一個「function」類別。

範例《CH0714.py》

把 lambda() 函式作為 sort() 方法的參數。當中的 key 參數，使用二個以上欄位時，lambda() 函式能指定欲排序欄位。

```
= RESTART: D:\PyCode\CH07\CH0714.py
依名字排序：
Connie,1997, Pingtung
Davie ,1993, Kaohsiung
Eugene,1989, Taipei
Michelle,1999, Yilan
Peter ,1988, Hsinchu
依出生地遞減排序：
Michelle,1999, Yilan
Eugene,1989, Taipei
Connie,1997, Pingtung
Davie ,1993, Kaohsiung
Peter ,1988, Hsinchu
```

程式碼

```
01 student = [('Eugene', 1989, 'Taipei'),
02            ('Davie', 1993, 'Kaohsiung'),
```

```
03             ('Michelle', 1999, 'Yilan'),
04             ('Peter', 1988, 'Hsinchu'),
05             ('Connie', 1997, 'Pingtung')]
06 na = lambda item: item[0]   #定義 sort() 方法參數 key
07 student.sort(key = na)
08 print('依名字排序：')
09 for name in student:
10     print('{:6s},{}, {:10s}'.format(*name))
11 #直接在 sort() 方法帶入 lamdba() 函式
12 student.sort(key = lambda item: item[2],
13     reverse = True)
14 print('依出生地遞減排序：')
15 for name in student:
16     print('{:6s},{}, {:10s}'.format(*name))
```


◈ 第 1~5 行：建立一個 List 物件，內以 Tuple 為元素，每個元素有 3 個欄位：第 1 個欄位（索引值 [0]）為名字；第 2 個欄位是出生年份，第 3 個欄位則是出生地。

◈ 第 6~7 行：使用 lambda() 函式，欄位以 item 變數表達，指定第 1 個欄位「item[0]」（索引編號 [0] 表示）為排序依據，也就是以名字的第一個字母依據。

◈ 第 12~13 行：將 lambda() 函式內嵌於 sort() 方法，作為 key 的參數；以第 3 個欄位（出生地）為排序依據。

7.5 變數的適用範圍

無論是變數或者是函式，對於 Python 而言皆有適用範圍 (Scope)。變數依其適用範圍可分下述三種：

- 全域 (Global) 範圍：適用於整個檔案 (*.py)。
- 區域 (Local) 範圍：適用於所宣告的函式或流程控制的程式區塊，離開此範圍就會結束其生命週期。

■ 內建 (Built-in) 範圍：由內建函式 (BIF) 透過 builtins 模組來建立所使用範圍，於該模組中使用的變數，會自動被所有的模組所擁有，它可以在不同檔案內使用。

7.5.1 區域變數

所謂的區域變數指的是函式中所宣告的變數，例一：

```
def total():   # 定義函式
    result = 0
    for item in range(11):
        square = item * 1
        result += square
    print('1~10 合計', result)   # 輸出1~10 合計 55
total()   # 呼叫函式
```

函式的變數：result、item、square 皆為區域變數，它們的適用範圍 (Scope) 只能在函式 total() 之內。離開了函式它們的適用範圍就被銷毀 (結束生命週期)；若在函式範圍外使用這些變數，就會發生錯誤。

區域變數只能在區域範圍內存取。若直接輸出變數 a，Python 回報我們「NameError」。例二：

```
def total(a, b, c):   # 定義函式
   result = a + b + c
   print(result)
print(a)   # 發生 NameError 錯誤
```

不同範圍而同名稱的區域變數，無法混合使用。例三：

```
def total():   # 自訂函式一
    result = 0
    for item in range(11):
        result += item
    return result
def main():   # 自訂函式二
    outcome = result = 0
```

```
    outcome = total()
    result = outcome ** 2
    print(result)
main()   # 呼叫函式
```

◈第一個函式 total() 變數 result；第二個函式 main() 也有變數 result；但由於它們存取的範圍不同，彼此之間不受影響。

◈第二個函式 main() 去呼叫 total() 函式，主控權會交給 total() 函式，經由 return 敘述返回時，主控權回到 main() 函式，所以變數 result 是屬於此函式的設定值。

當全域、區域變數同名稱，全域變數會被存取。例四：

```
def total():
    print(result)
# 呼叫函式
result = 100    # 全域變數
total()         # 呼叫函式
```

◈由於函式 total() 中的 result 未賦值，所以它會以全域變數的值來存取，print() 函式輸出「100」。

7.5.2 認識 global 敘述

為了讓 Python 的直譯器識別那一個是全域變數？那一個是區域變數？可以在使用全域變數的同時，加上「global」關鍵字。當全域變數和區域變數同名稱，自訂函式中也使用情形，為了不讓彼此之間起衝突，可以在函式內將全域變數冠上「global」這個關鍵字(不是好方法，還是避用同名稱的變數)。如此一來，全域和區域的變數值皆可以順利輸出。

範例《CH0715.py》

全域變數使用 global 敘述。

```
= RESTART: D:\PyCode\CH07\CH0715.py
Favorite fruit is Apple
I like Blueberry ice cream.
```

程式碼

```
01 fruit = 'Apple'
02 def Favorite():    # 定義函式
03     global fruit
04     print('Favorite fruit is', fruit)
05     fruit = 'Blueberry'
06     print('I like', fruit, 'ice cream.')
07 Favorite()    # 呼叫函式
```

◈第1、3行：fruit在全域、區域皆有使用，在Favorite()函式內加上global來說明它是全域變數。

Python如何判斷變數在區域、全域和內建範圍的運作，歸納如下：

- 變數可用於不同適用範圍內，若是同名稱，區域變數的優先權高於全域變數，而全域範圍則高於內建範圍。
- 第一次名稱建立之處，代表它的適用範圍；執行時，範圍由小而大，由區域、再全域而內建範圍。

章節回顧

- 定義函式和呼叫函式是兩件事。定義函式要有「形式參數」(Formal parameter) 來接收資料，而呼叫函式要有「實際引數」(Actual arguments) 做資料的傳遞。
- 定義函式使用 def 關鍵字，作為函式程式區塊開頭，尾端要有冒號「:」來產生 suite。函式名稱以識別字名稱為規範；依據需求在括號內放入形式參數串列 (format argument list)。
- 函式回傳值有三種：①函式無參數，函式主體也無運算式，print() 函式輸出訊息。②函式有參數，函式主體有運算，return 敘述回傳。③回傳值有多個，return 敘述配合 Tuple 物件來表達。
- 呼叫函式時，實際引數 (Actual argument) 將資料或物件傳遞給自訂函式，預設採位置引數。形式參數 (formal parameter) 則是定義函式時；用來接收實際引數所傳遞的資料，預設以位置為主。
- Python 引數傳遞原則：①不可變 (Immutable) 物件會先複製一份再做傳遞。②可變 (Mutable) 物件會直接以記憶體位址做傳遞。
- 定義函式時，採用預設參數值 (Default Parameter values) 是將形式參數給予預設值，當「呼叫函式」某個引數沒有傳遞資料時，可以使用其預設值。
- 關鍵字引數 (Keyword Argument) 用於呼叫函式。它會直接以定義函式的形式參數為名稱，不需要依其位置來指派其值。
- 定義函式的形式參數，「*t」表示它是一個 * 星號運算式配合 Tuple，用來收集位置引數。
- 呼叫函式以實際引數傳遞資料時，使用 * 運算子拆解「可迭代物件」。
- lambda() 函式又稱 lambda 運算式，它沒有函式名稱，只會以一行敘述來表達其敘述。
- 變數依其適用範圍可分下述三種：①全域 (Global) 範圍適用整個檔案 (*.py)。②區域 (Local) 範圍適用於所宣告的函式或流程控制的程式區塊，離開此範圍就會結束其生命週期。③內建 (Built-in) 範圍由內建函式 (BIF) 透過 builtins 模組來建立所使用範圍，模組中使用的變數，可以在不同檔案內使用。

自我評量

一，填充題

1. 請填入下圖與函式有關的名詞：①＿＿＿＿＿＿＿＿＿、②＿＿＿＿＿＿＿＿＿、③＿＿＿＿＿＿＿＿＿。

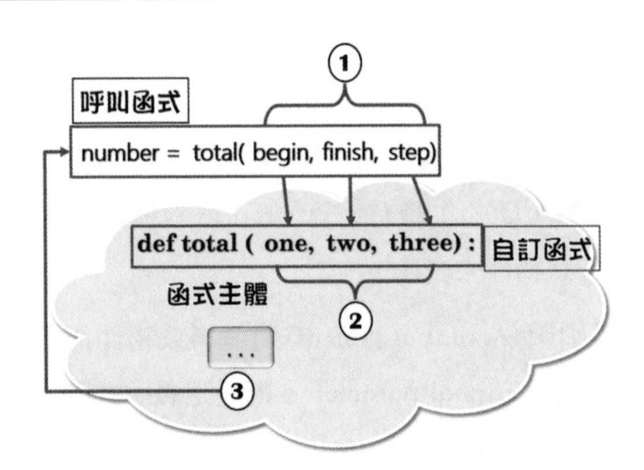

2. 定義函式時，使用＿＿＿＿關鍵字，來作為函式程式區塊的開頭。

3. Python 如何傳遞引數？＿＿＿＿＿＿＿＿＿會先複製一份再做傳遞；。＿＿＿＿＿＿＿＿會直接以記憶體位址做傳遞。

4. 依據下列敘述來填入正確的名詞：「a、b」是＿＿＿＿＿＿；「c = 13」是＿＿＿＿＿＿；func(15, 22) 輸出＿＿＿＿；func(14, 33, 18) 輸出＿＿＿＿。

```
def func(a, b, c = 13):
    return a + b + c
print(func(3, 4))
print(func(6, 8, 11))
```

5. 想想看！下列簡易程式碼會輸出：＿＿＿＿；原因：＿＿＿＿＿＿＿＿＿＿＿＿

```
data = print('Hello!')
if data is None:
    print('Ture')
else:
    print('False')
```

6. 依據下列敘述來填寫相關名詞：value 本身是 ________ 物件；用來接收 _______________；* 是 ____________ 。

```
def score(name, *value): # 定義函式
    print(value)
score('Mary', 78, 95, 81) # 呼叫函式
```

7. 將下列定義函式的敘述改成 lambda() 函式。

```
def expr(num1, num2): # 自訂函式
   return num1**num2
```

二、實作題

1. 參考範例《CH0704》輸入兩個數值做加、減、乘、除、餘數的運算，並以字串的 format() 方法做格式化輸出結果。
2. 參考關鍵字引數作法來定義函式，輸入名字、國文、英文、數學成績並算出總分，以函式 main() 來呼叫另一個函式。

```
輸入名字：林小明
請輸入國文、英文、數學成績：85, 61, 81
名字： 林小明
國文： 85
英文： 61
數學： 81
總分： 227
```

3. 參考 * 運算式的作法，計算他們有幾科，合算總分。

```
['Eric', 98, 76]
['Vicky', 77, 82, 51]
['Peter', 84, 65, 92, 55]
```

4. 參考 * 運算子拆解可迭代物件的作法，計算下列薪資。

員工	薪資	健保	勞保	扣除稅額
王小玉	28000	605	405	5%
林大同	35000	731	490	12%
李明明	42000	882	591	15%

CHAPTER

模組與函式庫

學習目標

- 介紹 import/as 和 from/import 敘述
- 滙入 sys 模組，自行撰寫 Python 檔案為模組
- random 模組產生隨機值
- 取得目前時間，time 模組的 epoch 當幫手
- date 類別處理日期；timedelta 類別做日期運算
- 安裝 wordcloud 套件，關鍵字有焦點

python

8.1 匯入模組

什麼是模組 (Module)？簡單來說就是一個 Python 檔案。模組包含了運算、函式與類別。前面章節使用最多就是 math、turtle 模組，除了以 import 敘述滙入模組外，還可以使用其他敘述讓模組的滙入更具特色：

- 配合 as 敘述為滙入模組取別名。
- 加入 from 敘述能指定模組的物件。

8.1.1 import/as 敘述

模組 (Module) 已知是一個「*.py」檔案；如何區別 Python 檔案和用於模組的檔案？很簡單，一般的 py 檔案得透過直譯器才能執行。若是模組則要透過 import 敘述將檔案匯入供其使用。其實我們也用過了匯入模組的指令，復習它的語法：

```
import 模組名稱 1, 模組名稱 2, ...., 模組名稱 N
import 模組名稱 as 別名
```

◈ 利用 import 敘述可以匯入多個模組，不同模組可用逗點隔開。

◈ 當模組較長時，允許使用 as 子句給予別名。

同時匯入 Python 標準模組的 math 和 fractions 模組。匯入的模組名稱較長，可配合 as 敘述給予別名。例一：

```
import math, random          # 同時滙入兩個模組
import fractions as frac     # 將有理數模組給予別名
```

import 敘述置於程式碼何處？習慣將它放在程式 (「*.py」檔案) 的開端。由於模組本身就是一個類別，使用時還要加上類別名稱，再以「.」(半形 Dot) 存取，例二：

```
import math          # 滙入數學模組
math.pi              # 圓周率
math.pow(5, 3)       # 相當於 5**3 = 125
```

8.1.2 from/import 敘述

滙入某個模組，與它有關的屬性和方法也會載入。若只想使用其特定的方法，就以 from 敘述為開頭，import 敘述指定物件名，語法如下：

```
from 模組名稱 import 物件名
from 模組名稱 import 物件名1, 物件名2, ..., 物件名N
from 模組名稱 import *
```

◈ * 字元表示一切。所以它會滙入指定模組的所有屬性和方法。

這樣作法，有何妙用？它可省略類別名稱，直接呼叫它的屬性和方法。同樣地，若要指定多個物件，須以逗點來隔開；例一：

```
# 使用「類別 . 方法」
import math #匯入數學模組
math.fmod(15, 4) #取得餘數，回傳3.0
```

例二：只滙入模組中的某個方法。

```
# math 模組只滙入 fmod() 方法
from math import fmod
fmod(395, 12)
```

◈ 直接呼叫 fmod() 方法來求兩數之間餘數，回傳 11.0

例三：只匯入數學模組的 factorial() 和 ceil() 方法。

```
# from/import 敘述
from math import factorial, ceil
ceil(33.2142)
factorial(6)
```

◈ ceil() 方法用來取整數，將小數無條件進位，回傳「34」。

◈ factorial() 方法可以計算階乘，相當於 1*2*3*4*5*6，回傳「720」。

由於「from/import」敘述僅只於指定方法，若要使用模組其他物件，在未指明的情形下，會引發「NameError」錯誤。

```
from math import ceil, factorial
print(ceil(15.1133))          # 正確輸出
print(math.floor(13.879))     # 引發 NameError 錯誤
```


8.1.3 內建函式 dir() 檢視名稱空間

使用模組就得了解其名稱空間 (Namespace)。第七章定義函式時，介紹過「適用範圍」(Scope)；配合 Python 執行環境，「名稱空間」有其存在必要。把名稱空間視為容器，收集的名稱隨使用模組而增減；想要進一步檢視可以內建函式 dir() 配合參數查看。

■ 內建函式 dir() 未加參數時，會列出目前已定義或 shell 最上層的名稱空間，以 List 物件列示。

```
>>> dir()
['Favorite', '__annotations__', '__builtins__',
'__doc__', '__file__', '__loader__', '__name__',
'__package__', '__spec__', 'fruit']
```

■ 滙入模組 sys 也宣告字串 word，以函式 dir() 查看時，List 元素的最後兩項就是剛才加入的「sys」和「word」。說明「名稱空間」會隨變數的宣告和模組的滙入而異動。

```
>>> import sys
>>> word = 'Python'
>>> dir()
['Favorite', '__annotations__', '__builtins__', '
__doc__', '__file__', '__loader__', '__name__', '
__package__', '__spec__', 'fruit', 'sys', 'word']
```

■ 內建函式 dir() 以某個模組名稱為參數，會列示它的屬性和方法。

```
>>> import math
>>> dir(math)
['__doc__', '__loader__', '__name__',
'__package__', '__spec__', 'acos', 'a
cosh', 'asin', 'asinh', 'atan', 'atan
2', 'atanh', 'ceil', 'comb', 'copysig
n', 'cos', 'cosh', 'degrees', 'dist',
'e', 'erf', 'erfc', 'exp', 'expm1', '
fabs', 'factorial', 'floor', 'fmod',
```


8.2 自訂模組

使用 import 敘述載入標準模組之外，使用者也可以自行定義模組檔案，再載入來執行。此處先認識和自訂模組有關的 sys 模組。

8.2.1 查看模組路徑用 sys.path

想要取得模組的執行路徑，可呼叫 sys 模組 path 屬性查看；它會顯示 Python 軟體安裝的預設路徑和標準函式庫的所在路徑。

```
>>> import sys
>>> sys.path
['', 'D:\\PyCode\\CH08', 'C:\\Users\\
LSH\\AppData\\Local\\Programs\\Python
\\Python39\\python39.zip', 'C:\\Users
```

不過，自訂模組是不會自動載入，得透過 List 類別的 append() 方法來加入：

```
import sys
sys.path.append('D:\PyCode\CH08')
```

◈ append() 方法的特色就是把新增的元素加到 List 物件的最後，我們還可以再使用一次「sys.path」做確認。

8.2.2 自行定義模組

以一個簡單範例說明自訂模組的用法。由於範例本身會變成模組，Python Shell 互動交談模式不會有執行結果。

範例《CH0801.py》

先以「from/import」敘述匯入指定方法『randint、randrange』來產生某個區間的整數亂數。而載入「CH0801.py」的同時，會以此檔名建立名稱空間。所以存取時要前置模組名稱，如「CH0801.numRand」才能看見其值。

Step 1 儲存檔案，按【F5】鍵解譯並無任何錯誤；以 import 敘述先滙入 sys 模組，再滙入範例《CH0801》。

```
= RESTART: D:\PyCode\CH08\CH0801.py =
>>> import sys
>>> sys.path.append('D:\PyCode\CH08')
>>> import CH0801
>>> CH0801.numRand(20, 45)
22 42 27 25 20 38 22 45 28 23
```

Step 2 還可以嘗試使用 form/import 敘述。

```
>>> from CH0801 import numRand2
>>> numRand2(14, 52)
[48, 39, 45, 23, 51, 40, 47, 45, 22, 22]
```

程式碼

```
01 from random import randint, randrange
02 def numRand(x, y):    # 產生某個區間的整數亂數
03     cout = 1 #計數器
04     while cout <= 10:
05         number = randint(x, y)
06         print(number, end = ' ')
07         cout += 1
08     print()
09 def numRand2(x, y):
10     cout = 1
```

```
11      result = [] #存放亂數
12      while cout <= 10:
13          number = randint(x, y)
14          result.append(number)
15          cout += 1
16      return result
```

◈第 2~8 行：定義第一個函式 numRand()，取得參數 x、y 來作為 randint() 方法產生某個範圍的依據。

◈第 4~7 行：配合計數器，以 while 迴圈來產生 10 個亂數值。

◈第 9~16 行：定義第二個函式 numRand2()，將產生的亂數以 List 存放，再以 return 敘述回傳。

8.2.3 屬性 __name__

先前提及可以使用 dir() 函式查詢模組的屬性。每個模組都會有「__name__」屬性，以字串存放模組名稱。如果直接執行某個 .py 檔案，則 __name__ 屬性會被設為「__main__」名稱，表示它是主模組。如果是以 import 敘述來匯入此檔案，則屬性 __name__ 會被設定為模組名稱。

```
import CH0801
print(CH0801.__name__)       # 輸出'CH0801'
print(__name__)              # 輸出'__main__'
```

◈以模組方式匯入檔案「CH0801」，__name__ 屬性會顯示檔案名稱。

◈直接呼叫 __name__ 則回傳「__main__」，說明它是主模組。

範例《CH0802.py》

使用屬性 __name__ 判斷 CH0802 是否為主模組（或主程式）。

```
= RESTART: D:\PyCode\CH08\CH0802.py
請輸入小於100的兩個數值來產生隨意值：13, 85
我是主程式
隨意數值： 47
```

程式碼

```
01 #產生10~100的整數亂數
02 num1, num2 = eval(input(
03     '請輸入小於100的兩個數值來產生隨意值：'))
04 number = randint(num1, num2)
05 if __name__ == '__main__':
06     print('我是主程式')
07 print('隨意數值：', number)
```

◈ 第5~6行：使用if敘述判斷屬性__name__是否為「'__main__'」；確實是的話就執行此程式，它會輸出「我是主程式」訊息。如果是以模組來匯入檔案，就不會顯示「我是主程式」之訊息。

範例《CH0804.py》

Step 1 首先把範例《CH0802.py》略做修改並以檔名《CH0803.py》儲存，讓它作為模組之後能顯示「我是模組」的訊息。

```
CH0803.py - D:\PyCode\C...
File Edit Format Run Options Window Help
from random import randint

#產生10~100的整數亂數

number = randint(10, 100)

if __name__ == '__main__':
    print('我是主程式')
else:
    print('我被當作模組')
```

Step 2 再滙入模組CH0803為來猜一猜隨機產生的數字。

```
= RESTART: D:\PyCode\CH08\CH0804.py =
我被當作模組
輸入1~100之間的數字->78
數字太小了
輸入1~100之間的數字->92
數字太大了
輸入1~100之間的數字->85
數字太小了
輸入1~100之間的數字->90
數字太大了
輸入1~100之間的數字->88
數字太大了
輸入1~100之間的數字->84
數字太小了
輸入1~100之間的數字->87
第7次猜對, 數字：87
```

程式碼

```
01 from CH0803 import number #匯入模組
02 count = 1 #統計次數
03 guess = 0 #儲存輸入數值
04 while guess != number :
05     guess = int(input('輸入1~100之間的數字->'))
06     if guess == number:    # if/elif 敘述來反應猜測狀況
07         print('第{0}次猜對，數字：{1}'.format(
08             count, number))
09     elif guess >= number:
10         print('數字太大了')
11     else:
12         print('數字太小了')
13     count += 1
```

◈第4~13行：使用while迴圈來猜測以亂數產生的數值，以變數count來統計花了幾次才猜對數值。

◈第6~13行：使用if/elif敘述來提示使用者輸入的數值是太大或太小。

8.3 隨機值 random

什麼是套件(Package)？簡單地說，就是把多個模組組合在一起。當程式變得龐大，內容趨於複雜，Python允許設計者透過邏輯性的組織，把程式打包或者分割成好幾個檔案，而彼此之間能共生共用。這些分置於不同檔案的程式碼，可能是類別組成，或者是收集多個已定義好函式。

所以，把套件(Package)視為一個目錄！它收集了若干相關的模組，更簡單地講套件就是一個模組庫、函式庫。Python提供標準函式庫(Standard Library)供程式使用，由於功能廣泛，被稱作「Batteries included」。

要產生隨機數值，由 Python 的 random 模組來負責；它由松本真和西村拓士在 1997 年開發，稱梅森旋轉演算法 (Mersenne twister)，它所產生是一個偽隨機數。與 random 模組有關的方法，參閱表【8-1】。

方法	說明
seed(a = None, version = 2)	亂數產生器，以目前的系統時間為預設值
random()	隨機產生 0~1 之間的浮點數
choice(seq)	從序列項目中隨機挑選一個
randint(a, b)	在 a 到 b 之間產生隨機整數值
randrange(start, stop[, step])	指定範圍內，依 step 遞增獲取一個隨機數
sample(population, k)	序列項目隨機挑選 k 個元素並以 list 回傳
shuffle(x[, random])	將序列項目從重新洗牌 (shuffle)
uniform(a, b)	指定範圍內隨機生成一個浮點數

表【8-1】random 模組常用的方法

Random 模組中有兩個重要方法：seed()、random()。先介紹 seed() 語法：

```
seed(a = None, version = 2)
```

◈ a：若被省略或為 None，使用目前的系統時間為預設值。若為 int 型別，則直接採用。

先以方法 seed() 初始化亂數，再以 random() 方法產生 0~1 之間的浮點數，可以看出 seed() 方法有、無參數是有差別。例一：

```
import random       # 滙入亂數模組
random.seed()       # 以系統時間來產生
print(random.random())    # 產生 0~1 亂數，輸出 0.8804076352128681
print(random.random())    # 輸出 0.013012869188816945
random.random()    # 輸出 0.9050668839267292
random.seed(10)    # 參數 a 為整數 10
print(random.random())    # 輸出 0.5714025946899135
print(random.random())    # 輸出 0.4288890546751146
print(random.random())    # 輸出 0.5780913011344704
```

choice() 方法能從序列資料隨機挑選一個數值，它的參數是一個非空白的循序型別，而 shuffle() 方法會把序列元素原有的順序打亂，以 List 物件，了解相關方法的使用。例二：

```
import random                          # 滙入 random 模組
data = [86, 314, 13, 445, 73]          # 建立 List
print(random.choice(data))             # 輸出 List 的任一元素
random.shuffle(data)
print(data)            # 輸出 [13, 445, 314, 73, 86]
```

sample() 方法會依據參數 k 來回傳 List 物件中的元素。此外，未被選取的元素有優先權。例三：

```
import random                    # 滙入 random 模組
data = [86, 314, 13, 445, 73]    # 建立 List
print(random.sample(data, 2))    # 輸出 [13, 73]
print(random.sample(data, 3))    # 輸出 [445, 314, 86]
```

繼續其他方法；要指定某個區間的浮點數則是 uniform() 方法來產生。例四：

```
import random                    # 滙入 random 模組
print(random.random())           # 回傳 0.43610914232136877
print(random.uniform(12, 15))    # 回傳 14.613330319407419
```

方法 randint() 能依據參數「a, b」所指定的區間產生整數。randrange() 方法和內建函式 range() 的用法有些類似，可以依據需求加入 1~3 個參數來產生不同效果的隨機值。例五：

```
import random                             # 滙入 random 模組
print(random.randint(1, 100))             # 輸出 56
print(random.randrange(100))              # 小於 100 的隨機值
print(random.randrange(50, 101))          # 50~100 之間的隨機值
print(random.randrange(50, 101, 2))       # 取 2 的倍數，50~100 亂數
print(random.randrange(12, 101, 3))       # 3 的倍數，12~100 亂數
print(random.randrange(17, 101, 17))      # 17 的倍數，17~100 亂數
```

範例《CH0805.py》

結合 random 和 Turtle 模組，產生大小不一的螺旋圖。

程式碼

```
01 import turtle, random   # 匯入海龜、亂數 模組
02 tines = ['Red', 'Yellow', 'Orange', 'Purple',
03     'Cyan', 'Pink', 'LightGreen', 'Bisque']
04 # 省略部份程式碼
05 def haphazardTwist():
06     # 方法 choice() 讓畫筆色彩隨機變
07     pen.pencolor(random.choice(tines))
08     size = random.randint(8, 40)
09     w1 = -turtle.window_width() // 2
10     w2 = turtle.window_width() // 2
11     h1 = -turtle.window_height() // 2
12     h2 = turtle.window_height() // 2
13     posX = random.randrange(w1, w2)
14     posY = random.randrange(h1, h2)
15     pen.penup()   # 抬畫筆
16     pen.goto(posX, posY)
17     pen.pendown()
18     for item in range(size):
19         pen.forward(item * 2)
20         pen.left(91)
```

◈第 5~20 行：定義函式 haphazardTwist() 來產生大小不一的螺旋圖。

◈第 8 行：方法 randint() 用來產生的 8~40 之間的亂數，其值來作為螺旋圖大小的依據。

◈第 9~14 行：先以方法 window_width()、window_height() 來取得目前視窗的寬和高度，再以一半的值並配合方法 randrange() 產生的隨機值來作為 X、Y 座標的值。

8.4 取得時間戳 time 模組

若資料為日期和時間，Python 標準函式庫提供下列模組，簡介如下：

- time 模組：取得時間戮記 (timestamp)。
- calendar：顯示月曆，例如：顯示整個年分或是某個月分的月曆。
- datetime 模組：處理日期和時間，介紹 datetime、timedelta 類別。

8.4.1 取得目前時間

time 模組表示一個絕對時間。由於它來自 Unix 系統，計算時間從 1970 年 1 月 1 日開始，以秒數為單位，這個值稱為「epoch」。此外，time 模組取得的時間，會以「世界標準時間」(UTC, Coordinated Universal Time，或稱 GMT) 為準，佐以「夏令時間」(DST, Coordinated Universal Time)。常用方法以表【8-2】表示。

方法	說明
time()	以浮點數回傳自 1970/1/1 之後的秒數值
asctime([t])	以字串回傳目前的日期和時間，由 struct_time 轉換
ctime([secs]	以字串回傳目前的日期和時間，由 epoch 轉換取得
gmtime()	取得 UTC 日期和時間，可以 list() 函式轉成數字
localtime()	取得本地日期和時間，可以 list() 函式轉成數字
strftime()	將時間格式化

方法	說明
strptime()	依指定格式回傳時間值
sleep(secs)	讓執行緒暫時停止執行的秒數

表【8-2】time 模組提供的方法

範例《CH0806.py》

time() 方法能取得 epoch 值，它以浮點數來顯示秒數，再以它取得目前時間。

```
== RESTART: D:\PyCode\CH08\CH0806.py =
epoch: 1633942785.5901418
當地時間：2021年 10月 11日 16時 59分 45秒
目前時間： Mon Oct 11 16:59:45 2021
```

程式碼

```
01 import time #滙入 time 模組
02 seconds = time.time() #以秒數儲存 epoch 值， 輸出浮點數
03 print('epoch:', seconds)
04 # 取得本地的日期和時間，採 struct_time 型式以 Tuple 物件回傳
05 current = time.localtime(seconds)
06 print(f'當地時間：{current[0]}年 {current[1]}月',
07         f'{current[2]}日 {current[3]}時',
08         f'{current[4]}分 {current[5]}秒')
09 # 取得目當前的日期和時間，以字串回傳
10 current2 = time.ctime(seconds)
11 print('目前時間：', current2)
```

◈第 2、3 行：使用 time() 方法取得的秒數是從 1970 年 1 月 1 日凌晨 12 點開始，以浮點數輸出。

◈第 5 行：以 localtime() 方法取得本地的日期和時間，它會儲存於 Tuple。

◈第 6~8 行：指定 Tuple 元素的索引，再以 f-string 將年、月、日、時、分、秒做格式化輸出。

◈第 10 行：ctime() 方法則是把 epoch 值（秒數）轉為目前的日期和時間，共 24 個字元的字串，以「星期 月 日期　時:分:秒 年」顯示。

要取得目前的時間，有兩種方式：

- asctime() 方法或 ctime() 方法它們皆會以 24 個字元的字串回傳。省略參數時，asctime() 方法會以 localtime() 方法取得的時間結構 (struct_time) 為參數值做轉換；ctime() 方法則以 epoch 為基準，利用「time.time()」取得的時間戳（秒數）來轉換。
- gmtime() 方法以 UTC 時間回傳，localtime() 方法回傳當地時間。無論是那一種，可以 list() 或 tuple() 函式將時間結構做轉換。

```
>>> import time
>>> seconds = time.time()
>>> list(time.localtime(seconds))
[2021, 10, 11, 17, 11, 23, 0, 284, 0]
```

8.4.2　時間結構的格式轉換

localtime() 方法回傳的時間，為 struct_time 所建立的時間結構，共有 9 個，依其索引值表【8-3】簡介之。

索引值	屬性	值 / 說明
0	tm_year	1993；西元年份
1	tm_mon	range[1, 12]；1~12 月
2	tm_mday	range[1, 31]；月天數 1~31
3	tm_hour	range[0, 23]；時數 0~23
4	tm_min	range[0, 59]；分 0~59
5	tm_sec	range[0, 31]；秒 0~31
6	tm_wday	range[0, 6]；週 0~6；0 開始是星期一
7	tm_yday	range[1, 366]；一年的天數 0~366
8	tm_isdst	0, -1, 1 來表達是否為夏令時間

表【8-3】struct_time 屬性

strftime() 方法可將 struct_time 取得的時間值配合格式化形式，以字串方式回傳，語法如下：

```
strftime(format[, t])
```

◈ format 是格式化字串，請參考表【8-4】。

◈ 參數 t 是依 gmtime() 或 localtime() 方法所取時間值。

時間屬性	轉換指定形式	說明
年	%y	以二位數表示年份 00 ~ 99
	%Y	以四位數表示年份 0000 ~9999
	%j	一年的天數 001 ~ 366
月	%m	月份 01~12
	%b	簡短月份名稱，Ex : Apr
	%B	完整月份名稱，Ex：April
日期	%d	月份的某一天 0~31
時	%H	24 小時製 0 ~ 23
	%I	12 小時製 01 ~ 12
分	%M	分鐘 00 ~ 59
秒	%S	秒數 00 ~ 59
星期	%a	簡短星期名稱
	%A	完整星期名稱
	%U	一年的週數 00 ~ 53，由星期天開始
	%W	一年的週數 00 ~ 53，由星期一開始
	%w	星期 0 ~ 6，星期第幾天
時區	%Z	當前的時區名稱
其他	%c	以「星期 月 日期　時 : 分 : 秒 年」回傳
	%p	表示本地時間所加入的 A.M. 或 P.M.
	%x	本地對應的日期，以「年 / 月 / 日」表示
	%X	本地對應時間，以「時 : 分 : 秒」表示

表【8-4】時間指定轉換形式

如何將 localtime() 方法所得的時間以 strftime() 方法做格式化表達！

```
# 參考範例《CH0807.py》
import time    # 滙入 time 模組
current = time.localtime()    # 取得目前的日期和時間
print(time.strftime('%Y-%m-%d %H:%M:%S', current))
```

◈輸出「年 - 月 - 日 時 - 分 - 秒」格式，如「2021-10-11 20:31:41」。

延續前一個範例一的時間值，取得週數和天數。

```
print(time.strftime('%Y-%m-%d 第 %W 週', current))   # 週數
print(time.strftime('%Y-%m-%d 第 %j 天', current))   # 天數
```

◈屬於一年的週數，輸出 2021-10-11 第 41 週。

◈屬於一年的天數，輸出 2021-10-11 第 284 天。

繼續前述範例取得的時間值，取得日期和時間。

```
print(time.strftime('%c', current))       # 字串回傳
print(time.strftime('%c %p', current))    # 加入 AM 或 PM
print(time.strftime('%x', current))       # 只有日期
print(time.strftime('%X', current))       # 只有時間值
```

◈回傳值以字串「星期 月 日期 時 : 分 : 秒 年」表示；輸出 Mon Oct 11 20:31:41 2021。

◈加入「%p」會顯示它是 AM 或 PM；例如：「Mon Oct 11 20:31:41 2021 PM」。

◈小寫「%x」只有日期的年、月、日；大寫「%X」顯示時間的時、分、秒。

strptime() 方法恰好和 strftime() 方法相反，它會把已格式化的時間值還原為 struct_time，語法如下：

```
strptime(string[, format])
```

◈string：欲指定格式的日期和時間，以字串表達。

◈format：格式化字串，參考表【8-4】。

例一：

```
tme = '2021-10-11 15:25:36'
time.strptime(tme, '%Y-%m-%d %H:%M:%S')
''' 回傳
time.struct_time(tm_year = 2021, tm_mon = 10, tm_mday = 11, tm_hour = 15, tm_min =
25, tm_sec = 31, tm_wday = 5, tm_yday = 245, tm_isdst = -1) '''
```


◈將日期和時間以字串形式交給變數 tme 儲存。

◈使用 strptime() 方法，第二個參數所指定的格式化字串要能與變數 tme 的日期和時間有對應，才能正確回傳 struct_time 的時間結構，以圖【8-1】示意。

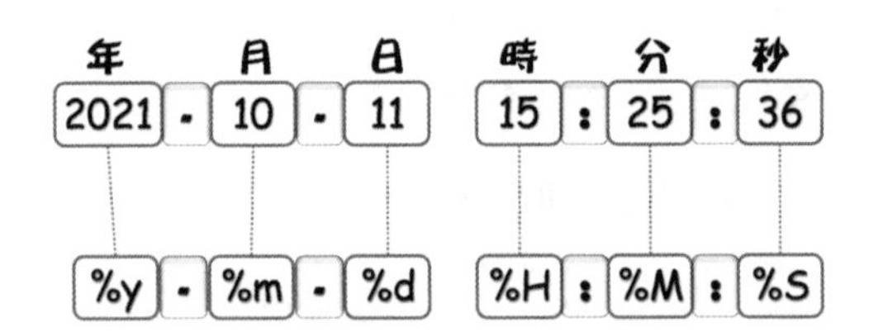

圖【8-1】日期和格式字元要能對應

使用 strptime() 方法，第二個參數所指定的格式無法對應時，會回傳「Value Error」錯誤。例二：

```
import time
special = '2021-10-11 17:11:23'
time.strptime(special, '%Y-%m %H:%M:%S')    # 產生錯誤
```

8.5 datetime 模組

datetime 模組顧名思義是用來處理日期和時間，它有兩個常數：

- datetime.MINYEAR：表示最小年份，預設值「MINYEAR = 1」。
- datetime.MAXYEAR：表示最大年份，預設值「MAXYEAR = 9999」。

由於 datetime 模組能支援日期和時間的運算，其有關類別簡介如下：

- date 類別：用來處理日期問題，所以就與年 (Year)、月 (Month)、日 (Day) 有關。
- time 類別：以時間來說，它可能是某個特定日期的某個時段，所以它包含了時 (Hour)、分 (Minute)、秒 (Second)，還有更細的微秒 (Microsecond)。
- datetime：由於包含了日期和時間，所以 date 和 time 類別有關的皆包含在內。
- timedelta：表示時間的間隔，可用來計算兩個日期、時間之間的差異。

8.5.1 date 類別處理日期

date 類別用來表示日期，也就是包含了年、月、日。通常類別皆有建構式來實體化物件，date 類別的建構式語法如下：

```
date(year, month, day)
```

◈ year 的範圍是 1~9999。

◈ month 的範圍是 1~12。

◈ day 的範圍則依據 year、month 來做決定。

Tips 什麼是建構式 (或稱建函式)?

- 來自物件導向的概念，透過建構式能將物件初始化；有了建構式可以把類別實體化，產生物件。

使用 date 類別的建構式時，三個參數的年、月、日都不能省略，例一：

```
import datetime     # 滙入 datetime 模組
print(datetime.date(2017, 8, 3))     # 回傳 2017-08-03
```

date 類別具有類別和物件方法，使用類別方法，要直接呼叫 date 名稱，表【8-5】先介紹其常用的類別方法和屬性。

date 類別屬性、方法	說明
day	回傳整數天數
year	回傳年份
month	回傳月份
today() 方法	無參數，回傳當前的日期
fromordinal(ordinal)	依據天數回傳年、月、日
fromtimestamp(timestamp)	參數配合 time.time() 可回傳當前的日期

表【8-5】date 類別常用的屬性和類別方法

例二：了解物件 date 的 year、month、day 相關屬性。

```
import datetime
special = datetime.date(2021, 10, 14)
print(special.day)      # 回傳日期 14
print(special.month)    # 回傳月分 10
print(special.year)     # 回傳年 2021
```

◈以物件 special 來儲存 date 類別的指定的年、月、日之後，再以屬性分別取得其值。

例三：方法 today() 能取得今天的日期。

```
import datetime
print(datetime.date.today())   # 輸出 2021-10-12
```

此外，date 類別亦提供一些物件方法，要透過指派的物件才有作用；表【8-6】簡介。

物件方法	說明
ctime()	以字串回傳「星期 月 日 時 : 分 : 秒 年」
replace(y, m, d)	重設參數中年 (y)、月 (m)、日 (d) 來新建日期
weekday()	回傳星期值，索引值 0 表示週一
isoweekday()	回傳星期值，索引值 1 表示週一

物件方法	說明
isocalendar()	Tuple 物件回傳，以 (年，週數，星期) 表示
isoformat()	以字串回傳其格式；如 'YYYY-MM-DD'
strftime(format)	將日期格式化
timetuple()	回傳 time.struct_time 的時間結構

表【8-6】物件 date 常用的屬性和方法

使用方法 ctime() 必須要產生 date 物件才有回傳值。replace() 方法可以依據參數的年 (year)、月 (month)、日 (day) 來重新指派其值。例四：

```
import datetime
atonce = datetime.date.today() #今天日期
print(atonce.ctime())   # 輸出字串「Mon Oct 11 00:00:00 2021」
print(atonce.replace(month = 6, day = 12))
```

◈ 物件 atonce 先儲存了今天的日期，再呼叫 replace() 方法將月改成「6」，日期變更成「12」，它就變成「2021-06-12」。

方法 weekday() 能經由指定日期來回傳它是一週的第幾天，不過索引由零開始，另一個方法 isoweekday() 的索引就是由「1」開始：

```
# 參考範例《CH0808.py》
import datetime
work = datetime.date(2021, 10, 9)
print(work)
print(f'一週的第{work.weekday()}天')
num = work.isoweekday()
print('星期天' if num == 7 else '星期 '+ str(num))
```

方法 isocalendar() 回傳某個特定日期的「年 週數 星期」。例五：

```
dt1 = datetime.date(2013, 12, 5)
dt2 = datetime.date(2019, 8, 8)
print(dt1.isocalendar())    # 回傳(2013, 49, 4)
```

```
print(dt2.isocalendar())    # 回傳(2019, 32, 4)
print('Date:', dt2.isoformat())    # Date: 2017-05-08
```

◈呼叫 isocalendar() 方法，物件 dt1 會回傳「2013 年 第 49 週 星期四」；dt2 則回傳「2019 年 第 32 週 星期四」。

◈物件 dt2 呼叫 isoformat() 方法，則以日期「2019 年 -8 月 -8 日」回傳。

範例《CH0809.py》

匯入 datetime 模組的兩個類別 date 和 timedelta。先以 date 類別取得兩個日期區間，而 timedelta 類別指定日期的間隔。

```
= RESTART: D:\PyCode\CH08\CH0809.py
2021-10-01 2021-10-02 2021-10-03 2021-10-04
2021-10-05 2021-10-06 2021-10-07 2021-10-08
2021-10-09 2021-10-10 2021-10-11 2021-10-12
2021-10-13 2021-10-14
```

程式碼

```
01 from datetime import date, timedelta
02 begin = date(2021, 10, 1)
03 end = date(2021, 10, 15)
04 step = timedelta(days = 1)    # 某個日期區間，以 1 日為間隔值
05 result = []  # 空的 List，用來存放日期
06 while begin < end:    # while 迴圈 加入 date 物件
07     result.append(begin.strftime('%Y-%m-%d'))
08     begin += step
09 width = 11
10 for item in result:    # for/in 讀取並做格式化輸出
11     print('{0:{width}}'.format(
12         item, width = width), end = '')
```

◈第 2~4 行：先設定日期區間的開始和結束日期，並設定間隔值。

◈第 6~8 行：while 迴圈配合 list.append() 方法，並以 strftime() 方法設定格式，將日期加到 List 物件。

◈第 10~12 行：for/in 迴圈讀取 List 物件，並以字串的 format() 方法將指定的欄寬（第 11 行）放到格式碼「{0:{width}}」，其中「0」是指 item，而 width 會被設定的欄寬值取代。

範例《CH0810.py》

利用日期可以相減的特性，算一下年齡吧！

```
= RESTART: D:\PyCode\CH08\CH0810.py
請輸入出生的年、月、日->1957, 7, 14
天數：23,465天
年齡 64.29
```

程式碼

```
01 from datetime import date, timedelta
02 tody = date.today()         # 今天日期
03 yr, mt, dt = eval(input('請輸入出生的年、月、日->'))
04 birth = date(yr, mt, dt)   # 某人生日
05 ageDays = tody - birth
06 print(f'天數：{ageDays.days:,}天')
07 age = ageDays/timedelta(days = 365)
08 print(f'年齡 {age:.2f}')
```

◈第 2、3 行：today() 方法取得今天的日期；以 eval() 函式來取得出生的年、月、日。

◈第 4 行：使用 date 類別年、月、日交給 birth 變數儲存。

◈第 5 行：以今天的日期減掉出生日期。

◈第 6、7 行：屬性 days 可轉成天數，而 timedelta 類別的 days 指定間隔為 365 來算出年齡。

8.5.2 日期運算有 timedelta 類別

datetime 模組的 timedelta 類別具有的屬性，有 days、seconds 和 microseconds。它可以表達某個特定的日期，或者將指定日期或時間做運算，其建構式的語法如下：

```
timedelta(days = 0, seconds = 0, microseconds = 0,
   milliseconds = 0, minutes = 0, hours = 0, weeks = 0)
```

由於 timedelta 類別可以配合建構式來指定日期和時間，並做時間格式的轉換，以下述範例來說明。

```
# 參考範例《CH0811.py》
from datetime import datetime, timedelta
# 設兩個時間
d1 = timedelta(days = 4, hours = 5)
d2 = timedelta(hours = 2.8)
dtAdd = d1 + d2   #將兩個時間相加
print(f'共{dtAdd.days}天')   # 輸出共 4 天
print(f'   7.8時 = {dtAdd.seconds:7,} 秒')
print(f'4天7.8時 = {dtAdd.total_seconds():9,} 秒'
```

◈變數 dtAdd 會分別就屬性 days 和 sceconds 來顯示結果。

◈輸出 7.8 時 = 28,080 秒。

◈方法 total_seconds() 則是會把 dtAdd 的天數和時間全部轉換成秒數，所以輸出「373,680.0」秒。

運用 timedelta 的特色可以將日期和時間做加、減、乘、除的運算，下述範例做說明。

```
# 參考範例《CH0812.py》
from datetime import datetime, timedelta
d1 = datetime(2018, 9, 2)
print('日期：', d1 + (timedelta(days = 7)))
# 輸出日期： 2018-09-09 00:00:00
d2 = datetime(2020, 1, 22)
d3 = timedelta(days = 106)
dt = d2 - d3 #將兩個日期相減
print('日期二：', dt.strftime('%Y-%m-%d'))# 日期二：2019-10-08
```

◈ 先以 datetime() 建構式設定日期之後，再以 timedelta() 建構式指定天數，將兩者相加之後可以得到一個新的日期，輸出「2018-09-09 00:00:00」。

◈ 同樣以 datetime()、timedelta() 建構式設日期，兩者相減之後得到新日期。

範例《CH0813.py》

計算上週的某個日期。

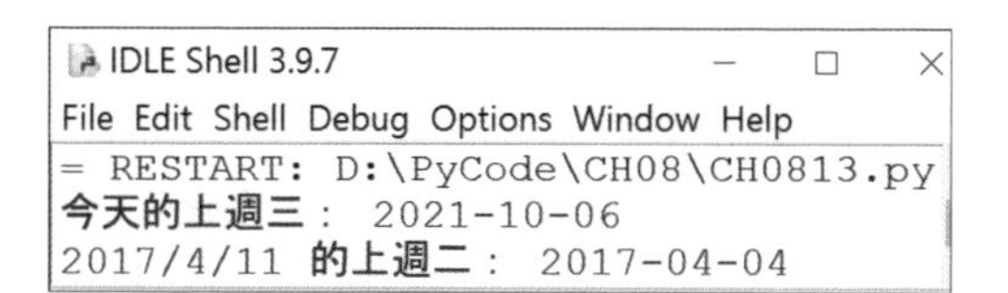

程式碼

```
01 from datetime import datetime, timedelta
02 #建立儲存星期的 list 物件
03 weeklst = ['Monday', 'Tuesday', 'Wednesday',
04           'Thursday', 'Friday', 'Saturday', 'Sunday']
05 def getWeeks(wkName, beginDay = None):
06     #如果未傳入 beginDay 之日期，就以今天為主
07     if beginDay is None:
08         beginDay = datetime.today()
09     #weekday() 方法回傳取得星期的索引值，Monday 索引值為 0
10     indexNum = beginDay.weekday()
11     target = weeklst.index(wkName)
12     lastWeek = ( 7 + indexNum - target) % 7
13     if lastWeek == 0:
14         lastWeek = 7
15     # timedelta() 建構式取得天數
16     lastWeek_Day = beginDay - timedelta(
17         days = lastWeek)
18     return lastWeek_Day.strftime('%Y-%m-%d')
19 # 只傳入一個參數
20 print('今天的上週三：', getWeeks('Wednesday'))
```

```
21 # 傳入二個參數
22 dt = datetime(2017, 4, 11)
23 print('2017/4/11 的上週二：', getWeeks('Tuesday', dt))
```

◈第 5~18 行：定義函式，有兩個參數，接收傳入的星期名稱，找出對應日期。

◈第 7~8 行：使用 if 敘述來判斷第二個參數是否為 None；如果是就以 datetime() 建構式取得今天日期來當作參數。

◈第 10~12 行：將第二個參數透過 weekday() 方法，取得由 0 開始的星期數值，和存放星期名稱的索引值做運算；以所得餘數作為星期判斷天數的依據。

◈第 13~14 行：若 lastweek 的餘數為零，表示與指定日期相差 7 天。

◈第 16~17 行：將第二個參數指定的日期減去相差天數就能獲得上週指定星期的日期。

8.6 奇妙的詞雲

什麼是詞雲？它也稱「文字雲」，它把文字資料中出現頻率較高的「關鍵詞」進行渲染來產生視覺映象，形成了像雲一樣的彩色圖，讓閱讀的人望一眼就能領略文字資料想要表達的重要意涵。Python 提供的第三方庫 WordCloud，可以利用它建立詞雲，一起透過它來體驗文字之妙。

Step 1 啟動命令字元提示視窗；【視窗鍵 + R】叫出「執行」交談窗，輸入「cmd」指令並按下「確定」鈕。

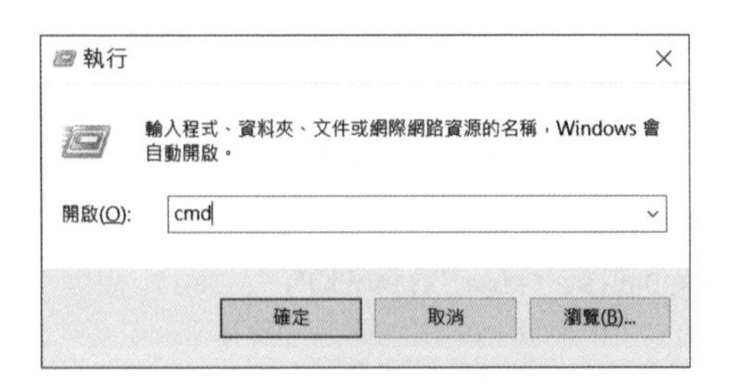

Step 2 執行指令「pip install wordcloud」若無法安裝，則前往下列網站下載 wordcloud 模組，網址「https://www.lfd.uci.edu/~gohlke/pythonlibs/」。找出自己適用的版本來下載，例如筆者安裝了 Python 3.9，就找出「cp39」，cp 接續的數字為版本，39 就是「3.9」，38 就是「3.8」，視窗作業系統是 64 位元，所以下載「wordcloud-1.8.1-cp39-cp39-win_amd64.whl」。

Wordcloud: a little word cloud generator.

- wordcloud-1.8.1-pp37-pypy37_pp73-win_amd64.whl
- wordcloud-1.8.1-cp310-cp310-win_amd64.whl
- wordcloud-1.8.1-cp310-cp310-win32.whl
- wordcloud-1.8.1-cp39-cp39-win_amd64.whl
- wordcloud-1.8.1-cp39-cp39-win32.whl
- wordcloud-1.8.1-cp38-cp38-win_amd64.whl
- wordcloud-1.8.1-cp38-cp38-win32.whl
- wordcloud-1.8.1-cp37-cp37m-win_amd64.whl
- wordcloud-1.8.1-cp37-cp37m-win32.whl
- wordcloud-1.8.1-cp36-cp36m-win_amd64.whl

Step 3 將下載的軟體直接存放在「C:\Users\使用者名稱」資料夾之下。在命令字元下進行安裝，指令「pip install wordcloud-1.8.1-cp39-cp39-win_amd64.whl」；要記得給予完整名稱，包括副檔名都不能缺少。

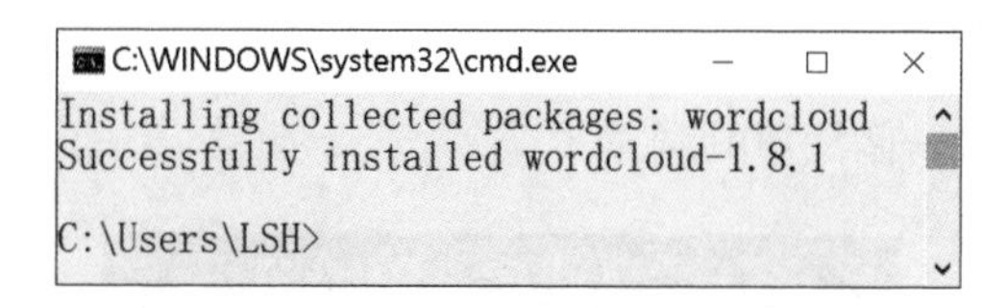

Step 4 安裝成功後，在 Python Shell 交談窗，執行「import wordcloud」指令，若無任何錯誤訊息，代表 wordcloud 可以使用。

先認識 wordcloud 的相關方法，列表【8-7】

方法	說明
WordCloud(< 參數 >)	建立詞雲物件，參數可省略
generate(text)	載入文字資料產生詞雲物件
to_file(filename)	將詞雲物件製成圖像

表【8-7】wordcloud 相關方法

建構函式 WordCloud() 可以省略參數，但也可以進行設定，介紹常用參數，列表【8-7】。

WordCloud()	說明
height	指定詞雲圖片的高度，預設值 400 像素
width	指定詞雲圖片的寬度，預設值 200 像素
font_path	設定文件字體的路徑，預設 None
max_words	設定詞雲的最大單詞量，預設值 200
stop_words	不在詞雲裡顯示的單詞
mask	設定詞雲的形狀，預設為矩形
background_color	設定詞雲的背景色

表【8-8】wordcloud() 方法的常用參數

滙入詞雲後，三個步驟完成一個簡單的詞雲圖片：

(1) 建立詞雲物件，使用「wordcloud.WordCloud()」。

(2) 載入文字資料放入詞雲裡，呼叫方法 generate()。

(3) 產生詞雲圖片，方法 to_file() 指定圖片的輸出格式，如 JPEG 或 PNG 等。

範例《CH0814.py》

以英文資料產生一個簡單的詞雲。

程式碼

```
01 import wordcloud    # 滙入詞雲
02 word = '''we programmed the computer to make
03 decisions based on conditions. In this chapter, we'll
```

```
04 program the computer to pick a number between 1
05 and 10, to play Rock-Paper-Scissors, and even to roll
06 dice or pick a card!'''
07 # 1. 建立詞雲物件，背景為黑色
08 sample = wordcloud.WordCloud(background_color = 'Black')
09 # 2. 詞雲裡放入文字資料
10 sample.generate(word)
11 # 3. 產生詞雲圖片
12 sample.to_file('fun.png')
```

章節回顧

- 什麼是模組 (Module) ？簡單來說就是一個 Python 檔案。模組包含了運算、函式與類別。
- 如何區別 Python 檔案和用於模組的檔案？很簡單，一般的 py 檔案得透過直譯器才能執行。若是模組則要透過 import 敘述將檔案匯入供其使用。
- 若只想使用某個模組的特定的方法，就以 from 敘述為開頭，import 敘述指定物件名。
- Python 的模組 sys 提供操作環境的相關測試；屬性 argv 未加入索引，接收的引數串列放入 List 中；加上索引須依序填入資料。
- Python 執行環境會隨著物件的產生加入不同的「名稱空間」。內建函式 dir() 無參數時回傳目前區域範圍，加入參數可查看某個物件的屬性項。
- 直接執行某個 .py 檔案，__name__ 屬性若為「__main__」表示它是主模組。以 import 敘述來匯入此檔，則屬性 __name__ 會被設定為模組名稱。
- random 模組配合序列物件，choice() 方法隨機挑選一個數值；shuffle() 方法會把元素的順序打亂；sample() 方法能隨機選取多個元素。
- time 模組表示一個絕對時間。由於它來自 Unix 系統，計算時間從 1970 年 1 月 1 日開始，以秒數為單位，這個值稱為「epoch」。
- 取得目前時間，time 模組有兩種：模以字串回傳，使用 asctime() 方法或 ctime() 方法。方以時間結構來回傳，gmtime() 或 localtime() 方法。
- datetime 模組用來處理日期和時間，有兩個常數：① datetime.MINYEAR：表示最小年份。② datetime.MAXYEAR：表示最大年份，預設值「MAXYEAR = 9999」。
- 詞雲也稱「文字雲」，把文字資料中出現頻率較高的「關鍵詞」進行渲染來產生視覺映象，形成了像雲一樣的彩色圖，讓閱讀的人望一眼就能領略文字資料想要表達的重要意涵。

自我評量

一、填充題

1. 滙入模組時，import 敘述之後的 as 敘述，其作用：__________________。
2. 若只想使用某個模組的特定的方法，就以 ____________ 為開頭，import 敘述指定物件名。
3. 要檢視目前所在環境的名稱空間，可使用內建函式 ___________。
4. Python 的模組 sys 提供操作環境的相關測試；屬性 argv 未加入索引，接收的引數串列放入 ___________。
5. 想要取得模組的執行路徑，可呼叫 sys 模組 ___________ 查看；要新增路徑則呼叫 _______________ 方法以所在路徑為參數。
6. 取亂數的 random 模組中，___________ 方法可產生 0~1 之間的浮點數，___________ 方法可指定範圍來產生整數；___________ 方法能打亂序列物件中元素的順序。
7. datetime 模組的 date 類別，其建構式有三個參數，分別是：_________、_________、_________。
8. datetime 模組的 date 類別，其方法 isocalendar() 能回傳 _________、_________、_________ 的資料，方法 _________ 能置換年、月、日的資料。
9. calendar 模組的 ___________ 方法就是結合 calendar() 方法和 print() 函式，可直接輸出日曆。

二、實作題

1. 滙入 random 模組，將被 3 整除的亂數加至 List 物件，並輸出排序前、排序後(遞減)的結果。
2. 滙入 random 模組並以 as 敘述給予別名；產生隨機值，若是數字 7 則紅利加倍。

```
穫到點數：  8,  8,  3
總點數： 19
>>>
= RESTART: D:\PyCode\各章節實作
\CH08\Lab08_Ex2_2.py
得到一個幸運號碼 7
紅利和： 23
```

3. 利用 time 模組，依據目前的日期、時間輸出下列格式。

```
日期 2021-10-20 第 41 週
時間 17:22:01 PM
```

4. 參考範例《CH0810》，將它變成模組，在 Python Shell 互動模式下滙入後；輸入出生日期，能計算年齡。

```
>>> import sys
>>> sys.path.append('D:\PyCode\各章節實作\CH08')
>>> from Lab08_Ex2_4_Age import funcAge
請輸入出生的年、月、日->2008, 9, 22
年齡 13.10
```

CHAPTER

09

GUI 介面

學習目標

- 從物件導向程式設計的觀點來認識類別和物件；物件的繼承
- 建立主物窗，寫一個簡單的視窗程式
- 以 Frame 為容器，加入標籤、按鈕元件

python

9.1 淺談物件導向機制

為了配合本章節GUI探索，先以粗淺概念來介紹「物件導向」。所謂「物件導向」(Object Oriented)是將真實世界的事物模組化，主要目的是提供軟體的再使用性和可讀性。透過物件和傳遞的訊息來表現所有動作。簡單來說，就是「將腦海中的描繪以實體方式呈現」。

如同蓋房屋之前要有規劃藍圖，主要目的就是反映房屋建造後的真實面貌。因此，若把類別視為物件原型，產生類別後，得「實體化」(Instantiation)其物件。類別能產生不同狀態的物件，它們各自皆為獨立實體，所以物件也稱作「執行個體」(Instance)或實體。類別(Class)提供實作物件的模型，撰寫程式時，必須先定義類別，設定成員的屬性和方法。

當然！ Python是不折不扣的物件導向程式語言，依據官方說法，其類別機制是C++ 以及Modula-3的綜合體。所以特性有：

- Python所有的類別(Class)與其包含的成員都是public，使用時不用宣告該類別的型別。
- 採多重繼承，衍生類別(Derived class)可以和基礎類別(base class)的方法同名稱，也能覆寫（Override）其所有基礎類別(base class)的任何方法(method)。

9.1.1 產生類別

類別由類別成員(Class Member)組成，使用之前要做宣告，語法如下：

```
class ClassName:
    # 定義初始化內容
    # 定義 methods
```

◈class：使用關鍵字建立類別，配合冒號「:」產生suite。

◈ClassName：建立類別使用的名稱，同樣必須遵守識別字的命名規範。

◈定義method(方法)時，跟先前介紹過的自定函式一樣，須使用def敘述。

例一：建立一個空類別。

```
class student:
    pass
```

◈建立 student 類別，使用 pass 敘述是表示什麼事都不做。

那麼 Python 類別的特性又有什麼不一樣？簡介如下：

- 每個類別皆可以實體化多個物件：經由類別產生的新物件，皆能獲得自己的名稱空間，能獨立存放資料。
- 經由繼承擴充類別的屬性：產生類別後，可建立名稱空間的階層架構；類別外部能重新定義屬性來擴充類別。
- 運算子重載 (overload)：經由特定協定來定義類別的物件，回應內建型別 (Built-in type) 的運算。例如：切片、索引等。

9.1.2 定義方法

定義類別的過程中能加入屬性和方法 (Method)，再以物件來存取其屬性和方法。所以方法是：

- 它只能定義於類別內部。
- 只有產生實體 (物件) 才會被呼叫。

如何在類別裡定義方法？跟第七章介紹自訂函式的語法一樣，以關鍵字「def」為開頭。依據 Python 程式語言使用的慣例，定義方法的第一個參數必須是自己，習慣上使用 self 做表達，它代表建立類別後實體化的物件。self 類似其他語言中的 this，指向物件自己本身。以一個簡單範例說明定義類別的用法。

範例《CH0901.py》

宣告類別，定義方法。

```
= RESTART: D:\PyCode\CH09\CH0901.py
款式:Vios   , 顏色:極光藍
款式:Altiss, 顏色:炫魅紅
```

程式碼

```
01 class Motor:
02     # 定義方法一：取得名稱和顏色
03     def buildCar(self, name, color):
04         self.name = name
05         self.color = color
06     # 定義方法二：輸出名稱和顏色
07     def showMessage(self):
08         print(f'款式：{self.name:6s},',
09               f'顏色：{self.color:4s}')
10 # 產生物件
11 car1 = Motor()        # 物件1
12 car1.buildCar('Vios', '極光藍')
13 car1.showMessage()    # 呼叫方法
14 car2 = Motor()        # 物件2
15 car2.buildCar('Altiss', '炫魅紅')
16 car2.showMessage()
```

◈第 1~9 行：建立 Motor 類別，定義了二個方法。

◈第 3~5 行：定義第一個方法，用來取得物件的屬性。跟定義函式相同，要使用 def 敘述為開頭；方法中的第一個參數須用 self 敘述，它類似其他程式語言的 this。如果未加 self 敘述，以物件呼叫此方法時會發生錯誤 TypeError。

◈第 4、5 行：將傳入的參數透過 self 敘述來作為物件的屬性。

◈第 7~9 行：定義第二個方法，用它來輸出物件的相關屬性。

◈第 12~13 行：產生物件並呼叫其方法。

Tips 方法中的第一個引數 self

- 定義類別時所有的方法都必須宣告它。
- 當物件呼叫方法時，Python 直譯器會將它傳遞。
- 使用於方法的 self 引數，會繫結所指向的實體。

9.1.3 類別實體化

要將類別實體化(Implement)就是產生物件，有了物件可進一步存取類別裡所定義的屬性和方法；其語法如下：

```
物件 = ClassName( 引數串列 )
物件 . 屬性
物件 . 方法 ()
```


◈物件名稱同樣得遵守識別字的規範。

◈引數串列可依據物件初始化做選擇。

建立類別後，可依據類別來產生物件。例一：

```
class student:        # 建立 student 類別
   . . .
mary = student()      # 產生第一個物件
tomas = student()     # 產生第二個物件
```

上述例句可視為「建立 student 類別的實體，並將該物件指派給區域變數 mary 和 tomas」。此外，定義類別的方法還使用一個特別的字 self(此處以 self 敘述來稱呼它)。通常定義於方法內的變數，屬於區域變數，離開此適用範圍(Scope)就結束了生命週期。由於 self 不做任何引數的傳遞，但藉由 self 敘述的加入，它們成了物件變數，能讓方法之外的物件來存取。

```
class student:     # 建立類別
    def display(self, name, sex):     # 定義方法
        self.name = name     # 物件變數，即為屬性
        self.sex = sex
```

所以將參數 name 的值傳給「self.name」，會讓一個普通的變數轉變成物件變數(也就是屬性)，並由物件來存取。此外，定義類別之後，還能依據需求傳入不同型別的資料，下述範述做說明。

```
# 參考範例《CH0902.py》
class Student:
    def message(self, name):   # 方法一
        self.data = name
    def showMessage(self):     # 方法二
        print(self.data)
s1 = Student()   # 第一個物件
s1.message('James McAvoy')      # 呼叫方法時傳入字串
s1.showMessage()
s2 = Student()   # 第二個物件
s2.message(78.566)              # 呼叫方法時傳入浮點數值
s2.showMessage()
```

◈定義 message() 方法，藉由 self 將傳入的參數 name 設為物件的屬性。

◈定義 showMessage() 方法，輸出此物件的屬性。

◈Python 採動態型別，物件會因傳入資料的型別而不同。第一個物件 s1 是以字串做傳遞；第二個物件 s2 是以浮點數為參數值。

同樣，定義類別時，也能藉由其方法來傳入參數，完成計算返回其值，以下範例做簡單說明。

```
# 參考範例《CH0903.py》宣告類別
class student:
    def score(self, s1, s2, s3):
        return (s1 + s2 + s3)/3
vicky = student()   # 產生物件
# 呼叫 score() 方法並傳入引數
average = vicky.score(98, 65, 81)
print(f'Vicky 平均分數：{average:.3f}')
```

◈建立 Student 類別，只定義一個方法，接收 3 個參數值，計算後 return 敘述回傳其平均值。

◈產生 vicky 物件，呼叫 score() 方法傳入 3 個引數。

9.1.4 物件初始化

通常定義類別的過程中可將物件做初始化，其他的程式語言會將建構和初始化以一個步驟來完成，通常採用建構函式(Constructor)。對於Python程式語言則有些許不同，它維持兩個步驟來實施：

- 步驟一：呼叫特殊方法 __new__() 建構物件。
- 步驟二：以特殊方法 __init__() 完成物件初始化。

建立物件會以 __new__() 方法呼叫 cls 類別建構新的物件，先來看看它的語法：

```
object.__new__(cls[, ...])
```

◈ object：類別實體化所產生的物件。

◈ cls：建立 cls 類別的實體，傳入使用者自行定義的類別。

◈ 其餘參數可作為建構物件之用。

建構物件由 __new__() 方法決定，採兩種措施：

- 第一個參數回傳類別實例(即物件)，會呼叫 __init__() 方法繼續執行(如果有定義的話)，第一個參數會指向所回傳的物件
- 第一個參數未回傳其類別實例(回傳其它的實例或None)，則 __init__() 方法即使已定義也不會執行。

由於 __new__() 本身是一個靜態方法，它幾乎已涵蓋建立物件的所有的要求，所以Python直譯器會自動呼叫它。但是物件初始化，Python會要求重載(Overload)__init__() 方法；再來認識其語法。

```
object.__init__(self[, ...])
```

◈ object 為類別實體化所產生的物件。

◈ 使用 __init__() 方法的第一個參數必須是 self 敘述，接續的參數可依據實際需求來覆寫(override)此方法。

利用一個簡單的例子來說明方法 __new__() 和 __init() 兩者之間的連動變化。

範例《CH0904.py》

初始化物件的兩個方法。藉由定義 __new__() 方法認識物件如何建構物件與初始化。由於物件 y 帶入參數，__new__() 方法回傳的第一個參數是類別實例，就會繼續執行 __init__() 方法。因此，方法 __new__() 與 __init__() 須具相同個數的參數；若兩者的參數不相同，同樣會引發錯誤 TypeError。

```
= RESTART: D:\PyCode\CH09\CH0904.py
物件未建構

物件已建構
物件初始化...
Second
```

程式碼

```
01 class newClass:   # 宣告類別
02     #__new__() 建構物件
03     def __new__(Kind, name):
04         if name != '' :
05             print(" 物件已建構 ")
06             return object.__new__(Kind)
07         else:
08             print(" 物件未建構 ")
09             return None
10     def __init__(self, name):   # 初始化物件
11         print(' 物件初始化 ...')
12         print(name)
13 x = newClass('')   # 產生物件
14 print()
15 y = newClass('Second')
```

◈第 3~9 行：定義 __new__() 方法。參數「Kind」用來接收實體化的物件，參數「name」則是建構物件時傳入其名稱。

◈第 4~9 行：使用 if/else 敘述做條件判斷，如果生成的物件有傳入字串才會顯示訊息。

◈ 第 10~12 行：定義 __init() 方法，第二個參數「name」必須與 __new__() 的第二個參數相同。

◈ 第 13、15 行：有 x、y 兩個物件，物件 x 的參數為空字串，所以會回傳 None，顯示「物件未建構」，而物件 y 則傳入字串，所以它呼叫了 __new__() 建構物件之後繼續執行 __init__() 方法。

物件要經過初始化程序才能運作。大家一定很好奇！先前的範例並未使用方法 __new__() 和 __init__()，要如何初始化物件？很簡單！類別實體化（產生物件）時，Python 直譯器會自動呼叫它；就如同其他程式語言自動呼叫預設建構函式的道理是相同的。

9.1.5 有關於繼承

繼承 (Inheritance) 是物件導向技術中一個重要的概念。繼承機制是利用現有類別衍生出新的類別所建立的階層式結構。透過繼承讓已定義的類別能以新增、修改原有模組的功能。

Python 採「多重繼承」(multiple inheritance) 機制。繼承關係中，如果基底類別同時擁有多個父類別，稱為「多重繼承」機制，也就是子類別可能在雙親之外還有義父或義母。相反的情況，如果子類別只有一位父親或母親（單親），就是「單一繼承」機制。

對 Python 來說要繼承另一個類別，只要定義類別時指定某個已存在的類別名稱即可，先認識其語法：

```
class DerivedClassName(BaseClassName):
    <statement-1>
    . . .
    <statement-N>
```

◈ DerivedClassName：欲繼承的類別名稱，稱衍生類別或子類別，其名稱必須遵守識別字的規範。

◈ BaseClassName：括號之內是被繼承的類別名稱，稱基礎類別或父類別。

範例：說明類別之間如何產生繼承關係。

```
# 參考範例《CH0905.py》
class Father:    # 產生父類別 或稱 基礎類別
    def walking(self):
        print('多走路有益健康!')
class Son(Father):   # 產生子類別 或稱 衍生類別
    pass
# 產生子類別實體 - 即物件
Joe = Son()
Joe.walking()
```

◈先定義一個父類別(或基底類別)Father，內含方法 walking()。

◈再定義了另一個子類別(或稱衍生類別)Son，括號內是另一個類別名稱 Father，表示 Son 類別繼承了父類別 Father。

◈產生子類別實體，它可以呼叫父類別的方法 walking()。

9.2 使用 tkinter 套件

tkinter 是 python 標準函式庫所附帶的 GUI 套件，可配合 Tk GUI 工具箱來建立視窗的相關元件。tkinter 支援跨平台，windows、Linux 和 Mac 皆可使用。tkinter 模組除了本身的模組之外，尚有兩個擴充的模組：

■ tkinter.tix 模組：擴展了 Tk 的 widgets。

■ tkinter.ttk 模組：以 widgets 為基礎，它包含了相當多的元件。

9.2.1 踏出 GUI 第一步

tkinter 套件本身就是 Python 模組，可以在 Python Shell 互動模式下以 import 敘述匯入就可以使用。如果不太確定，想要進一步檢查，可以「命令提示字元」視窗以下述指令來確認。

```
>python -m tkinter
```

按下 Enter 鍵後，會載入標題列含有「Tk」的新視窗，表示 tkinter 套件在 Python 中使用是沒有問題，按「QUIT」鈕來關閉此視窗。

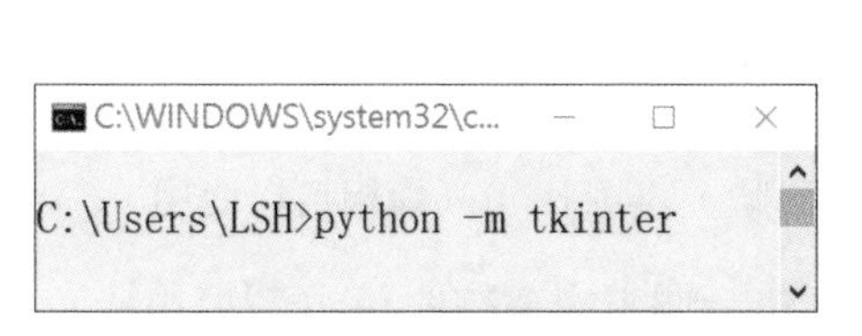

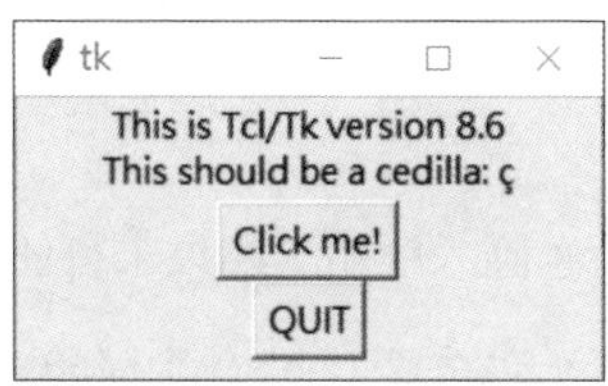

如何利用 tkinker 套件來建立 GUI 介面，概分四步驟：

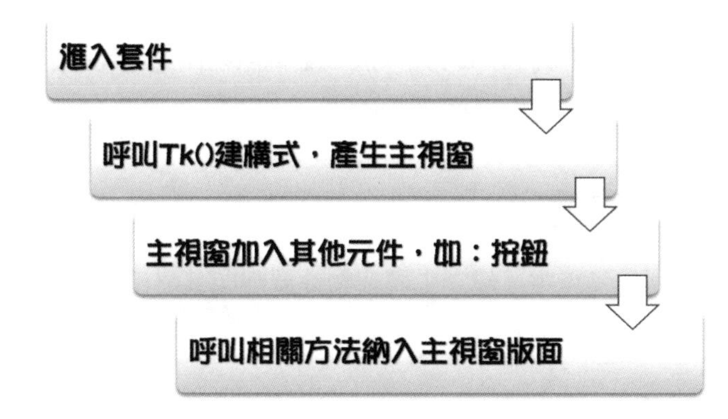

範例《CH0906.py》

體驗一下 tkinker 套件的魅力吧！使用它來產生一個黑底白字的視窗，並顯示「Hello Python!!」。

程式碼

```
01 from tkinter import Tk, Label # step 1：匯入 tkinter 模組
02 # step 2: 產生 Tkinter 主視窗物件 - root
```

```
03 root = Tk()
04 # step 3: 主視窗加上一個標籤來顯示文字
05 lblShow = Label(root, text = 'Hello Python!!',
06     width = 20, height = 4, fg = 'white', bg = 'gray')
07 # step 4: pack() 方法做版面管理
08 lblShow.pack()
```


◈第 1 行：匯入模組；如果未有任何異狀，表示 tkinter 模組可以使用。

◈第 3 行：首先要以 Tk() 建構函式產生一個主視窗物件 root(習慣用法)。若在互動交談模式下，按下 Enter 鍵之後，就可以看到一個視窗出現在畫面上。

◈第 5~6 行：加上一個標籤，設定相關屬性值。

◈第 8 行：呼叫 pack() 方法將 Label 元件放入主視窗物件進行版面配置；若未呼叫 pack() 方法，Label 就無法在主視窗中展示。

9.2.2 建立主視窗

產生 GUI 介面的步驟中，建立主視窗物件要呼叫其建構函式 Tk()，它的語法如下：

```
tkinter.Tk(screenname = None, baseName = None,
    className = 'Tk', useTk = 1)
```

◈className：使用的類別名稱。由於所有的參數皆有預設值，表示不設參數值也能產生一個主視窗物件。

有了主視窗之後；才能透過它呼叫相關方法，簡介如下：

- title('str') 方法：在主視窗物件標題列顯示文字，例如「root.title('Python GUI)」。

- resizable(FALSE, FALSE) 方法：重設主視窗物件大小。

■ minsize(width, height) 方法：主視窗物件最小化時的寬和高。

■ maxsize(width, height) 方法：主視窗物件最大化時的寬和高。

■ mainloop() 方法：產生訊息迴圈，讓子元件在主視窗環境中運作。

■ destroy() 方法：清除主視窗物件，釋放資源。

跟我們操作軟體相同，它可能有最大化或最小化時停留在工作列。有三個方法與主視窗狀態相關，但它們彼此之間互拆，也無法與 geogetry() 方法同時使用，使用時須留意。

■ state('str') 方法：以字串顯示視窗狀態。

■ iconify() 方法：將主視窗物件最小化到工作列

■ deiconify() 方法：則從工作列還原視窗。

設定主視窗物件的大小和位置要呼叫 geometry() 方法，其語法如下：

```
geometry('widthxheight±x±y')
```

◈ 參數的 width(寬)、height(高)、x、y(座標) 皆以像素 (pixel) 為單位。

◈ 參數 x：主視窗以螢幕左上角為原點。以數值來表達左、右(水平)兩側距離。左側以正值「+25」會出現在螢幕左側；右側使用負值「-25」則主視窗出現於螢幕右側。

◈ 參數 y：主視窗和螢幕頂、底(垂直)兩端距離。頂端以正值「+25」；底部採負值「-25」。

◈ width、height：主視窗的寬和高。

範例《CH0907.py》

簡單介紹 geometry() 方法設定主視窗大小和位置。

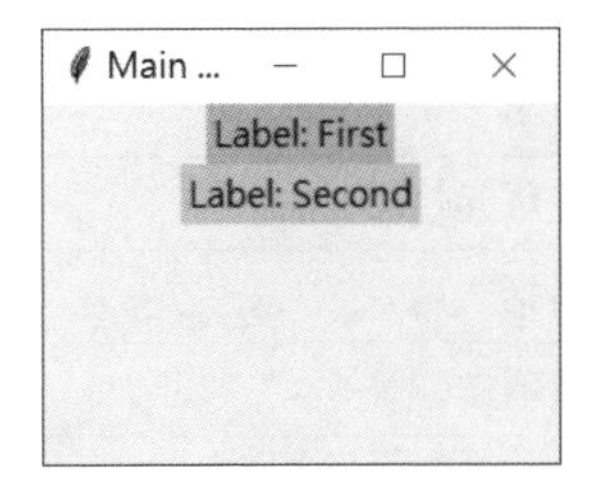

程式碼

```
01 # step2. 建立主視窗物件，標題列顯示文字
02 wnd = Tk()
03 wnd.title('Main Window')
04 wnd.geometry('220x150+5+40')    # 設定視窗大小
05 # 設定兩個標籤
06 little = Label(wnd, text = 'Label: First',
07         bg = 'skyblue').pack()
08 bigger = Label(wnd, text ='Label: Second',
09         bg = 'pink').pack()
10 wnd.mainloop()
```

◈第3行：要在主視窗標題列顯示文字，得由主視窗物件呼叫 title() 方法。

◈geometry() 設定主視窗物件大小，要以字串方式設定寬和高、x 和 y 座標。由於 x、y 座標為正值，表示執行此程式時，會出現在螢幕左上角。

9.2.3 tkinter 元件

tkinter 有那些元件？表【9-1】簡介。

元件名稱	簡介
Button*	按鈕
Canvas	提供圖形繪製的畫布
Checkbutton*	核取方塊
Entry*	單行文字標籤
Frame*	框，可將元件組成群組
Label*	標籤，顯示文字或圖片
Listbox	清單方塊
Menu	選單
Menubutton*	選單元件
Message	對話方塊
Radiobutton*	選項按鈕

元件名稱	簡介
Scale*	滑桿
Scrollbar*	捲軸
Text	多行文字標籤
Toplevel	建立子視窗容器

表【9-1】tkinter 元件

表【9-1】所列元件本身皆是類別，而元件名稱含有 * 字元者，表示它們是繼承 widgets 類別的子類別。物件導向機制的運作下，皆要透過這些類別來產生操作介面，它們皆有屬性和方法。

9.2.4 一個簡單的視窗程式

使用 tkinter 套件來撰寫 GUI 介面，必須以繼承機制來建立自己的子類別。一般的作法如下：

- 首先，建立一個 wndApp 類別，它繼承了 Frame 類別。
- Frame 類別在初始化過程中會去呼叫自己的 __init__() 方法，形成主視窗內有 Frame，而 Frame 內的左、右各有一個按鈕 (Button)。
- 左側按鈕按一下會顯示今天日期，右側滑鼠則會關閉主視窗。

範例《CH0908.py》

含有兩個按鈕的簡單視窗程式。

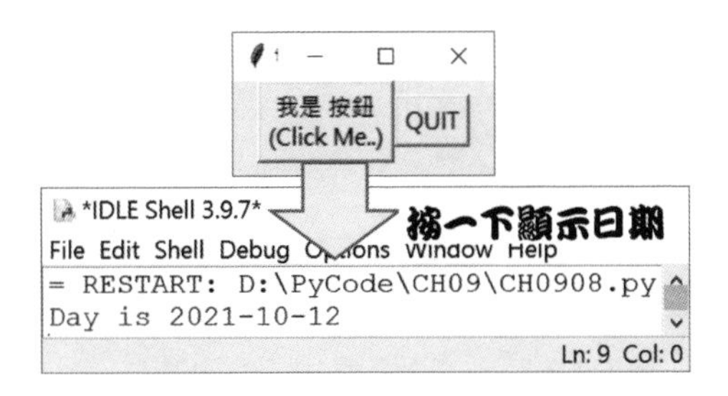

程式碼

```
01 from tkinter import Tk, Frame, Button
02 from datetime import date # 滙入 datetime 模組的 date 類別
03 class wndApp(Frame):        # 宣告類別
04     def __init__(self, ruler = None):   # 初始化物件
05         Frame.__init__(self, ruler)
06         self.pack()     #加入主視窗版面
07         self.makeComponent()
08     #方法二：定義按鈕元件的相關屬性
09     def makeComponent(self):
10         self.day_is = Button(self)
11         #按鈕上欲顯示的文字
12         self.day_is['text'] = '我是 按鈕\n(Click Me..)'
13         #按下按鈕由 command 執行動作，此處呼叫方法 display()
14         self.day_is['command'] = self.display
15         self.day_is.pack(side = 'left')
16         self.QUIT = Button(self, text = 'QUIT',
17                 fg = 'blue', command = wnd.destroy)
18         self.QUIT.pack(side = 'right')
19     #方法三：按下按鈕後會以 date 類別呼叫 today() 顯示今天的日期
20     def display(self):
21         today = date.today()
22         print('Day is', today)
23 wnd = Tk()   # 呼叫 Tk() 建構函式產生主視窗
24 work = wndApp(ruler = wnd)
25 work.mainloop()
```

◈ 第 3~22 行：定義類別 wndApp，它繼承了 Frame 類別。它有三個方法：__init__()、makeComponent()、display()

◈ 第 4~7 行：wndApp 類別本身的 __init__() 方法。Frame 本身是容器，初始化時會去呼叫主視窗物件 (wnd) 並把自己以 pack() 方法加入主視窗版面，如此才能呼叫 makeComponent() 方法來加入兩個按鈕。

◈第 9~18 行：makeComponent() 方法用來設定元件的相關屬性值，目前有兩個按鈕分置 Frame 的左、右側。左按鈕的屬性「text」可用設定顯示於按鈕的文字；「command」呼叫方法「display()」，它是按一下按鈕所執行的程序，會在畫面上顯示今天日期。右側按鈕則去呼叫 destroy() 方法，按一下滑鼠會關閉主視窗並做資源的釋放。

◈第 24 行：實體化 wndApp 類別，它會以主視窗物件為引數做初始化動作，然後加入 Frame 元件，再由 Frame 加入兩個按鈕。

◈第 25 行：work 物件呼叫 mainloop() 方法讓視窗程式開始做訊息化的動作。

9.3 元件與版面管理

建立 GUI 介面時通常要有一個容器來放入這些元件。容器可能是 Tk 類別產生的主視窗物件。表【9-1】已經列舉了 tkinter 的元件，接下來就介紹一些常用元件的屬性和方法。

9.3.1 Frame 為容器

除了主視窗之外，通常會以 Frame 來作為基本容器來納管元件。先看看它的語法：

```
w = Frame(master = None, option, ...)
```

◈master：指父類別的元件。

◈option：選項參數，大部份是以 Frame 有關的類別，以表【9-2】說明之。

屬性	說明
background	設背景色，可以「bg」取代
relief *	設定框線樣式，預設值「'flat'」或「FLAT」
borderwidth *	設框線寬度，可以「bd」取代

屬性	說明
cursor	滑鼠停留在 Frame 所顯示的指標形狀。
height	Frame 高度
width	Frame 寬度

表【9-2】Frame 類別有關的屬性

通常設了 bd(borderwidth) 值之後，還得以 relief 屬性來設定框線的樣式，否則光有 bd 值在元件上是看不到效果。relief 共有六個常數值：RAISED、FLAT、SUNKEN、RAISED、GROOVE、RIDGE。設定時可以將英文字全部大寫「relief = SUNKEN」，或者以英文小寫，並以字串方式為參數值

「relief = 'sunken'」。

範例《CH0909.py》

主視窗加入容器。建立一個 appWork 子類別，它繼承 Frame 類別，產生的視窗會在標題列顯示文字。

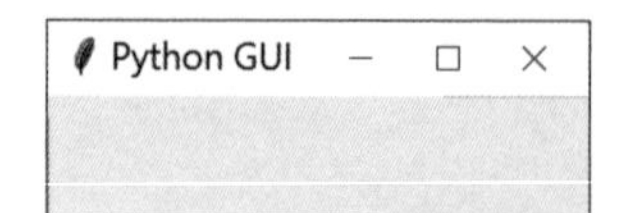

程式碼

```
01 from tkinter import *
02 class appWork(Frame):   # 建立 Frame 子類別
03     def __init__(self, master = None):
04         Frame.__init__(self, master)
05         self.pack()
06 work = appWork()                        # 產生 Frame 子類別物件
07 work.master.title('Python GUI')         # 顯示於視窗標題列
08 work.master.maxsize(500, 250)
09 work.mainloop()   # 視窗訊息初始化
```

◈第 2~5 行：appWork 子類別繼承了 Frame 類別，初始化時未有主視窗物件，以屬性 master 去呼叫 Frame 類別；再以 pack() 方法納入版面。

◈第 7、8 行：實體化 appWork 類別後，以物件 work 的屬性 master 去取得 title() 和 maxsize() 方法做相關設定。

9.3.2 Button 元件

使用按鈕是按下按鈕之後接續的動作，它會以屬性「command」設定回呼函式。先來認識它的相關屬性，表【9-3】說明。

屬性	說明
anchor	按鈕上文字的對齊方式
background	設背景色，可以「bg」取代
foreground	設前景色，可以「fg」取代
bitmap	按鈕上顯示的圖片
relief	設定框線的樣式
font	設定按鈕的字型
command	按下按鈕的回呼函式
cursor	滑鼠移動到按鈕上的指標樣式
state	按鈕狀態有三種：NORMAL、ACTIVE、DISABLED
width	元件寬度
justify	文字對齊方式

表【9-3】Button 類別的屬性

Button 類別的 state 屬性提供按鈕三種狀態；以常數值 (Python 習慣以全部英文大寫表達常數) 表示。

- NORMAL：一般按鈕 (圖 9-1 第一列)。
- ACTIVE：作用中的按鈕 (圖 9-1 第二列)。
- DISABLED：按鈕失去作用，也就是在按鈕上的動作失效 (圖 8-1 第三列)。

那麼按鈕三種狀態，究竟是什麼模樣？先一睹為快！再以簡例來說明。

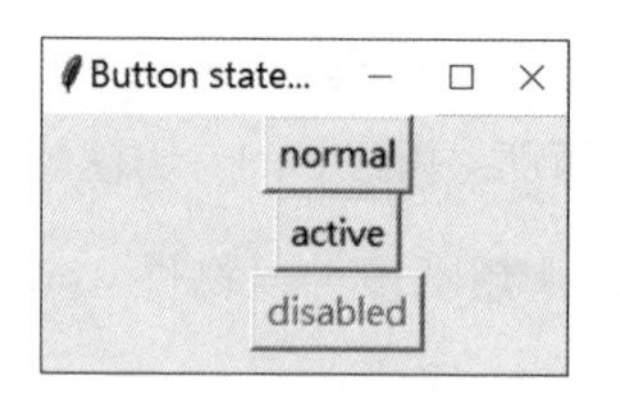

圖【9-1】按鈕的三種狀態

按鈕狀態的範例：

```
# 參考範例《CH0910.py》
from tkinter import *
wnd = Tk()   # 呼叫 Tk() 建構式產生主視窗
wnd.title('Button state...')   # 顯示主視窗標題列的文字
#Button 屬性 state 的常數值
state = ['normal', 'active', 'disabled']
for item in state:   #for 迴圈配合 state 參數值顯示按鈕狀態
    btn = Button(wnd, text = item, state = item)
    btn.pack()    # 以元件加入主視窗
wnd.mainloop()
```

◈以屬性 state 來顯示按態。其中的「disabled」會讓按鈕呈灰色狀態，表示按鈕無作用。

範例《CH0911.py》

讓按鈕上的數字自動遞增。

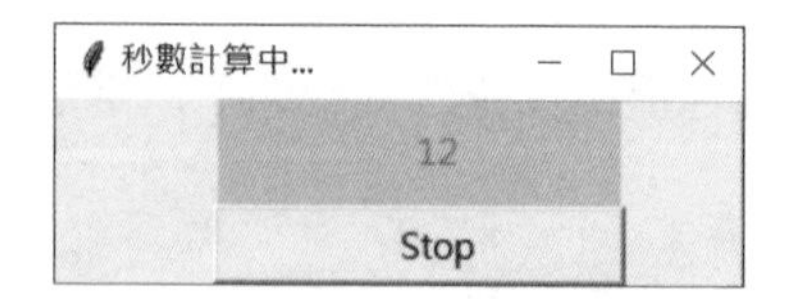

程式碼

```
01 from tkinter import *
02 root = Tk()   # 呼叫 Tk() 建構式產生主視窗
03 root.title('秒數計算中 ...')   # 主視窗標題列顯示的文字
```

```
04 root.geometry('100x100+150+150')   # 設視窗大小
05 counter = 0 # 儲存數值
06 def display(label):   # 自訂函式一：顯示標籤 (Label) 元件
07    counter = 0
08    def count():        # 自訂函式二
09       global counter  # 全域變數
10       counter += 1
11       label.config(text = str(counter),
12          bg = 'pink', width = 20, height = 2)
13       label.after(1000, count)
14    count()
15 show = Label(root, fg = 'gray')   # 標籤放入主視窗
16 show.pack()
17 display(show)
18 # 設定按鈕
19 btnStop = Button(root, text = 'Stop',
20     width = 20, command = root.destroy)
21 btnStop.pack()
22 root.mainloop()
```


◈第 6~14 行：定義第一個 display() 方法接收傳入的標籤，變更顯示的值。

◈第 9~13 行：定義第二個 count() 方法藉由全域變數會每次累加 1，它的值顯示於所傳入的標籤。

◈第 19~20 行：產生一個按鈕。按下按鍵時會由屬性 command 去呼叫主視窗物件 root 的 destory() 方法來停止標籤的更新並關閉視窗。

9.3.3 顯示文字的標籤

Label(標籤) 的作用就是顯示文字，先認識它的語法：

```
w = tk.Label(parent, option, ...)
```

◈parent：要加入的容器。

◈option：選項參數以表【9-4】做說明。

屬性	說明
text	標籤中欲顯示的文字，使用「\n」做換行
anchor	標籤裡文字的對齊方式
background	設背景色，可以「bg」取代
foreground	設前景色，可以「fg」取代
borderwidth	設框線寬度，可以「bd」取代
bitmap	標籤指定的點陣圖片
font	設定標籤的字型
height	標籤高度
width	標籤寬度
image	標籤指定的圖片
justify	標籤若有多行文字的對齊方式

表【9-4】Label 類別常用屬性

例一：設定字型以 Tuple 物件來表示 font 元素。

```
font =('Verdana', 14, 'bold', 'italic')
```

◈tuple 元素包括字型名稱，字的大小以數值表示，字體中是否要加入粗體 (bold) 或斜體 (italic)。除了字的大小之外，皆要以字串形式做設定。

範例《CH0912.py》

有三個標籤；第 1 和第 2 個標籤放在版面第一列；第 3 個標籤放在第二列，載入圖片。

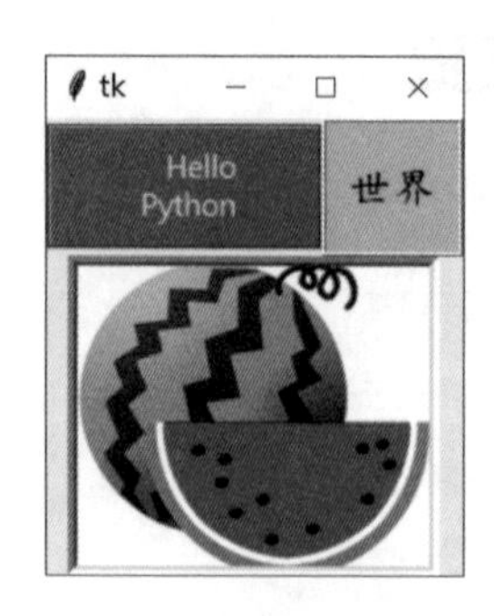

程式碼

```
01 from tkinter import *
02 wnd = Tk() #建立主視窗物件
03 photo = PhotoImage(file = '001.png')    # 建立圖片
04 #標籤 - bg 設背景色
05 t1 = Label(wnd, text = 'Hello\n Python', bg = '#78A',
06      fg = '#FF0', relief = 'groove', bd = 2,
07      width = 15, height = 3, justify = 'right')
08 t2 = Label(wnd, text = '世界', width = 6, height = 3,
09      relief = RIDGE, bg = 'pink', font = ('標楷體', 16))
10 t3 = Label(wnd, image = photo, relief = 'sunken',
11      bd = 5, width = 180, height = 150)
12 t1.grid(row = 0, column = 0)
13 t2.grid(row = 0, column = 1)
14 t3.grid(columnspan = 2)
```


◈第 3 行：PhotoImage() 建構式來載入圖片，圖片必須與範例檔同一個目錄。

◈第 10 行：標籤屬性 image 的屬性值來自於圖片 photo。

◈第 12~14 行：使用 grid() 方法將三個標籤做版面配置，屬性 columnspan 將兩欄合併來放置第三個標籤。

Tips 設定顏色除了顏色名稱之外，還可以利用 RGB(紅、綠、藍) 的 16 進位來表示，它的語法「'#RGB'」。

- 舉例：白色「'#FFF'」；黑色「'#000'」；紅色「'#F00'」。

9.3.4 版面配置 - pack() 方法

前述的範例皆是先產生元件再呼叫 pack() 方法，由 tkinter 模組自行決定加入元件的位置。為了讓版面具有排版效果，tkinter 模組提供 Geometry managers，有兩種常見方法：

■ pack() 方法：由系統自己決定（無參數），或者以參數 side 設定元件的位置。

■ grid() 方法：指定欄、列屬性來放置元件。

我們先以 pack() 方法做討論。進行版面管理 pack() 方法絕對是最簡單的方式，可以使用無參數的 pack() 方法，讓多個元件做直向排列，或者使用有參數的 pack() 來決定元件的位置。認識 pack() 方法的語法：

```
pack(**options)
```

◈ **options：選項參數，表示參數可依據需求來加入。

pack() 方法的參數眾多，介紹對版面較有影響的四個參數：anchor、side、fill、expand

■ 參數 anchor 設定元件的對齊方式，共有九個參數值：n, ne, e, se, s, sw, w, nw 和 center，以下列表格標示其參數值。

nw	n	ne
w	center	e
sw	s	se

■ 參數 side 用來設定元件在主視窗的位置，共有四個參數值：top(頂)、bottom(底)、left(左)、right(右)。同樣它們也可以常數(字元全部大寫)和字串(字元全部小寫)來表示。

■ 參數 fill 決定元件是否要填滿 master(父)視窗。它也有四個參數值；none(無)，x(水平色彩)、y(垂直填滿)、both(水平、垂直皆填滿)，以 none 為預設值。

■ 參數 expend 可讓元件將父視窗的空間做延伸。展開空間之後，會將空間內的元件做重分配。不過，參數 expand 不能單獨使用，必須配合參數 side 或 fill 一起使用。

範例《CH0913.py》

以無參數的 pack() 方法，把多個元件在版面上進行配置。三個標籤會由上而下排列，它會受到參數 anchor 預設值的影響，以「CENTER」(置中)為原則。

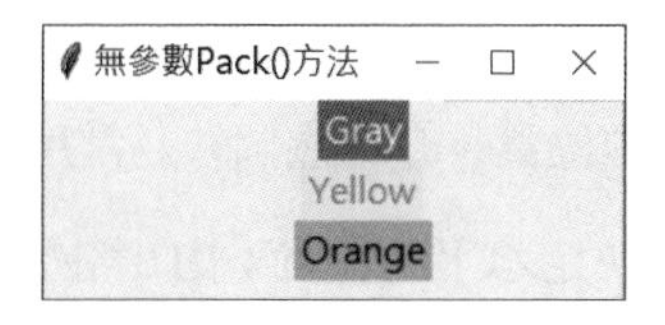

程式碼

```
01 from tkinter import *
02 root = Tk()    # Tk() 建構式產生主視窗物件
03 root.title('無參數 Pack() 方法')
04 # 設定標籤的顯示文字 (text)、背景 (bg) 和前景 (fg) 顏色
05 lbla = Label(root, text = 'Gray', bg = 'gray',
06      fg = 'white').pack()     #加入版面
07 lblb = Label(root, text = 'Yellow', bg = 'yellow',
08      fg = 'gray').pack()
09 lblc = Label(root, text = 'Orange', bg = 'orange',
10      fg = 'black').pack()
11 mainloop()
```

◈第 5~6 行：建立標籤元件，屬性「text」顯示於標籤上的文字；屬性「bg」設背景色；「fg」設前景色，再直接呼叫沒有參數 pack() 方法加入版面。

pack() 方法中除了加入參數 side 之外，為了讓元件之間有水平間距，以參數 padx 做調整，為了有天有地，參數 pady 也做配合，參閱下述範例。

```
# 參考範例《CH0914.py》
lblb = Label(root, text = 'Green',
        bg = 'green', fg = 'white').pack(
        side = 'right', padx = 5, pady = 10)
```

Label 元件呼叫了 pack() 方法，參數 side 皆設相同參數值「right」；所以加入第 2、3 個標籤呼叫 pack() 方法時須加入水平和垂直間距。

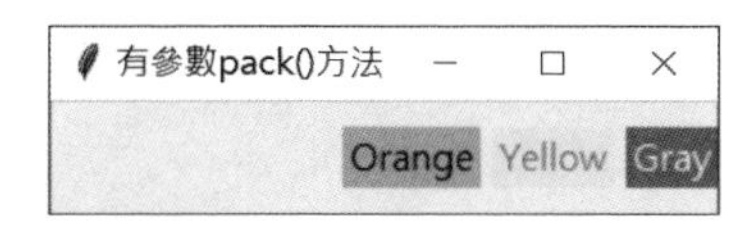

圖【9-2】pack() 方法加入參數

版面配置第二種方法為 grid() 方法。簡單地講就是採用畫格子作法，使用二維表格，以列、欄來決定元件的位置，介紹幾個較為常用的位置參數，解說如下：

- column(欄)：設定數值來決定水平的位置；由 0 開始。
- row(列)：設定數值來決定垂直的位置；由 0 開始。
- columnspam 和 rowspam：用來合併欄、列。
- sticky：元件的對齊方式，其設定值可參考先前所介紹的 anchor 屬性，預設值是置中 (center)。

無論是欄或列皆有 index 值，以 0 做為開始，所以「row = 0」代表第一列。所以，範例《CH0914》有三個標籤，以 grid() 方法排列時：

<table>
<tr><td>Label1
(row = 0, column = 0)</td><td>Label2
(row = 0, column = 1)</td></tr>
<tr><td colspan="2">Labe3 (columnspan = 2)</td></tr>
</table>

表示第二列的欄位合併，所以參數「columnspan = 2」，敘述如下：

```
label1.grid(row = 0, column = 0)
label2.grid(row = 0, column = 1)
label3.grid(columnspan = 2)
```

章節回顧

- 撰寫類別程式時，必須先定義，設定成員的屬性和方法。然後，「實體化」(Instantiation) 物件，也稱做「執行個體」(Instance) 或實體。類別能產生不同狀態的物件，每個物件也都是獨立的實體。
- Python 是不折不扣的物件導向程式語言，依據官方說法，類別機制是 C++ 以及 Modula-3 的綜合體。特性有：① Python 所有類別 (Class) 與其包含的成員都是 public，使用時不用宣告該類別型別。②採多重繼承，衍生類別 (Derived class) 可以和基礎類別 (base class) 的方法同名稱，也能覆寫（Override）其所有基礎類別 (base class) 的任何方法 (method)。
- 定義類別時可將物件初始化，其他的程式語言會將建構和初始化以一個步驟來完成，稱為建構函式 (Constructor)。Python 程式語言維持兩個步驟：①建構物件呼叫特殊方法 __new__()；②初始化物件呼叫特殊方法 __init__()。
- Python 採「多重繼承」機制。繼承關係中，如果基底類別同時擁有多個父類別，稱為「多重繼承」機制；也就是子類別可能在雙親之外還有義父或義母。相反的情況，如果子類別只有一位父親或母親（單親），就是「單一繼承」機制。
- tkinter 是 python 標準函式庫所附帶的 GUI 套件，可配合 Tk GUI 工具箱來建立視窗的相關元件。tkinter 支援跨平台，windows、Linux 和 Mac 皆可使用。
- 基本容器 Frame 可納管元件。relief 屬性設定框線的樣式，但要有 broderwidth (bd) 屬性值。relief 六個常數值：RAISED、FLAT、SUNKEN、RAISED、GROOVE、RIDGE。
- 建立主視窗物件之後可去呼叫相關方法：① title() 方法在標題列顯示文字；② mainloop() 方法讓子元件運作；③ destroy() 方法清除主視窗物件，釋放資源。
- pack() 方法進行版面管理，無參數 pack() 方法讓多個元件做直向排列；參數 side 決定元件位置；參數 fill 填滿父視窗；參數 expand 可延伸空間。
- Label(標籤) 作用就是顯示文字；Button 元件的屬性 command 處理按下按鈕的回呼函式；屬性 state 設定按鈕三種狀態：NORMAL、ACTIVE、DISABLED。

自我評量

一、填充題

1. 依據下列簡述來回答問題。類別是 ________，物件是 ______。

```
class Some:
    pass
one = Some()
```

2. 物件初始化 Python 兩個步驟來實施：①呼叫特殊方法 ___________ 建構物件；②再呼叫特殊方法 ____________ 初始化物件。
3. 繼承關係中，基底類別同時擁有多個父類別，稱為 ____________ 機制。相反情況，如果子類別只有一位父親或母親（單親），就是 ____________ 機制。
4. 用於 GUI 介面的 tkinter 套件有二個模組：① ________；② ________。
5. Frame 類別的屬性 relief，共有六個常數值：RAISED、__________、__________、__________、__________、__________。
6. 產生主視窗物件，呼叫 __________ 方法能將主視窗物件最小化到工作列；____________ 方法能從工作列還原到螢幕上；__________ 方法在標題列顯示文字；__________ 方法清除主視窗物件，釋放資源。
7. 按鈕有那三種狀態？___________、___________、___________。
8. pack() 方法可進行版面配置，參數 ________ 設定位置；參數 ________ 填滿父視窗；參數 ____________ 延伸空間。

二、實作題

1. 參考範例《CH0901》的作法，定義一個 student 類別，並實作下列物件：

```
名稱：Mary  ，女性
名稱：Peter ，男性
名稱：Vicky ，女性
```

2. 利用 tkinter 套件縮試建立一個 Frame，背景「橘色」、寬「120」、高「100」、框粗「4」、框線樣式「SUNKEN」。

3. 嘗試以 Label 元件完成下列的 GUI 介面。

   提示：須滙入 time 模組，呼叫 localtime()、strftime() 方法

M•E•M•O

CHAPTER

10

一起玩 PyGame

學習目標

- 認識 Pygame 套件和它的有關的類別
- 撰寫 Pygame 程式的三個基本功：(1) 建立視窗、(2) 處理相關程序、(3) 偵測視窗是否關閉
- 以 display 產生視窗後，使用 draw 繪製基本圖形

python

10.1 遇到了 PyGame

簡單來說，在 Python 第三方套件中，若要開遊戲的話，Pygame 是一個不錯的套件，它具有下列特色：

- 跨平台 Python 模組，核心模組是 SDL(Simple DirectMedia Layer)，由 C 語言撰寫而成的多媒體程式庫，原始碼開放的自由軟體。
- 專為電子遊戲設計，提供圖像繪製、聲音、動畫 (Animation)、鍵盤、滑鼠、遊戲裝置的互動、聲音處理、以及圖形物件碰撞偵測。
- 擺脫低階語言的束縛，大大簡化了遊戲設計的邏輯性。

10.1.1 安裝 Pygame 套件

如何加入 Pygame 套件？必須先安裝了 Python 軟體，再以指令 pip 來進行套件的安裝。

《安裝 PyGame 套件》

Step 1 Windows 作業系統下 (win8 或 win10)，按組合鍵【視窗鍵 + R】來開啟執行交談窗，再輸入指令「cmd」就能啟動命令字元提示視窗。

Step 2 軟體 Python 為 64 位元使用者，輸入如下指令：

```
pip install pygame
```

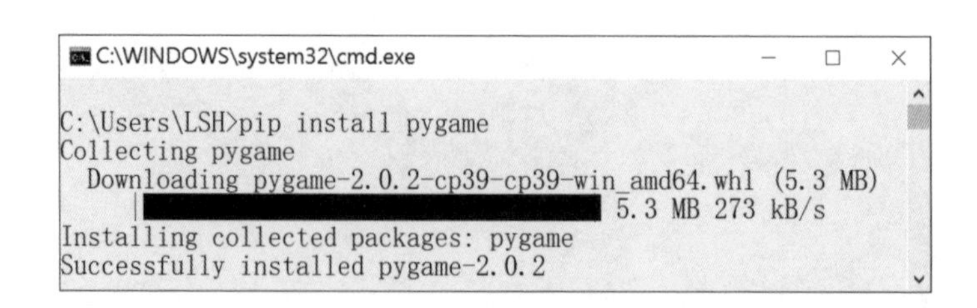

Step 3 若無法安裝，或軟體 Python 若為 32 位元使用者，依據如下網址，下載適用版本：

```
https://www.lfd.uci.edu/~gohlke/pythonlibs/#pygame
```

Pygame: a library for writing games based on the SDL library.

- pygame-2.0.2-pp37-pypy37_pp73-win_amd64.whl
- pygame-2.0.2-cp310-cp310-win_amd64.whl
- pygame-2.0.2-cp310-cp310-win32.whl
- pygame-2.0.2-cp39-cp39-win_amd64.whl
- pygame-2.0.2-cp39-cp39-win32.whl
- pygame-2.0.2-cp38-cp38-win_amd64.whl
- pygame-2.0.2-cp38-cp38-win32.whl
- pygame-2.0.2-cp37-cp37m-win_amd64.whl
- pygame-2.0.2-cp37-cp37m-win32.whl

Step 4 若要安裝 32 位元，使用指令 pip 安裝時，記得要輸入 Pygame 完整名稱：

```
pip install pygame-2.0.2-cp310-win32.whl
```

Step 5 完成套件的安裝後，可以啟動 Python 的 IDLE，使用指令匯入 pygame 套件，若無任何問題，表示套件安裝成功。

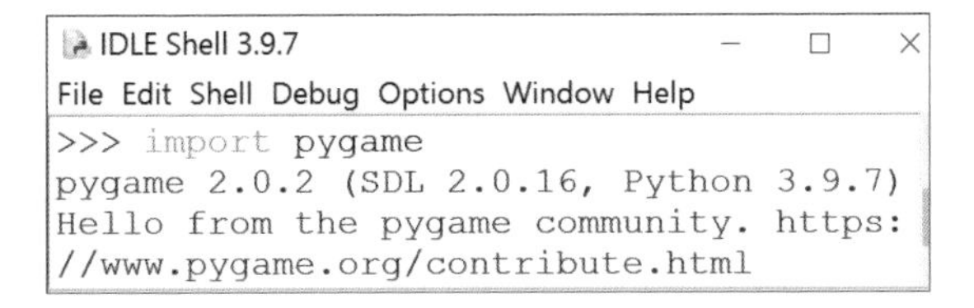

Pygame 套件提供許多模組作為遊戲的開發，簡介如下：

- color：提供色彩的設定。
- display：顯示螢幕。
- event：處理事件。
- image：處理圖片。
- key：處理鍵盤的按鈕。

- mouse：處理滑鼠訊息。
- movie：處理視訊播放。
- mixer：用來播放聲音
- time：時間處理。

10.1.2 Pygame 基本程序

如何使用 Pygame 撰寫程式？先來認識它的基本程序。

1.建立視窗 → 2.處理相關程序 → 3.偵測視窗是否關閉

(1) Pygame 建立視窗時，同樣要做三件事：

例一：init() 方法初始化視窗。

```
import pygame, sys     # 滙入 PyGame 套件，系統模組
pygame.init()   # 1. 將 PyGame 初始化
#size = ()       # 空的 Tuple 物件
size = width, height = 350, 300
# 2. 產生視窗，以 Surface 物件回傳
screen = pygame.display.set_mode(size)
# 3. 標題列秀出文字
pygame.display.set_caption('Hello Python!!')
```

一個簡單的繪圖視窗就完成；視窗最上方的標題列會有「Hello Python!!」。

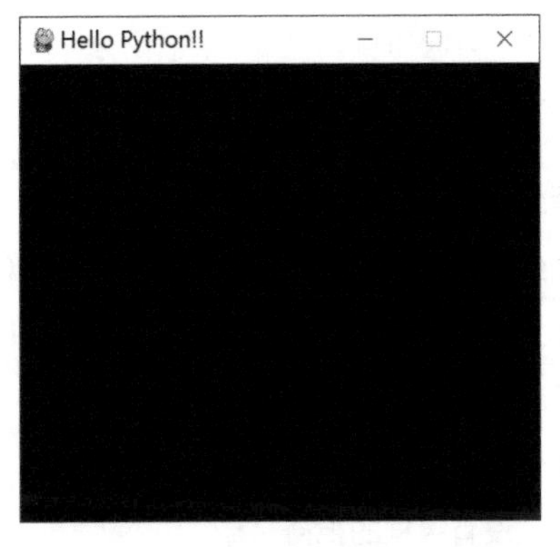

圖【10-1】Pygame 產生的視窗

首先，先認識 pygame 類別的 init() 方法，它用來啟動其套件，滙入相關類別，語法如下：

```
pygame.init()
```

其次，建立視窗來作為繪圖區，配合類別 display 的成員來完成視窗樣式，表【10-1】列示相關方法

display 類別成員	說明
display.set_mode()	建立視窗並初始化
display.set_caption	在建立的視窗於標題列顯示文字
display.flip()	將 Surface 全部更新後並顯示於畫面上
display.update()	依據軟體做部份畫面的更新

表【10-1】類別 display 常用的方法

畫布（視窗）初始化得找 set_mode() 方法做寬和高的設定，語法如下：

```
set_mode(resolution = (0,0), flags = 0, depth = 0)
```

◈ resolution：必要參數，解析螢幕時要設定寬和高，以像素 (pexil) 為單，它為 Tuple 物件。

◈ flags：用來設定產生視窗的樣式；選項參數，預設值為零，相關說明參考表【10-2】。

◈ depth：表示顏色的深度，預設值為「0」。

參數 flags	說明
FULLSCREEN	產生一個全螢幕視窗
DOUBLEBUF	產生的視窗具有雙緩衝，在 HWSURFACE 或者 OPENGL 中使用
HWSURFACE	產生的視窗具有硬體加速，必須和 FULLSCREEN 同時使用
OPENGL	產生一個 OPENGL 渲染的視窗
RESIZABLE	產生的視窗可以改變其大小
NOFRAME	產生沒有邊框的視窗

表【10-2】flags 參數決定視窗的樣式

使用 set_mode() 方法建立的視窗屬於 Surface 物件，有了它才能在視窗上進行相關的繪圖動作。例二：以空的 Tuple 儲存其相關參數。

```
size = ()    # 空的 Tuple
size = width, height = 400, 250
screen = pygame.display.set_mode(size)
```

方法 set_mode() 中的參數 resolutiona，必須以 Tuple 物件儲存，直接帶入寬和高。例三：

```
screen = pygame.display.set_mode((400, 250))
```

◈ 方法 set_mode() 中的參數 resolutiona，以 Tuple 物件顯示一個寬和高為 400*400 的繪圖視窗，交由變數 wnd 儲存，它是 Surface 物件。

最後，方法 set_caption() 能在視窗的標題列顯示文字。先了解其語法：

```
set_caption(title, icontitle = None)
```

◈ title：視窗標題列欲顯示的文字。

例如：在視窗的標題列顯示「Hello Python!!」。

```
pygame.display.set_caption('Hello Python!!')
```

對於新手來說，呼叫 display 類別的 set_mode() 方法來產生視窗大小，常會忘了其寬、高須以 Turple 或 List 物件來表達，也就是參數值要多一對 () 或 [] 符號，所以會發生如下的錯誤！

```
IDLE Shell 3.9.7
File Edit Shell Debug Options Window Help
>>> import pygame
>>> pygame.init()
(5, 0)
>>> screen = pygame.display.set_mode(200,
200)
Traceback (most recent call last):
  File "<pyshell#2>", line 1, in <module>
    screen = pygame.display.set_mode(200,
200)
TypeError: size must be two numbers
```

(2) 處理相關程序

處理相關程序有較為，它包含了繪製、載入圖片或加入音樂等，保留到後續章節中做更多的說明。

(3) 偵測視窗是否關閉有兩件要做：先以 get() 方法來更新事件訊息，再以 quit() 方法關閉視窗。

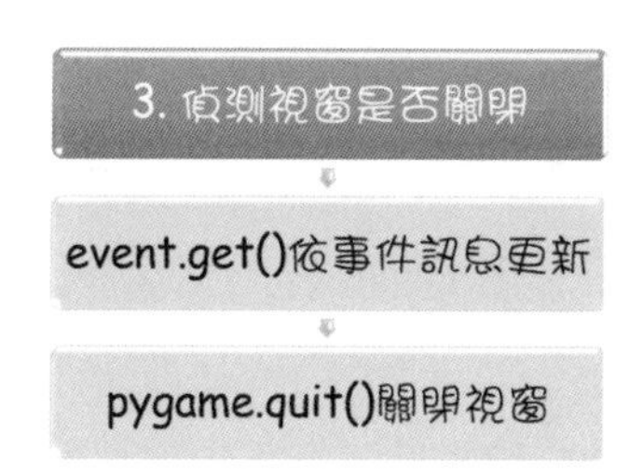

產生視窗之後，以程式碼來處理相關程序；還得留意視窗是否被關閉！利用 whil 迴圈來偵測，同樣有兩件事要做：

第一步：利用 Pygame 套件的 event 類別來處理事件，並以 get() 方法取得所有訊息並隨時更新其狀態，簡例如下：

```
while running:
   for event in pygame.event.get()
```

◈ pygame.event.get()：依據事件更新視窗狀態。

第二步：偵測視窗是否被關閉？使用者按下視窗右上角的「X」鈕，呼叫 pygame 類別的 quit() 方法來關閉視窗，敘述如下：

```
while running:
  for event in pygame.event.get()
    if event.type == pygame.QUIT:
      pygame.quit() # quit() 方法關閉視窗
      sys.exit()
```

◈使用 for/in 迴圈不停地檢查 pygame.event.get() 方法中是否產生了新的事件 (pygame.event.Event 物件)。

◈當 event 的屬性 type 接收到是成員「QUIT」時，先呼叫 pygame 的 quit() 方法關閉視窗，然後再呼叫 sys 模組 exit() 方法結束應用程式。

範例《CH1001.py》

建立一個簡易的視窗除了 Pygame 套件外，在未加入鍵盤、滑鼠事件前，還要有 sys 模組;呼叫方法 exit() 來結束應用程式的完整程式，執行結果請參考圖【10-1】。

程式碼

```
01 import pygame #滙入 PyGame 套件
02 import sys
03 pygame.init() #將 PyGame 初始化
04 size = width, height = 400, 250 # Tuple 物件儲存視窗的寬、高
05 #產生視窗，以 Surface 物件回傳
06 screen = pygame.display.set_mode((size))
07 pygame.display.set_caption('Hello Python!!')
08 #訊息迴圈依據事件做偵測，使用者是否按了右上角的 X 鈕
09 running = True
10 while running:
11     for event in pygame.event.get():   #依據事件
12         if event.type == pygame.QUIT:
13             pygame.quit() #quit() 方法關閉視窗
14             sys.exit() #結束應用程式
```

◈第 14 行：呼叫 sys 模組的 exit() 方法把視窗退出。若未執行此敘述，視窗會被 Python IDLE 佔住不動。

10.2 以 Pygame 繪圖

如同使用 Turtle 來繪圖，Pygame 繪圖時也有要一個視窗來渲染一塊畫布，自己可以畫布的色彩。想要繪製幾何圖案，直角座標系統依然得派上用場，一同展開 Pygame 之旅吧！

10.2.1 視窗上的畫布

使用 set_mode() 方法所產生的視窗，它是一個 Surface 物件，也可以把它視為畫布，透過它才能隨意繪製圖形，介紹與 Surface 類別有關的成員，表【10-3】說明。

Surface 類別方法	說明
Surface.blit()	重新繪製一個圖像
Surface.convert()	將 Surface 物件做複製，副本可以重設像素
Surface.convert_alpha()	將 Surface 物件做複製，適用於去背的圖片
Surface.fill()	以單色填滿 Surface 物件
Surface.get_size()	取得 Surface 物件大小
Surface.get_rect()	取得 Surface 物件的矩形區域

表【10-3】Surface 類別的常用方法

Pygame 產生的視窗以左上角 (0, 0) 為原點座標，它會隨 X 座標向右擴展，跟著 Y 座標向下遞增。有了座標的基本概念之後，畫布如何產生？還記得 set_mode() 方法會回傳一個 Surface 物件，所以一同認識 Surface 類別的建構函式，語法如下：

```
Surface(width, height), flags = 0, depth = 0, masks = None)
Surface((width, height), flags = 0, Surface)
```

是否發現了它的參數幾呼跟 set_mode() 方法相同！產生 Surface 物件之後，可以利用 Pygame 套件提供的 Color 類別配置畫布色彩，或者繪製基本圖形。有了畫布之後要上色，可以找 fill() 方法來幫忙，語法如下：

```
fill(color, rect = None, special_flags = 0)
```

◈color：就是以 R、G、B 表示的色彩值。

◈rect：由於畫布本身就是矩形 (rect)，也可以利用它來決定上色的面積大小。

此外，圖片皆由像素組成，載入圖片之後它並不會在圖片上顯示，必須呼叫 blit() 方法將 Surface 物件 (圖片) 繪製在畫布上，語法如下：

```
blit(source, dest, area = None, special_flags = 0)
```

◈source：表示欲繪製的圖片，可以給予圖片的檔名。

◈dest：指定圖片欲開始繪製的位置。

10.2.2 畫布有彩

Color 類別能利用 RGB 三原色來設定色彩值，其色彩值的分配已在 Turtle 模組做了介紹；先認識其建構函式：

```
Color(name)
Color(r, g, b, a)
Color(rgbvalue)
```

Color 建構函式中，參數除了以 r、g、b 表達顏色之外，參數 a 代表 Alpha 值。它同樣是以 0~255 來設定，不同處是它用來決定色彩中要不要加入透明度。

例一：產生色彩。

```
import pygame
pygame.Color(255, 0, 0) #紅色
pygame.Color(0, 255, 0) #綠色
pygame.Color(0, 0, 255) #藍色
```

如果要在畫布中含有透明色彩，就必須利用 Surface 類別提供的 convert_alpha() 方法，敘述如下：

```
surfaceAlpha = screen.convert_alpha()
```

◈ screen 為 Pygame 產生的視窗。

產生視窗之後，由圖【10-1】可以知道它的個背景為黑色。我們利用 Surface 的建構函式來產生一個物件，以白色填滿，簡例如下：

```
# 參考範例《CH1002.py》
White = (255, 255, 255) # 白色
face = pygame.Surface([120, 120])
face.fill(White)
screen.blit(face, (20, 20))
```

◈ 將顏色的 RGB 值設好之後再指定給變數「White」，會比直接給「(255, 255, 255)」更清楚些。

◈ 以建構函式產生一個寬、高為 120(Pixel) 的 Surface 物件。

◈ 以 fill() 方法填滿白色。

◈ 最後一道手續是呼叫 blit() 方法，在已建立視窗 screen 的指定位置 (X = 20, Y = 20) 輸出此白色畫布；如果未使用此方法則白色畫布就不會顯示於視窗中。

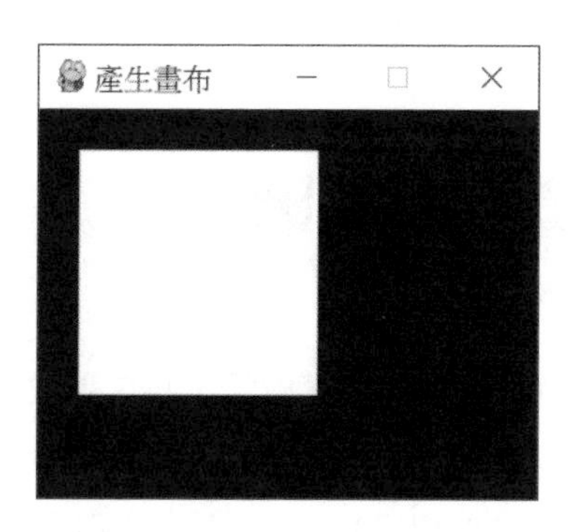

對於畫布的產生 (Surface 物件) 有了初步的認識，就以「surface.get_size() 方法」取得原有視窗尺寸來作為畫布，範例如下：

```
#參考範例《CH1003.py》
White = (255, 255, 255) #白色
face = pygame.Surface(screen.get_size())
print(face.get_width(), face.get_height())
face.convert()              # 產生副本
face.fill(White)            # 填滿白色
screen.blit(face, (10, 0))  # 輸出到畫布上
pygame.display.update()     # 繪製視窗顯示於螢幕上
```


◈以 get_size() 取得視窗的大小，可以方法 get_width() 和 get_height() 來查看其值是否為原來的設定值。

◈必須分辨清楚：方法 blit() 是針對 Surface 物件 (face) 做繪製，而 update() 方法更新的對象是「display.set_mode()」方法所產生視窗。

10.3 五彩繽紛畫畫圖

使用 Pygame 撰寫程式的基本架構了解後，將焦點放在「(2). 處理相關程序」；表示我們可以在畫布上繪製簡單的圖形、字或者載入圖片等。有了產生視窗只是對 Pygame 套件向前跨了一小步！利用 Pygame 產生的視窗是無法直接做繪圖動作，要有畫布才能執行相關程序。

10.3.1 一筆繪基本圖

要繪製基本圖形，要透過 draw 類別的相關方法，以表【10-4】做說明。

draw 類別方法	說明
draw.line()	繪製線條
draw.rect()	繪製矩形
draw.polygon()	繪製多邊形
draw.circle()	繪製圓形
draw.ellipse()	繪製橢圓形
draw.arc()	繪製圓弧

通常畫圖都是由簡單的線條開始，Pygame 套件也不例外，它的 draw 類別提供了相關方法。先了解方法 line() 語法：

```
pygame.draw.line(Surface, color, start_pos, end_pos,
    width = 1)
```

◈ Surface：畫布。

◈ color：顏色；可以呼叫 Pygame 的 Color 類別。

◈ start_pos：線條開始位置的座標，其座標值要以 X 和 Y 來產生。

◈ end_pos：線條結束位置的座標，其座標值要以 X 和 Y 來產生

◈ Width：繪製的線條寬度，預設值為「1」。

例一：使用 line() 方法產生線寬為 4 的紅色線條（簡例一～六請參考範例 CH1004.py）。

```
pygame.draw.line(screen, Red, (60, 60), (60, 120), 4)
```

要繪製矩形有兩件事要考量：首先，顯示矩形位置的 X、Y 座標，通常指螢幕左上角；再來考量這個矩形寬和高，它以像素 (Pixel) 為處理單位，認識方法 rect() 語法：

```
pygarm.draw.rect(Surface, color, Rect, width = 0)
```

◈color：顏色；可以呼叫 Pygame 的 Color 類別。

◈rect：欲繪製的矩形物件，必須設定座標和其寬、高。

◈width：使用整數值來表示線條寬度，預設值為「0」(無線條)則是產生一個無框線的矩形；省略此參數和給予參數值「0」的效果是相同的。

例二：以 rect() 方法繪製實心矩形。

```
pygame.draw.rect(screen, Green, (60, 35, 120, 120))
pygame.draw.rect(screen, Red, (50, 25, 140, 140), 10)
```

◈位於內側的綠色矩形指定了座標 (60, 35) 來產生一個寬和高皆為 120 的實心矩形，省略了參數 width。

◈外側的紅色矩形框，座標 (50, 25) 而寬和高為 140 像素，而框線寬度設為 10。

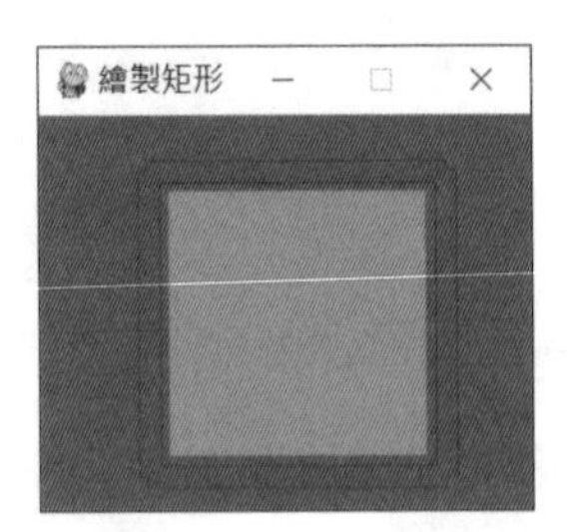

圖【10-2】Pygame 繪製的矩形

繪製多邊形的語法如下：

```
pygarm.draw.polygon(Surface, color, pointlist, width = 0)
```

◈pointlist：欲繪製的多邊形物件，由 Tuple 物件來形成多組座標；它能決定多邊形的形狀。

例三：polygon 繪製一個實心三角形和框線為 6 的五邊形。

```
pygame.draw.polygon(screen, Gray, ((10, 180),
    (130, 10), (235, 180)))
```

```
pygame.draw.polygon(screen, Green, [(15, 120), (65, 35),
     (185, 35), (230, 120), (130, 180)], 8)
```

◈繪製三角形時，pointlist 座標組設了三組。繪製五邊形時，把參數 pointlist 設了 5 組的 X、Y 座標。

◈設定 pointlist 參數時可使用 Tuple 或 List 物件。

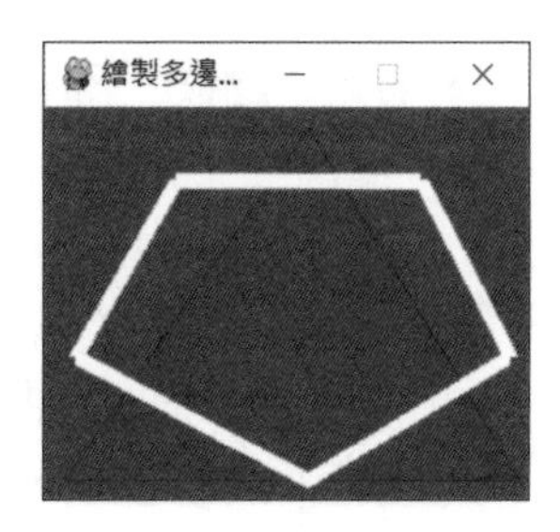

圖【10-3】Pygame 繪製的多邊形

要繪製圓形除了考量座標之外，還得把圓形的半徑加進來，認識其語法：

```
pygarm.draw.circle(Surface, color, pos, radius, width = 0)
```

◈pos：欲繪製的圓形物件要設定 X 和 Y 座標。

◈radius：圓形物件的半徑。

例四：從座標 (145, 170) 處產生一個半徑為 40 的黃色圓形。

```
pygame.draw.circle(screen, Yellow, (145, 170), 40)
```

繪製橢圓形的語法如下：

```
pygarm.draw.ellipse(Surface, color, Rect, width = 0)
```

◈Rect：欲繪製的橢圓形物件，設定的 X、Y 座標和 X 和 Y 的直徑，它會產生一個含有邊框的矩形，透過邊框值來決定橢圓形的大小。

例五：產生一個框線為 5 的橢圓形。

```
pygame.draw.ellipse(screen, Green,(192, 105, 90, 40), 5)
```

繪製圓弧的參數跟橢圓形有些參數是一樣，要有 X、Y 座標和 X 和 Y 的直徑，還要有起始和結束角，語法如下：

```
pygarm.draw.arc(Surface, color, Rect, start_angle,
    stop_angle, width = 1)
```

◈ Rect：欲繪製的橢圓形物件，設定的 X、Y 座標和 X 和 Y 的直徑。

由於繪製圓弧時與 π (pi=3.14) 有密切關係，利用圖【10-4】做簡單示意。

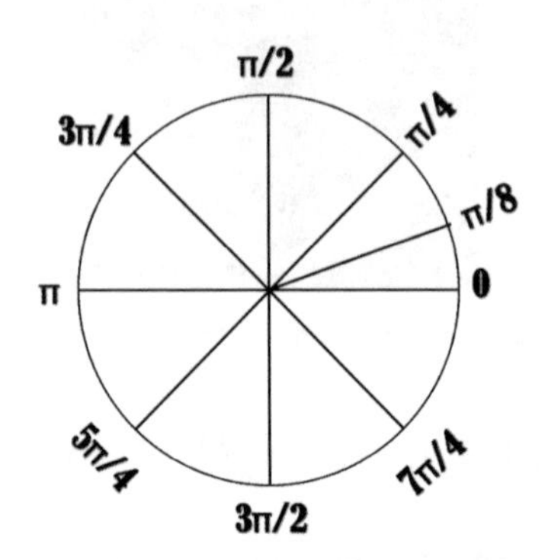

圖【10-4】圓弧與 π 值

例六：產生圓弧線。

```
pygame.draw.arc(screen, Aqua, (15, 10, 225, 180),
    0, 1.6, 8)
pygame.draw.arc(screen, Red, (20, 17, 212, 173), 0,
    3.1, 8)
pygame.draw.arc(screen, Gray, (28, 27, 195, 157),
    0, 4.7, 8)
pygame.draw.arc(screen, Green, (38, 37, 173, 137),
    0, 9.9, 8)
pygame.draw.line(screen, Blue, (10, 100), (240, 100), 2)
pygame.draw.line(screen, Blue, (125, 5), (125, 180), 2)
```

◈ 以右側為起點，逆時針方向來增加彊度，所以起始到結束角「0~1.6」 藍色線框只有四分之一的圓弧。

◈圓弧的起始到結束角「0~3.1」，紅色線框產生二分之一的圓弧；圓弧的起始到結束角「0~4.7」，灰色線框產生四分之三的圓弧。

◈最後，圓弧的起始到結束角「0~9.9」，綠色線框形成完整個圓弧。

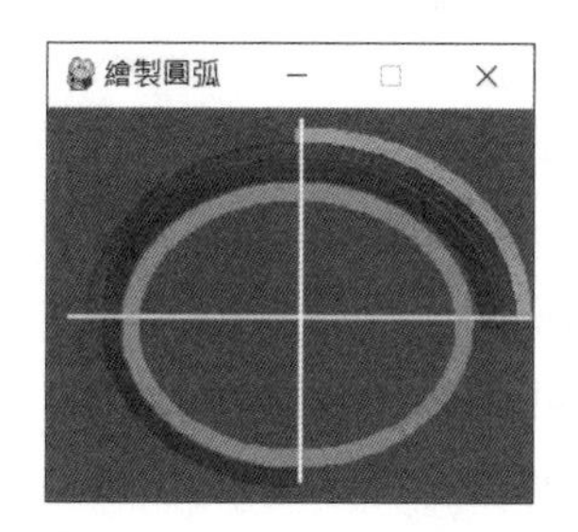

圖【10-5】Pygame 繪製的圓弧

範例《CH1005.py》

使用繪製幾何的方法來產生一個簡易的圖片。

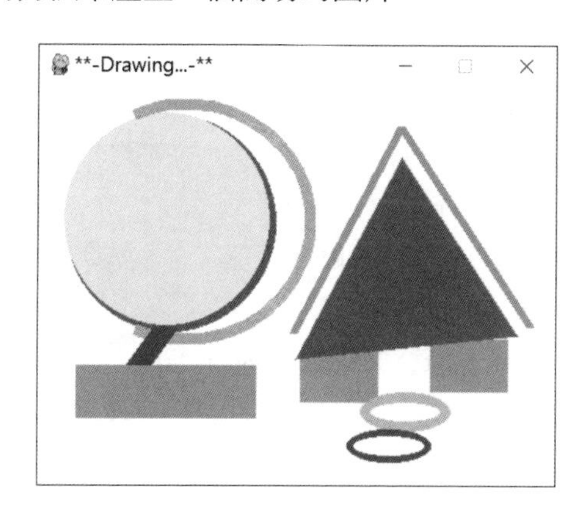

程式碼

```
01 import pygame, sys #滙入 PyGame 套件， 系統模組
02 pygame.init() #將 PyGame 初始化
03 # 設定視窗寬、高和色彩參數
04 size = width, height = 400, 300
05 White = (255, 255, 255)
06 Red = (255, 0, 0)
07 Green = (0, 255, 0)
```

```
08 Blue = (0, 0, 255)
09 Yellow = (255, 255, 0)
10 Fuchsia = (255, 0, 255)   # 紫色
11 Aqua = (0, 255, 255)      # 淺藍色
12 Gray = (128, 128, 128)    # 灰色
13 Gray2 = 181, 181, 181     # 淺灰
14 RosyBrown = 255, 193, 193 # 玫紅色
15 # 產生視窗，以 Surface 物件回傳
16 screen = pygame.display.set_mode((size), 0, 32)
17 pygame.display.set_caption('**-Drawing...-**')
18 # 利用 Surface 物件來作為畫布，以 fill() 方法填上白色
19 screen.fill(White)
20
21 # 繪製線條、矩形等已在前面演示過
22 # 省略部份程式碼
23
24 running = True # 判斷程式是否執行狀態
25 while running:
26    for event in pygame.event.get():
27       # 判斷事件的常數是否為 QUIT 常數
28       if event.type == pygame.QUIT:
29          pygame.quit() # quit() 方法結束 Pygame 程序
30          sys.exit()
31    pygame.display.update()
```

◈第 4~14 行：設定程式使用的相關參數，直接以顏色名稱來給予 RGB 參數值。

◈第 16 行：使用 display() 類別的 set_mode() 方法會產生一個 Surfase 物件，利用它來產生畫布，fill() 方法會以白色填滿。

◈第 31 行：產生畫布之後，利用 update() 更新 Surface 物件，讓繪製的物件顯示於螢幕上。

10.3.2 移動圖片很簡單

Pygame 的 image 類別能用來處理各種格式的圖片，包括 JPG，PNG，TGA 和 GIF。使用圖片必須以 load() 方法載入，先認識它的語法：

```
load(fileobj, namehint = "")
```

◈ Fileobj：載入圖片的檔案路徑。

例一：load() 方法載入圖片時，必須給予圖片的完整名稱(包括副檔名)，也別忘記所儲存的依然是 Surface 物件。

```
img = pygame.image.load('002.png')
img.conver()
```

◈ 方法 convert() 能提高圖片的處理速度。

例二：載入一個格式為 PNG 的圖片，呼叫 blit() 方法來繪製圖片。

```
# 參考範例《CH1006.py》
screen = pygame.display.set_mode((size), 0, 32)
pygame.display.set_caption('載入圖片')
screen.fill(White)
#方法 load() 載入圖片，convert() 能提高圖片的處理速度
img = pygame.image.load('Source\\car.png')
img.convert()
screen.blit(img, (20, 20))
```

動畫的概念，就如同我們在看動漫一樣，透過 FPS(Frame Per Second) 來設定畫格速率(Frame rate 或譯幀率)。更通俗的說法就是每秒中欲繪製的圖片數目。如

果「FPS = 25」就是每秒播放 25 張圖，配合時間的控制就能讓圖片移動，這也就動畫的作法。Pygame 的 time 類別有兩個方法能協助動畫維持其效果。

- Clock() 方法：建立時間元件，確保具有動畫效果的物件能在 FPS 的設定值下，維持一定的速率。
- tick() 方法：以毫秒單位，以 fps 為參數值來產生動畫效果，配合迴圈的運作，經由小小的暫停來保持 fps 的值。

範例《CH1007.py》

範例中就是讓圖片持續地向下、向左、向上和向右移動。由於圖片本身有大小，利用 Surface 類別的方法 get_rect() 來取得矩形區域，配合 X 和 Y 座標值

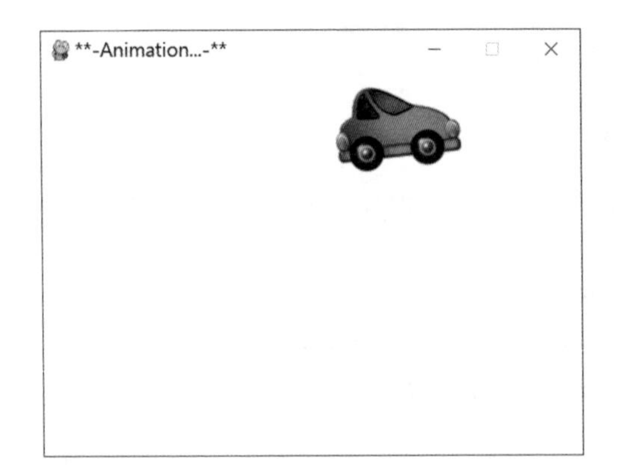

程式碼

```
01 // 省略部份程式碼
02 # 載入圖片，get_rect() 取得矩形區域
03 car = pygame.image.load('Source\\car.png')
04 carX, carY = 5, 5 # 設定開始移動的 X、Y 座標
05 move = 'Down'
06 Fps = 25
07 traceCar = pygame.time.Clock()
08 # tick() 方法依據 fps 之值讓移動圖片有動畫效果
09 while True:
10     for event in pygame.event.get():
```

```
11         if event.type == pygame.QUIT:
12            pygame.quit()
13            sys.exit()
14     screen.fill(White)
15     if move == 'Down':
16        carY += 5
17        if carY == 230 : move = 'Right'
18     elif move == 'Right':
19        carX += 5
20        if carX == 315 : move = 'Up'
21     elif move == 'Up':
22        carY -= 5
23        if carY == 10 : move = 'Left'
24     elif move == 'Left':
25        carX -= 5
26        if carX == 10: move = 'Down'
27     screen.blit(car, (carX, carY))    # 不斷在畫布上繪製圖片
28     pygame.display.update()    # 進行動作的更新
29     traceCar.tick(Fps) # 依 fps 的值來產生動畫
```

◈第 3 行：以 image 類別的 load() 方法載入 PNG 格式的圖片。

◈第 6、7 行：設定 FPS 的值為 25，再由 time 類別的 Clock() 方法所產生的時間元件，確保動畫持續進行。

◈第 15~26 行：配合 while 迴圈移動圖片，不斷傳回 X 和 Y 的座標值，當 X 座標等於限定的值就改變方向，不斷地移動。

◈第 26 行：呼叫 time 類別的 tick() 方法，每跑一次就做小小調整（暫停），讓 FPS 設定值不緩也不急，維持圖片移動的速率。

10.3.3 文字塗鴉

除了繪製圖片外，文字想當然也是可以繪製的。Pygame 套件以 Font 類別來提供字型的處理；介紹其成員：

■ SysFont() 方法：取得系統中已有的字型。

■ Font() 方法：新建一個字型物件。

先認識 SysFont() 語法：

```
SysFont(name, size, bold = False, italic = False)
```

◈name：字型名稱。

◈size：字體大小。

◈bold、italic：設定字體是「粗體」(bold) 或「斜體」(italic)，預設值為「False」表示使用一般字體。

取得字型之後，需要以 render() 方法繪製，語法如下：

```
render(text, antialias, color, background = None)
```

◈text：欲繪製的文字

◈antialias：布林值，True 表示繪製的文字要有平滑效果，較美觀但可能耗時；False 則繪製的文字可能有鋸齒狀。

◈color：設定文字的顏色。

◈background：背景色，預設值為「None」表示省略背景色。

範例《CH1008.py》

畫布上繪製文字，設定字型時儘可能設定中英文皆能顯示的字型，要不然可能中文字無法繪製。

程式碼

```
01 # 省略部份程式碼
02 # 產生視窗，以 Surface 物件回傳
03 screen = pygame.display.set_mode((size), 0, 32)
04 pygame.display.set_caption('繪製文字')
05 screen.fill(Grey)
06 # 繪製文字
07 ft = pygame.font.SysFont('Malgun Gothic', 36)
08 # ft = pygame.font.SysFont('微軟正黑體', 36)
09 wd1 = ft.render('Hello Python', False, Aqua)
10 screen.blit(wd1, (10, 20))
11 wd2 = ft.render('黃河之水天上來', True, Green, Yellow)
12 screen.blit(wd2, (10, 80))
13  # 省略部份程式碼
```

◈ 先以 SysFont() 設定字型為「Malgun Gothic」，字體大小「36」級。

◈ Render() 方法繪製文字時，英文字未設平滑字效果，所以參數 antialias 為「False」；中文字設了平滑效果，所以參數 antialias 為「True」並加了背景色。

10.4 參與遊戲的要角

要以 Pygame 來撰寫遊戲程式，滑鼠和鍵盤是少不了的配角，不過它們無法單獨運作，必須透過 event 類別來觸發某個事件並取得相關常數值；介紹它們的一些基本用法。

```
pygame.event.get()
```

event.get() 方法是事件被觸發後較為常用的處理方法。通常產生事件下一連串，透過 get() 方法可以從佇列 (Queue) 取得其訊息，然後做相關的措施。

依據 Pygame 官方文件的說明，使用「pygame.locals」模組時必須滙入，如下簡例：

```
from pygame.locals import *
if event.type == KEYDOWN:
          # 向左方向鍵，減少座標值
          if event.key == pygame.K_LEFT:
             Xmove -= 5
```

◈滙入模組 pygame.locals 的好處是處理事件時，直接使用「KEYDOWN」即可；省略了「pygame」。

◈若直接使用了相關的事件常數而忘了滙入 pygame.locals 模組時，會發生錯誤，顯示「'KEYDOWN' is not defined」；要留意！

```
File Edit Shell Debug Options Window Help
Traceback (most recent call last):
  File                              \PyCode\CH1
0\CH1009.py", line 32, in <module>
    if event.type == KEYDOWN:
NameError: name 'KEYDOWN' is not defined
```

10.4.1 鍵盤事件

進行遊戲時可以按下鍵盤來控制遊戲，通常鍵盤事件概分兩種：

- pygame.KEYDOWN：按下鍵盤會引發此事件。
- pygame.KEYUP：放開鍵盤所引發的事件。

先介紹配合 event 類別來認識鍵盤事件的語法：

```
if event.type == 鍵盤事件：
   if event.key == pygame.Keyboard constants
      處理程式碼
```

◈鍵盤事件：KEYDOWN 或 KEYUP。

◈Keyboard constants：鍵盤常數，鍵盤上的按鍵都有其對應的常數值，參考表【10-5】。

按鍵	鍵盤常數	按鍵	鍵盤常數
0~9	K_0 ~ K_9	↑向上鍵	K_UP
a~z	K_a ~ K_z	↓向下鍵	K_DOWN
F1~F12	K_F1 ~ K_F12	←向左鍵	K_LEFT
Enter 鍵	K_RETURN	→向右鍵	K_RIGHT
空白鍵	K_SPACE	Esc 鍵	K_ESCAPE
定位鍵	K_TAB	Backspace 鍵	K_BACKSPACE
【+】鍵	K_PLUS	【-】鍵	K_MINUS
【Insert】鍵	K_INSERT	【Home】鍵	K_HOME
【End】鍵	K_END	【Caps Lock】鍵	K_CAPSLOCK
左【Shift】鍵	K_LSHIFT	【PgUp】鍵	K_PAGEUP
左【Ctrl】鍵	K_LCTRL	【PgDown】鍵	K_PAGEDOWN
右【Shift】鍵	K_RSHIFT	左【Alt】鍵	K_LALT
右【Ctrl】鍵	K_RCTRL	右【Alt】鍵	K_RALT

表【10-5】鍵盤常數

方法 pygame.key.get_pressed() 能獲取鍵盤所有按鈕的狀態，認識它的語法：

```
按鍵變數 =pygame.key.get_pressed():
   if 按鍵變數 [pygame. 鍵盤常數 ]:
      # 鍵盤事件處理
```

以事件處理相關程序時，第一層需先以 event 類別來判斷是屬於鍵盤、滑鼠或其他的常數值，第二層才能指定對應的事件處理者，先檢視下述簡例：

```
if event.type == pygame.KEYDOWN:
    if event.key == pygame.K_LEFT:
        Xmove -= 5
```

◈第一層 if 敘述先以 event 類別的屬性「type」來判斷是否按了鍵盤，使用常數值「KEYDOWN」表示。

◈第二層 if 敘述才能以 event 類別的屬性「key」進一步判斷是否按了鍵盤的向左方向鍵；然然才是事件的處理。如果省略了第一層的「event.type」而直接以「event.key」來處理會發生錯誤。

範例《CH1009.py》

載入圖片之後，按下鍵盤的方向鍵(上、下、左、右)來移動圖片，不考慮碰撞問題。

程式碼

```
01 #載入圖片並設座標
02 car = 'Source\car.png'
03 face = pygame.image.load(car).convert()
04 carX, carY = 0, 0      # 起始位置
05 Xmove, Ymove = 0, 0    # 移動座標
06 while True:
07         //省略部份程式碼
08         #判斷那個按鍵被按？
09         if event.type == pygame.KEYDOWN:
10            if event.key == pygame.K_LEFT:
11               Xmove -= 5
12            elif event.key == pygame.K_RIGHT:
13               Xmove += 5
14            elif event.key == pygame.K_UP:
15               Ymove -= 5
16            elif event.key == pygame.K_DOWN:
17               Ymove += 5
18            carX += Xmove; carY += Ymove   #計算座標值
19         if event.type == pygame.KEYUP:
20            if carX < 0 or carY < 0:
21               carX, carY = 0, 0
```

```
22              Xmove ,Ymove = 0, 0
23          if carX == 225 or carY == 225:
24              carX, carY = 0, 0
25              Xmove ,Ymove = 0, 0
26      screen.blit(face, (carX, carY))
27      pygame.display.update()
```

◈第 2~5 行：載入圖片之後，設定圖片的起始位置和移動後取得的座標值。

◈第 9~18 行：event 類別的屬性「type」取得鍵盤常數「KEYDOWN」，先判斷鍵盤的按鍵是否被按下。

◈第 10~17 行：依據鍵盤常數值，判斷是否按下方向鍵的上、下、左、右鍵？如果被按下，依按鍵來移動圖片並更新座標。

◈第 20~25 行：event 類別的屬性「type」取得鍵盤常數「KEYUP」，判斷按下的鍵盤按鍵是否放開了。檢視回傳的座標是否在限定範圍；超出此範圍者座標歸零並讓移動的圖片回到原位。

10.4.2 滑鼠事件

滑鼠事件表示使用者按下滑鼠所做的處理。使用滑鼠時不外乎按下滑鼠的按鈕事件和移動滑鼠時須取得的訊息。

- 滑鼠按鈕事件有兩個常數：pygame.MOUSEBUTTONDOWN 和 pygame.MOUSEBUTTONUP；方法 pygame.mouse.get_pressed() 能取得滑鼠的按鈕狀態。
- 滑鼠滑動事件只有一個常數：pygame.MOUSEMOTION；方法 pygame.mouse.get_pos() 能取得滑鼠游標的位置。

範例《CH1010.py》

利用滑鼠來移動圖片。按下滑鼠左鍵才能移動圖片，並把座標值回傳給 Python Shell，使用滑鼠右鍵則圖片不會移動；此外，圖片本身採用去背，所以使用 convert_alpha() 方法來加速圖片的處理。

```
= RESTART: D:\PyCode\CH10\CH1010.py
pygame 2.0.2 (SDL 2.0.16, Python 3.9.7)
Hello from the pygame community. https:
//www.pygame.org/contribute.html
-9.0 4.0
-9.0 4.0
-9.0 4.0
-9.0 4.0
-9.0 4.0
-9.0 4.0
```


程式碼

```
01 # 載入圖片並設座標
02 imge = 'Source\\004.png'
03 imgeRect = pygame.image.load(imge).convert_alpha()
04 imgeX, imgeY = 0, 0    # 起始位置
05 moveing = False        # 移動圖片
06 # 省略部份程式碼
07 while True:
08     # 省略部份程式碼
09     screen.fill(Black)
10     # 偵測滑鼠的按鈕
11     buts = pygame.mouse.get_pressed()
12     if buts[0]:   # 按下滑鼠左鍵才能移動圖片
13         moving = True
14         # 取得滑鼠座標
15         imgeX, imgeY = pygame.mouse.get_pos()
16         # 取得座標讓圖片不要超過視窗範圍
17         imgeX -= imgeRect.get_width()/2
18         imgeY -= imgeRect.get_height()/2
19         print(imgeX, imgeY)
20     else:
21         moving = False
22     screen.blit(imgeRect, (imgeX, imgeY))
23     pygame.display.update()
```

◈第 11 行：方法 mouse.get_pressed() 偵測滑鼠的按鈕。

◈第 12~21 行：按下滑鼠左鍵才能移動圖片，按下滑鼠的其他按鈕無法移動圖片。

◈第 15 行：方法 mouse.get_pos() 能回傳移動的滑鼠座標。

10.4.3 偵測碰撞

所謂碰撞的偵測就是物件在畫布中以上、下、左、右的方向移動時可能會碰到畫布的四周的邊界，而 Pygame 的 Rect 類別能提供物件在移動或者產生對齊時的虛擬屬性，簡列如下：

- x、y：取得物件的 x 和 y 的座標。
- top、left、bottom、right：指物件距離畫布上方、左側、底部、右側的距離。
- topleft、bottomleft、topright、bottomright：物件到畫布的左上角、左下角、右上角和右下角的距離。
- center、centerx、centery：物件本身的中心點，可以透過 centerx 和 centery 取得。
- size、width、height：物件本身的大小 (size)，物件本身的寬 (width) 和高 (height)。

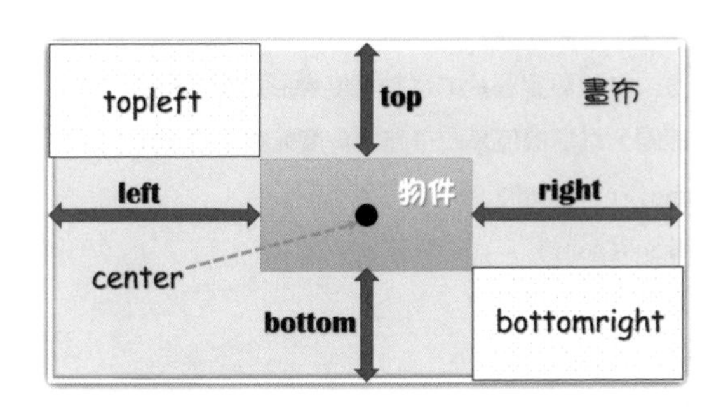

圖【11-6】Rect 類別的虛擬屬性

範例《CH1011.py》

載入圖片後利用 time 類別的 Clock()、tick() 方法來產生動畫效果並進一步偵測是否碰到畫布的邊界；碰到之後可以反彈回來並改變前進方向。

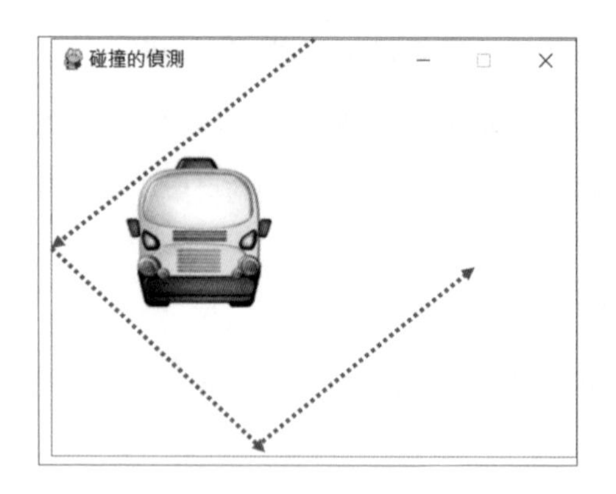

程式碼

```
01 # 省略部份程式碼
02 #載入圖片，get_rect() 取得矩形的移動區域
03 car = pygame.image.load('Source\\006.jpg')
04 carRect = car.get_rect()
05 carRect.center = 200, 140
06 #屬性 topleft 取得圖片移動區域左上角到畫布的位置
07 carX , carY = carRect.topleft
08 #moveX, moveY = 5, -5 #設定圖片的移動速度會形成固定範圍
09 #避免移動成固定範圍，以隨機值來取得起始角度並轉為弧度
10 posi = random.randint(45, 60)
11 angle = math.radians(posi)
12 #設定圖片水平和垂直的移動速度
13 moveX = 5 * math.sin(angle)
14 moveY = -5 * math.cos(angle)
15 while True:
16     # 省略部份程式碼
17     screen.fill(White)
18     traceCar.tick(Fps) #每秒執行 25 次
19     #改變水平、垂直位置並重設物件的中心點
20     carX += moveX
21     carY += moveY
22     carRect.center = carX, carY
```

```
23     # 偵測水平、垂直方向的移動是否會碰到畫布的左、右或上、下邊界
24     # 碰到時改變 moveX、moveY 為正值並改變方向
25     if(carRect.left <= 0) or \
26           (carRect.right >= screen.get_width()):
27        moveX *= -1
28        print(moveX, moveY)
29     elif(carRect.top <= 5) or \
30           (carRect.bottom >= screen.get_height() - 5):
31        moveY *= -1
32     screen.blit(car, carRect.topleft)
33     pygame.display.update()
```


◈ 範例中的碰撞很單純，由於未加入隨機值，所以程式執行時很有可能在某個範圍內產生相似的碰撞行為。

◈ 第 4、5 行：載入圖片後，get_rect() 取得圖片移動的矩形區域，再以屬性 center 設定圖片要開始移動的中心點。

◈ 第 7 行：屬性 topleft 取得圖片移動區域左上角到畫布的位置。

◈ 第 15~31 行：偵測水平、垂直方向的移動是否會碰到畫布的左、右或上、下邊界；碰到時改變 moveX、moveY 為正值並改變方向。

10.4.4 拼圖遊戲

利用 Pygame 套件來製作一個簡單的拼圖遊戲。

範例《CH1012.py》

載入圖片之後將它分割「3*3」大小相等的圖塊，保留其中一個圖塊並隱藏，直到完成拼圖才會顯示完成圖片。撰寫相關函式：main()、startGame()；而函式 moveRight()、moveLeft()、moveUp()、moveDown() 等會依傳入圖塊和空白格，依據位置將圖塊移入空白格。

程式碼

```
01 import pygame, sys, random
02 from pygame.locals import *
03 #顏色值
04 White = (255, 255, 255)
05 Gray = (128, 128, 128)
06 FPS = 40 #每秒更換的速率
07 #將圖片切割成3*3的圖塊
08 Squares = 3
09 gridNums = Squares * Squares
```

◈第1行：滙入 random 模組來產生隨機值。

◈第4、5行：設定顏色值，白色作為視窗上畫布的顏色；灰色是分割圖塊繪製的線條。

◈第8、9行：圖片以「3*3」分割成較小圖塊。

定義相關函式，第一個 main() 主程式：

■ main()：主程式，設定啟動遊戲的相關參數，並以 event 類別來取得鍵盤和滑鼠的訊息。

函式 main() 程式碼 (1)

```
11 def main():
12     pygame.init()    # 初始化並設定時間元件
13     mainClock = pygame.time.Clock()
14     #載入圖片並以 get_rect() 方法取得圖片大小
15     gameImage = pygame.image.load('Source\\bg03.png')
16     gameRect = gameImage.get_rect()
17     # 產生視窗
18     screen = pygame.display.set_mode((
19        gameRect.width, gameRect.height))
20     pygame.display.set_caption('簡易拼圖遊戲')
21     # 圖塊的大小依據圖片的寬和高再除以方塊數所得 width = 640/3
22     gridWidth = int(gameRect.width / Squares)
23     gridHeight = int(gameRect.height / Squares)
24     #函式 startGame() 遊戲後取得圖塊和空白方格的狀態
25     picSlice, waitMoveSqr = startGame()
26     finish = False    # 尚未啟動遊戲
```

◈第15~16行：載入圖片後，以 get_rect() 方法取得其矩形區域，實際上就是圖片的大小。

◈第22、23行：圖塊的大小依據圖片的寬和高再除以方塊數所得，例如：「width = 640/3」。

函式 main() 程式碼 (2)

```
27 def main():
28 //省略程式碼
29 while True:
30       for event in pygame.event.get():
31          if event.type == pygame.QUIT:
32             finishGame()
33          if event.type == KEYUP:    # 放開鍵盤事件
34             # 按鍵盤的Esc鍵就會離開程式
35             if event.key == K_ESCAPE: finishGame()
36             if finish: continue
37          if event.type == pygame.KEYDOWN:
38             if event.key == K_LEFT or event.key == K_a:
39                waitMoveSqr = moveLeft(picSlice,
40                      waitMoveSqr)
41             if event.key == K_RIGHT or event.key == K_d:
42                waitMoveSqr = moveRight(picSlice,
43                      waitMoveSqr)
44             if event.key == K_UP or event.key == K_w:
45                waitMoveSqr = moveUp(picSlice, waitMoveSqr)
46             if event.key == K_DOWN or event.key == K_s:
47                waitMoveSqr = moveDown(picSlice,
48                      waitMoveSqr)
49          #是否按下滑鼠的按鈕，方法mouse.get_pos()取得位置
50          if event.type == MOUSEBUTTONDOWN and \
51                event.button == 1:
52             x, y = pygame.mouse.get_pos() #取得滑鼠座標
53             # 取得座標值之後，進一步找出滑鼠停留在圖塊的那個位置？
54             posX = int(x / gridWidth)
55             posY = int(y / gridHeight)
56             index = posX + posY * Squares
57             if(index == waitMoveSqr - 1 or \
58                   index == waitMoveSqr+1 or \
```

```
59                  index == waitMoveSqr-Squares or \
60                  index == waitMoveSqr+Squares):
61               picSlice[waitMoveSqr], picSlice[index] = \
62                  picSlice[index], picSlice[waitMoveSqr]
63               waitMoveSqr = index
```

◈第35行：判斷使用者是否按下按鍵盤的Esc鍵，如果按下就會呼叫方法finishGame()來結束程式。

◈第37~48行：遊戲進行中，鍵盤的方向鍵提供上、下、左、右的移動外，另一個就是配合左手，按下鍵盤的W、A、S、D來產生和方向鍵向上(W)、左(A)、下(S)、右(D)相同的效果。當使用者按下鍵盤後，進一步判斷是否使用這些英文字母鍵，再依據移動的方向來呼叫處理的相關函式。

◈第50~63行:判斷是否按下滑鼠的按鈕，方法mouse.get_pos()取得滑鼠的位置(座標)；取得座標值之後，配合index進一步找出滑鼠停留在圖塊的那個位置。

定義相關函式，第二個startGame()：

■ startGame()：開始遊戲，利用range(0)函式配合random模組的randint()方法隨機分割圖片。

程式碼

```
71 def startGame():
72     board = [] #空的List存放切割後的圖塊
73     for k in range(gridNums):
74         board.append(k)
75     waitMoveSqr = gridNums - 1  #waitMoveSqr等待被移動的圖塊
76     board[waitMoveSqr] = -1
77     for k in range(100):
78         direction = random.randint(0, 3)
79         if (direction == 0):
80             waitMoveSqr = moveLeft(board, waitMoveSqr)
81         elif (direction == 1):
82             waitMoveSqr = moveRight(board, waitMoveSqr)
```

```
83         elif (direction == 2):
84             waitMoveSqr = moveUp(board, waitMoveSqr)
85         elif (direction == 3):
86             waitMoveSqr = moveDown(board, waitMoveSqr)
87     return board, waitMoveSqr
```

◈第 73~74 行：將切割後的圖塊數以 append() 方法加入 board 中。

◈第 76 行：表示 List 若存放一個元素是 -1，則繼續把其他圖片移動。

◈第 77~86 行：依據隨機值來決定圖片的移動方向並記錄移動圖塊和空白方格的位置，然示以 return 敘述回傳。

◈第 79~86 行：依據 0~3 之間的隨機值來呼叫所對應的函式。

定義相關函式，第三個 moveRight()：

■ moveRight()：依傳入圖塊和空白格，將位於空白格左側的圖塊，移入空白格。

程式碼

```
91 def moveRight(board, waitMoveSqr):
92     #print('1-', board, waitMoveSqr)
93     if waitMoveSqr % Squares == 0:
94         return waitMoveSqr
95     board[waitMoveSqr - 1], board[waitMoveSqr] = \
96         board[waitMoveSqr], board[waitMoveSqr-1]
97     return waitMoveSqr-1
```

◈第 91~97 行：依據傳入的 List 物件，包含隱藏圖塊的空白格 (索引值 -1)，記錄左側圖塊移入空白方格的位置。

定義相關函式，第四個 moveRight()：

■ isFinished()：判斷拼圖是否已快完成了！

程式碼

```
101 def isFinished(board, waitMoveSqr):
102     for item in range(gridNums - 1):
103         if board[item] != item:
104             return False
105     return True
```

◈第 101~105 行：當拼圖快完成時會顯示被隱藏的圖塊，完成最後土塊拼圖。

章節回顧

- Pygame 是一個開發遊戲程式的套件。其特色有：它是跨平台 Python 模組，核心模組是 SDL(Simple DirectMedia Layer)，專為電子遊戲設計，提供圖像、聲音、動畫 (Animation)、鍵盤、滑鼠相關處理，擺脫低階語言的束縛，大大簡化了遊戲設計的邏輯性。。
- 如何使用 Pygame 撰寫程式？它的基本程序有三：①建立視窗、②處理相關程序、③偵測視窗是否關閉。
- Pygame 建立視窗時，同樣要做三件事：① 呼叫 init() 方法初始化視窗、② display.set_mode() 方法決定視窗樣式、③方法 set_caption() 能在視窗的標題列顯示文字。
- Pygame 關閉視窗時，也有兩件事要做：①利用 Pygame 套件的 event 類別來處理事件，並以 get() 方法取得所有訊息並隨時更新其狀態、②偵測視窗是否被關閉？使用者按下視窗右上角的「X」鈕，呼叫 pygame 類別的 quit() 方法來關閉視窗。
- 要繪製基本圖形，要透過 Pygame 的 draw 類別；它包括：方法 draw.line() 繪製線條、方法 draw.rect() 繪製矩形、方法 draw.polygon() 繪製多邊形、方法 draw.circle() 繪製圓形、方法 draw.ellipse() 繪製橢圓形、方法 draw.arc() 繪製圓弧。
- Pygame 的 image 類別能用來處理各種格式的圖片，包括 JPG，PNG，TGA 和 GIF。使用圖片必須以 load() 方法載入；再呼叫 blit() 方法來繪製圖片。
- Pygame 的 time 類別有兩個方法協助動畫：① Clock() 方法建立時間元件確保物件在 FPS 的設定值下，維持一定的速率。② tick() 方法以毫秒單位，以 fps 為參數值來產生動畫效果。
- Pygame 套件以 Font 類別來提供字型處理；① SysFont() 方法取得系統中已有的字型。② Font() 方法：新建一個字型物件。

自我評量

一、問答與實作

1. 請簡單列出 Pygame 套件六種模組的功用。
2. 請利用 Pygame 套件的 display 類別產生一個背景灰色的視窗，標題列顯示「CH10_Q1」視窗，按視窗右上角的「X」鈕能關閉視窗。

3. 延續第二題，在視窗上繪製黃色和綠色的文字。

4. 利用 Pygame 的 draw 類別，完成下方的圖形。

5. 使用 Pygame 套件和 random 模組來產生大小不一，色彩隨機，位置不固定的圖片。提示

```
# 三個List儲存隨機產生的色彩、位置和圓形
tints = [0] * 50
pos = [0] * 50
rings = [0] * 50
```

M•E•M•O

M◆E◆M◆O

讀者回函

讀 者 回 函

GIVE US A PIECE OF YOUR MIND

感謝您購買本公司出版的書，您的意見對我們非常重要！由於您寶貴的建議，我們才得以不斷地推陳出新，繼續出版更實用、精緻的圖書。因此，請填妥下列資料(也可直接貼上名片)，寄回本公司(免貼郵票)，您將不定期收到最新的圖書資料！

購買書號： **書名：**

姓　　名：＿＿＿＿＿＿＿＿＿＿＿＿＿＿＿＿

職　　業：□上班族　□教師　□學生　□工程師　□其它

學　　歷：□研究所　□大學　□專科　□高中職　□其它

年　　齡：□10~20　□20~30　□30~40　□40~50　□50~

單　　位：＿＿＿＿＿＿＿＿ 部門科系：＿＿＿＿＿＿＿＿

職　　稱：＿＿＿＿＿＿＿＿ 聯絡電話：＿＿＿＿＿＿＿＿

電子郵件：＿＿＿＿＿＿＿＿＿＿＿＿＿＿＿＿

通訊住址：□□□ ＿＿＿＿＿＿＿＿＿＿＿＿＿＿＿＿

＿＿＿＿＿＿＿＿＿＿＿＿＿＿＿＿＿＿＿＿

您從何處購買此書：

□書局＿＿＿＿　□電腦店＿＿＿＿　□展覽＿＿＿＿　□其他＿＿＿＿

您覺得本書的品質：

內容方面：　□很好　□好　□尚可　□差

排版方面：　□很好　□好　□尚可　□差

印刷方面：　□很好　□好　□尚可　□差

紙張方面：　□很好　□好　□尚可　□差

您最喜歡本書的地方：＿＿＿＿＿＿＿＿＿＿＿＿＿＿＿＿

您最不喜歡本書的地方：＿＿＿＿＿＿＿＿＿＿＿＿＿＿＿＿

假如請您對本書評分，您會給(0~100分)：＿＿＿＿＿ 分

您最希望我們出版那些電腦書籍：

請將您對本書的意見告訴我們：

您有寫作的點子嗎？□無　□有　專長領域：＿＿＿＿＿＿＿＿

歡迎您加入博碩文化的行列哦！

✂請沿虛線剪下寄回本公司

Give Us a Piece Of Your Mind

博碩文化網站　http://www.drmaster.com.tw

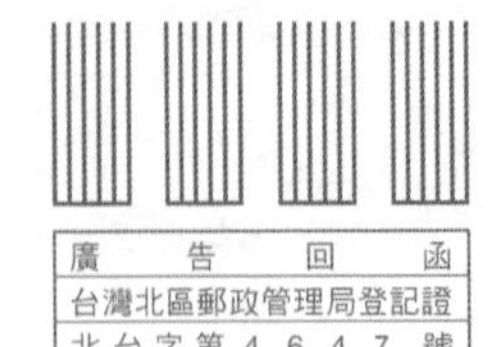

221
博碩文化股份有限公司 產品部
新北市汐止區新台五路一段112號10樓A棟

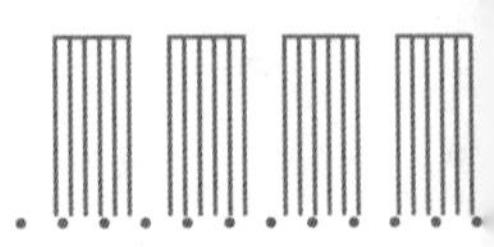

如何購買博碩書籍

全省書局

請至全省各大書局、連鎖書店、電腦書專賣店直接選購。

（書店地圖可至博碩文化網站查詢，若遇書店架上缺書，可向書店申請代訂）

信用卡及劃撥訂單（優惠折扣85折，未滿1,000元請加運費80元）

請於劃撥單備註欄註明欲購之書名、數量、金額、運費，劃撥至

帳號：17484299 戶名：博碩文化股份有限公司，並將收據及

訂購人連絡方式傳真至(02)26962867。

線上訂購

請連線至「博碩文化網站 http://www.drmaster.com.tw」，於網站上查詢

優惠折扣訊息並訂購即可。

博碩文化

博碩文化